H.W. Bohle

Spezielle Ökologie

Limnische Systeme

Mit 89 Abbildungen

Springer-Verlag Berlin Heidelberg GmbH

Dr. HANS WILHELM BOHLE
Universität Marburg
FB Biologie –Zoologie–
Karl-von-Frisch-Strasse
35043 Marburg, Germany

Umschlagmotiv: Ulrike Stricker, Heidelberg

ISBN 978-3-540-58263-2

Die Deutsche Bibliothek – CIP-Einheitsaufnahme
Spezielle Ökologie. – Berlin; Heidelberg; New York; London;
Paris; Tokyo; Hong Kong; Barcelona; Budapest: Springer
Limnische Systeme/H.W. Bohle. – 1995
  ISBN 978-3-540-58263-2   ISBN 978-3-642-57788-8 (eBook)
  DOI 10.1007/978-3-642-57788-8
NE: Bohle, Hans W.

Dieses Werk ist urheberrechtlich geschützt. Die dadurch begründeten Rechte, insbesondere die der Übersetzung, des Nachdrucks, des Vortrags, der Entnahme von Abbildungen und Tabellen, der Funksendung, der Mikroverfilmung oder der Vervielfältigung auf anderen Wegen und der Speicherung in Datenverarbeitungsanlagen, bleiben, auch bei nur auszugsweiser Verwertung, vorbehalten. Eine Vervielfältigung des Werkes oder von Teilen dieses Werkes ist auch im Einzelfall nur in den Grenzen der gesetzlichen Bestimmungen des Urheberrechtsgesetzes der Bundesrepublik Deutschland vom 9. September 1965 in der jeweils geltenden Fassung zulässig. Sie ist grundsätzlich vergütungspflichtig. Zuwiderhandlungen unterliegen den Strafbestimmungen des Urheberrechtsgesetzes.

© Springer-Verlag Berlin Heidelberg 1995
Ursprünglich erschienen bei Springer-Verlag Berlin Heidelberg New York 1995

Die Wiedergabe von Gebrauchsnamen, Handelsnamen, Warenbezeichnungen usw. in diesem Werk berechtigt auch ohne besondere Kennzeichnung nicht zu der Annahme, daß solche Namen im Sinne der Warenzeichen- und Markenschutz-Gesetzgebung als frei zu betrachten wären und daher von jedermann benutzt werden dürften.

Umschlaggestaltung: Struve & Partner, Heidelberg

Satz: Macmillan India Ltd., Bangalore-25

SPIN: 10134940   31/3130/SPS – 5 4 3 2 1 0 – Gedruckt auf säurefreiem Papier

Vorwort

Das Buch ist als Teil einer dreibändigen speziellen Ökologie konzipiert, die auf Anregung von Professor Hermann Remmert zustande kam. Es sollte nach seiner Vorstellung eine Ergänzung zu Lehrbüchern der allgemeinen Ökologie entstehen, geeignet, den Zugang zu einer vergleichenden Betrachtung der Ökosysteme und zur Vielfalt ihrer Ausprägung zu öffnen. Eine Schilderung der Vielfalt der Naturerscheinungen ist immer in Gefahr, ins Anekdotische abzugleiten und den analytischen Ansatz – die Rückführung der Erscheinungen auf die zugrunde liegenden Naturgesetze – außer acht zu lassen. Andererseits spiegelt gerade die Fülle der Anpassungsformen der Organismen – die unterschiedliche Moglichkeiten der Lösung ökologischer und physiologischer Probleme repräsentieren – und die Differenzierung der Ökosysteme nach geomorphologischen und klimatischen Bedingungen ein sehr wichtiges Grundprinzip: Die Entstehung im Prozeß der Evolution, der je nach der biogeographischer Ausgangslage und den Lebensbedingungen zu unterschiedlichen Ergebnissen führen kann.

Während eine spezielle Botanik oder Zoologie im Sinne einer systematischen Darstellung der Organismen auch in Lehrbuchform durchaus üblich ist, gilt dies für die Ökologie derzeit nicht. Älteren Autoren wie A. Thienemann, E. Naumann oder C. Wesenberg-Lund war dagegen eine Typisierung der Binnengewässer und der Vergleich verschiedener Differenzierungslinien noch ein wichtiges Anliegen. Mittlerweile scheint das Interesse an vergleichender Limnologie jedoch zuzunehmlen, vermutlich aus zwei Gründen. Zum einen wird in der Praxis der Gewässersanierung die Frage nach der spezifischen Ausprägung des Einzelgewässers, seiner natürlichen Struktur als Grundlage der Entwicklung eines „Leitbildes" zunehmend diskutiert; dies gilt besonders für die Fließgewässer als wichtigem strukturellen und funktionellen Teil der Landschaft, nachdem die Euphorie über ihren perfekten technischen Ausbau zunehmend der Einsicht in die damit verbundenen gravierenden ökologischen Einbußen gewichen ist. Zum anderen dürfte der Bedarf an Informationen über „exotische" Gebiete mit zunehmenden Kontakten durch Reisen, Medien etc. gewachsen sein. Die Voraussetzungen für eine zusammenfassende

Darstellung sind günstig, da die Kenntnisse über die Binnengewässer der verschiedenen Regionen der Erde in jüngerer Zeit rasch zugenommen haben, so daß ein außerordentlich reiches Material zur Verfügung steht. Die Vielfalt der Binnengewässer und ihrer Organismengemeinschaften in einer kurzen Übersicht darzustellen, erfordert den Stoff erheblich einzuschränken und allen enzyklopädischen Bestrebungen zu entsagen. Um trotzdem einen Überblick über die Ökologie der wichtigsten Formen und Differenzierungen geben zu können, werden die ökologischen Charakteristika aller Grundtypen kontinentaler Gewässer erörtert: Grundwasser, Quellen, Fließ- und Stillgewässer. Die weitere Differenzierung der Ökosysteme und der Organismengilden als Träger der spezifischen Leistungen wird anhand von möglichst instruktiven Beispielen dargestellt. Die Auswahl der Beispiele und die Ausführlichkeit der Besprechung unterliegen zwangsläufig subjektiven Kriterien. So sind polare Gewässer im Gegensatz zu tropischen in diesem Text kaum berücksichtigt. Da es auf die Erklärung des modifizierenden Einflusses natürlicher Faktoren ankommt, sind natürliche, durch den Menschen nicht oder wenig veränderte Lebensräume Grundlage eines derartigen Überblicks. Anthropogene Veränderungen ließen sich im vorgegebenen Rahmen nicht näher erläutern, so interessant sie wegen ihrer grundsätzlichen ökologischen Fragestellungen und ihrer Aktualität auch sind. Nur gelegentlich wird zur Verdeutlichung der unbeeinflußten Situation auf die anthropogen veränderte Situation Bezug genommen.

Dieses Buch ist dem Andenken an Hermann Remmert gewidmet, der den Autor ermutigte, es zu schreiben und ihn darüber hinaus in vielfältiger Weise unterstützte. Mein Dank für mannigfache Unterstützung während der Arbeit am Manuskript gilt den Mitarbeitern unserer ökologischen Arbeitsgruppe, insbesondere Frau Koschubat für die klaglose Geduld bei der Anfertigung der Abbildungen.

Marburg, November 1994   HANS W. BOHLE

Inhaltsverzeichnis

1	Einleitung	1
2	Der Kreislauf des Wassers	3
3	Das kontinentale Grundwasser als Lebensraum	5
3.1	Die Milieubedingungen im Grundwasser	5
3.2	Die Lebensgemeinschaften des Grundwassers	11
4	Die Quellen	16
4.1	Die Vegetation der Quellen	17
4.2	Die Fauna der Quellen	19
5	Die Fließgewässer	22
5.1	Abiotische Faktoren, Hydrographie	23
5.2	Vegetation und Fauna der Fließgewässer	37
5.2.1	Die Vegetation	38
5.2.2	Das Makrozoobenthos	43
5.2.3	Das Nahrungsangebot und die Typen des Nahrungserwerbs in Fließgewässern	54
5.2.4	Die Fische	66
5.3	Gliederung und Struktur der Fließgewässer	71
5.3.1	Choriotope: Struktur und Besiedlung	71
5.3.2	Längszonierung	82
5.3.3	Dynamik	89
5.3.4	Die Flußauen	105
5.4	Aspekte einer globalen Typisierung der Fließgewässer	115
6	Stehende Gewässer	117
6.1	Die Seen	117
6.1.1	Morphologie und Entstehung der Seen	118
6.1.2	Die Beziehung des Sees zu seinem Umland	124
6.1.3	Der See als Lebensraum	126

6.1.3.1	Physikalische Faktoren	127
6.1.3.2	Chemismus	132
6.1.3.3	Das Pelagial	136
6.1.3.4	Das Benthos des Profundal	170
6.1.3.5	Das Litoral	174
6.1.3.6	Die Benthosgesellschaften als Grundlage der Seentypisierung	179
6.1.3.7	Schlußbetrachtung zu den Seeökosystemen	182
6.1.3.8	Nacheiszeitliche Seengeschichte	183
6.1.4	Beispiele regionaler Seentypen	186
6.1.4.1	Tiefe Seen der Tropen	186
6.1.4.2	Der Baikalsee als Beispiel eines tiefen Sees tertiären Alters in der gemäßigten Zone	195
6.2	Flachseen und Sümpfe	202
6.2.1	Flachseen	202
6.2.2	Sümpfe und Verlandungszonen	208
6.3	Temporäre Gewässer, Kleingewässer	212
6.4	Binnenländische Salzgewässer	220
6.4.1	Abiotische Faktoren	220
6.4.2	Die Organismen der Salzgewässer	223
6.4.3	Beispiele verschiedener Typen der Salzseen	225

Literatur 233

Sachverzeichnis 253

1 Einleitung

Binnengewässer sind etwa so alt wie die Landmassen, auf denen sie entstanden, reichen also bis in die geologischen Epochen der Kontinentalbildung zurück. Ihre Lage und Ausdehnung war jedoch im Laufe der Erdgeschichte immer einem raschen Wandel unterworfen, so daß eine langfristig weitgehend ungestörte Entwicklung wie im Meer nicht stattfinden konnte. Diese geringe Konstanz der abiotischen Umweltbedingungen, ein Grundmerkmal der Binnengewässer, beeinflußte tiefgreifend die Evolution ihrer Floren und Faunen. Weitere Charakteristika ergeben sich aus der im Vergleich zu den Meeren geringen Größe und den folglich intensiveren Wechselwirkungen mit dem terrestrischen Umfeld. So spielen wirbellose Tiere, aber auch Samenpflanzen terrestrischer Abkunft in den limnischen Ökosystemen eine wichtige Rolle. Dem Plankton fehlen die Großformen fast ganz, und von den marinen Tierstämmen sind die meisten nicht oder nur mit wenigen Arten vertreten. Den Binnengewässern fehlen die Brachiopoden, Echinodermen, Cephalopoden und Tunicaten, andere artenreiche Gruppen wie die Cnidaria, die Polychaeten und die Crustaceen sind nur durch wenige Taxa vertreten.

Die Informationen über die paläontologische Entwicklung sind spärlich, besonders bei Fließgewässern wegen der hier ungünstigen Fossilierungsbedingungen. Die Überlieferung aus stehenden Gewässern ist reichhaltiger, wie einige Beispiele aus dem Frühtertiär zeigen, die Grube Messel bei Darmstadt und der Braunkohlentagebau des Geiseltals bei Halle. In beiden Fällen handelte es sich allerdings um Gewässer mit sehr speziellen Lebensbedingungen, im Geiseltal um ein Moorgebiet, bei Messel um einen See mit einem relativ lebensfeindlichen Milieu (Krumbiegel et al. 1983; Schaal u. Ziegler 1988). Über Flußverläufe vergangener Epochen können geologische und sedimentologische Forschungen Informationen liefern. Die Fossilbefunde dokumentieren z.B. für die mitteleuropäischen Flußauen des Tertiärs eine erheblich vielfältigere Vegetation und Fauna als sie sich in der Nacheiszeit bis heute entwickelte. Viele der verschwundenen Arten starben unter dem Einfluß der pleistozänen Klimaverschlechterung in ganz Europa aus und verloren damit auch die Refugien, aus denen eine Wiederbesiedlung verlorener Areale hätte kommen können (Hantke 1993; Rutte 1987).

Eine Gesamtübersicht limnischer Lebensräume kann im vorgegebenen Umfang nur durch eine Auswahl aus der Fülle verschiedenartiger Formen gegeben werden, die zwangsläufig subjektiv sein muß. Der Inhalt dieser Darstellung ist eine vergleichende Limnologie: Ein Vergleich der Typen der Binnengewässer in verschiedenen, durch das Klima und die Landschaftsstruktur bedingten Erscheinungsformen sowie der spezifischen Lebensgemeinschaften, ihrer Lebensformtypen und ihrer ökologischen Beziehungen. Mit diesem thematischen Ansatz soll der Blick auf den hohen Grad an Diversität gerichtet werden, wie er in limnischen Ökosystemen als Ergebnis der Evolution der Organismen und der jeweiligen biogeographischen Entwicklung entstand. Darin ist auch die Frage nach den „Strategien" enthalten, mit denen verschiedene Organismen die Probleme ihrer Umweltbeziehungen bewältigen. Der Begriff Limnologie wird hier umfassend als Binnengewässerkunde verstanden. Die Beispiele aus der gemäßigten Zone, speziell aus Europa und Nordamerika, bilden den Schwerpunkt, sowohl aus didaktischen Gründen als auch der umfassenderen Kenntnis dieser Gebiete wegen. Die allgemeine Limnologie ist nicht Gegenstand dieser Darstellung. Für Informationen zu diesem Bereich wird auf die einschlägigen Lehrbücher verwiesen (z.B. Wetzel 1983; Schwoerbel 1993; Lampert u. Sommer 1993).

2 Der Kreislauf des Wassers

Die limnischen Lebensräume werden direkt oder indirekt von Niederschlagswasser gespeist (Abb. 2.1). Nur ein Teil des Regenwassers erreicht den Boden, und von diesem Anteil wird wieder einiges über die Pflanzen durch **Transpiration** und über die Bodenoberfläche durch **Evaporation** abgegeben. Die Höhe dieses Anteils ist von der geographisch-klimatischen Situation und der Art des Bewuchses abhängig (Abb. 2.2). Die Evapotranspiration steigt mit der Temperatur und der Entwicklung der Vegetation. Sie ist in Mitteleuropa im Sommer im allgemeinen so hoch, daß zu dieser Jahreszeit kaum Wasser zur Grundwasserneubildung übrig bleibt, obgleich in vielen Regionen anteilig nicht weniger Jahresniederschläge als in den Wintermonaten fallen.

Der Differenzbetrag zwischen Niederschlag und Evapotranspiration erreicht die Oberflächengewässer auf verschiedenen Wegen. Ein Teil fließt oberflächlich ab, der übrige versickert längs der Poren und Spalten

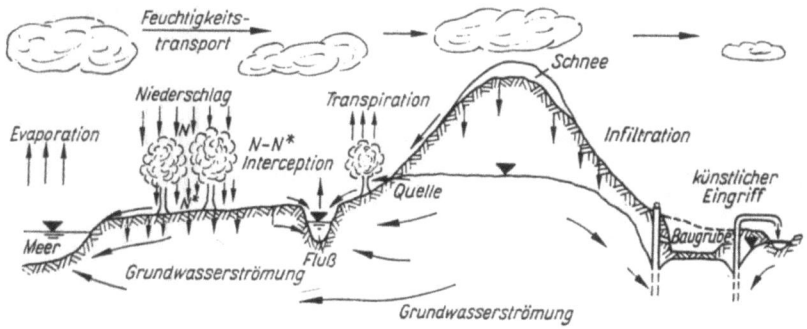

Abb. 2.1. Schematische Darstellung des Wasserkreislaufs. N, Niederschlag; N∗, Anteil von N, der den Boden erreicht; Evaporation, Verdunstung von der Oberfläche des Bodens und der Gewässer; Interception, Verdunstung von der Oberfläche der Pflanzen (Spezialfall der Evaporation); Transpiration, Abgabe von Wasser aus den Pflanzen an die Atmosphäre. (Nach Busch u. Luckner, aus Hölting 1989)

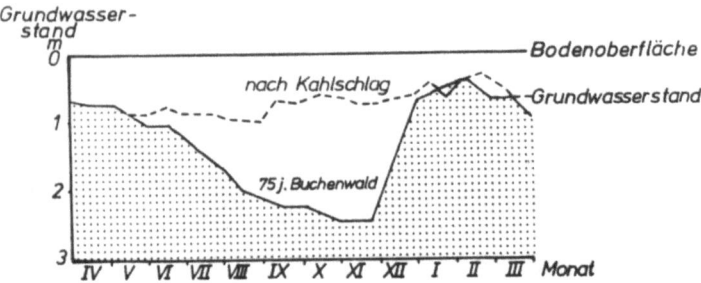

Abb. 2.2. Grundwasserganglinie unter einem 75 jährigen Buchenwald und nach Kahlschlag: Erniedrigung des sommerlichen Grundwasserstandes durch die Evapotranspiration der Bäume. (Aus Barner 1987, verändert)

(Infiltration), kann sich über wenig durchlässigen Schichten im Untergrund sammeln und dort gemäß dem Gefälle der Schichten horizontal ausbreiten. Häufig sind solche Stauhorizonte von begrenzter Verbreitung (schwebender Grundwasserleiter), so daß überfließendes Wasser wiederum vertikal abfließt, um schließlich das untere Grundwasserstockwerk zu erreichen. Im Bereich der Talhänge oder der Talsohlen, in denen die Stauhorizonte an die Oberfläche stoßen, tritt dieses Wasser aus.

Der Anteil des oberflächlichen Abflusses ist von der Struktur des Oberbodens abhängig. Über verdichteten lehmig-tonigen Böden in Hanglage fließt beispielsweise das Wasser nach Starkregen auf der Oberfläche rasch mit kräftiger erosiver Wirkung ab. Das abgetragene Bodenmaterial gelangt in den Talraum und letztlich zum großen Teil in die Talgewässer als Vorfluter, um von dort weiter stromabwärts transportiert zu werden. In humiden Gebieten mit ursprünglich weitgehend geschlossener Vegetationsdecke ist der flächenhafte Abtrag gering, erhöhte sich allerdings erheblich durch anthropogene Eingriffe in die Landschaft. In ariden Klimaten treten natürlicherweise verbreitet starke Erosion und ein entsprechender Eintrag in die Gewässer auf.

3 Das kontinentale Grundwasser als Lebensraum

Das Grundwasser füllt ein vielgestaltiges, unterirdisches Hohlraumsystem, das sich vom Hochgebirge bis zur Meeresküste erstreckt, sich also kontinuierlich über sehr weite Gebiete ausdehnt. Nach Castany (1982, zit. n. Danielopol 1989) befinden sich hier ca. 40% des binnenländischen Wassers. Lebende Organismen, wie Bakterien, sind bis zu einer Tiefe von mehr als 1000 m nachgewiesen (Mattheß 1982). Der Lebensraum ist ohne scharfe Begrenzung dem luftgefüllten Lückensystem der wasserungesättigten Zone, den Poren- und Lückensystemen des marinen und im Bereich der Fließgewässer dem hyporheischen Interstitial benachbart (Abb. 3.1). Die Größe der Lücken ist ein wichtiger begrenzender Faktor für die Besiedlungsmöglichkeiten der Organismen. Sie reicht von Kleinporen in sandigen Substraten bis zu weiträumigen Gebirgshöhlen. Trophisch sind die Biozönosen überwiegend von den Einschwemmungen organischer Substanzen und des Sauerstoffs abhängig, die letztlich von der produktiven Erdoberfläche stammen. Es handelt sich also überwiegend um eine reine Konsumenten- bzw. Saprobiontengesellschaft in einem offenen System; der Zustrom erfolgt von der Oberfläche. Ein großer Teil des Wassers und der transportierten Substanzen verläßt dieses Ökosystem wieder in Grundwasseraustritten zur Erdoberfläche (Danielopol 1989). Chemoautotrophe Bakterien sind, außer in Spezialfällen, für die Produktion organischen Materials im Grundwasser von geringer Bedeutung (Rheinheimer 1991).

3.1 Die Milieubedingungen im Grundwasser

Die Verbreitung der lebensnotwendigen Stoffe wird überwiegend durch die Fließgeschwindigkeit des Grundwassers bestimmt, die von der Hohlraumstruktur des Grundwasserleiters abhängt. Man unterscheidet gewöhnlich drei Typen:

● Porengrundwasserleiter sind typisch für viele Lockersedimente, z.B. die Kies- und Sandablagerungen im Untergrund vieler Täler. Die

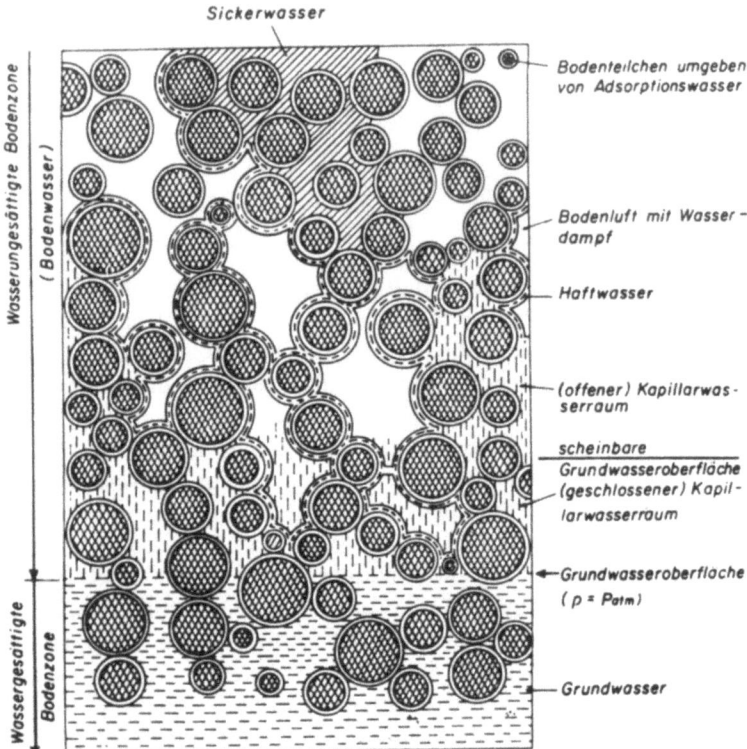

Abb. 3.1. Erscheinungsformen des unterirdischen Wassers. (Nach Zunker, aus Hölting 1989)

Fließgeschwindigkeit beträgt hier meist nur Bruchteile eines Meters, maximal bis zu einigen Metern pro Tag.
- Kluftgrundwasserleiter finden sich in Gesteinen mit Klüftungs- und Abkühlungsfugen, in denen die Strömungsgeschwindigkeit erheblich höher sein kann als in Porengrundwasserleitern.
- Karstgrundwasserleiter entstehen durch Lösungsvorgänge, z.B. in Kalk oder Dolomitgesteinen. Es bilden sich weite Hohlraumsysteme, die in manchen Fällen zu unterirdischen Fließgewässersystemen großer Ausdehnung zusammentreten können. Die Strömungsverhältnisse unterscheiden sich somit kaum von jenen auf der Erdoberfläche.

Die Strömung des Grundwassers in Lockergesteinen wird von deren Durchlässigkeit (hydraulische Leitfähigkeit), der Beschaffenheit ihres

Porenraumes und dem hydraulischen Gradienten (Grundwassergefälle) bestimmt. Die Dimension des Lückensystems beeinflußt die Zusammensetzung der Biozönosen nicht nur über den Stofftransport, sondern auch über die Begrenzung der Körpergröße der Organismen (Abb. 3.2). Dementsprechend klassifiziert Husmann (1970) die Choriotope des Grundwassers nach dem Kriterium der Struktur des Sediment- bzw. Gesteinstyps (Abb. 3.3).

Mit zunehmendem Abstand von oberflächenbürtigen Einflüssen nimmt die Gleichförmigkeit der Lebensbedingungen zu. Die Temperaturschwankungen der Atmosphäre und der Erdoberfläche werden gedämpft, bis sie in der indifferenten Tiefenzone zu vernachlässigen sind (< 0,01 °C, in Mitteleuropa häufig im Bereich von 30 m Tiefe). Die dort herrschenden Temperaturen entsprechen etwa der Jahresmitteltemperatur des Gebietes. Die örtliche Temperatur des Grundwassers ist von mehreren Faktoren abhängig. Neben der Strahlungswärme von der Oberfläche und dem Wärmestrom aus dem Erdinnern spielen die Mechanismen des Wärmetransportes eine wichtige Rolle. Quelltemperaturen

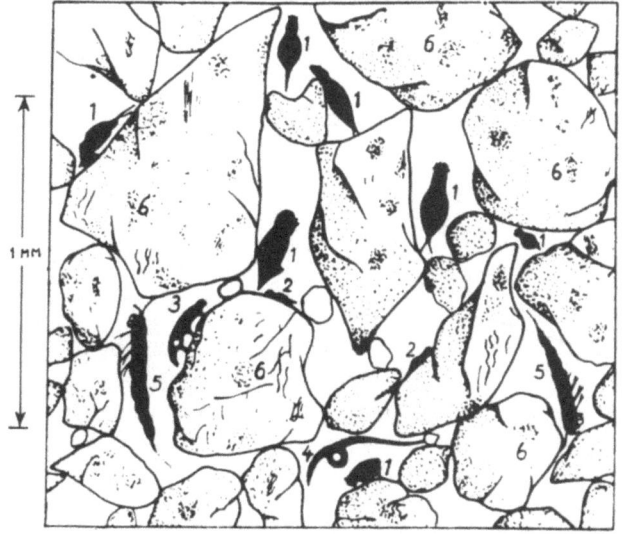

Abb. 3.2. Schnitt durch einen Grundwasserleiter, der die Größe einiger Tiere im Verhältnis zu den Strukturen ihres Lebensraumes zeigt. 1, Rotatorien; 2, große Ciliaten; 3, Tardigraden; 4, Nematoden; 5, Harpacticiden (Copepoda). (Aus DVWK 80, 1988)

8 Das kontinentale Grundwasser als Lebensraum

Grundwasserführende Lockergesteine	Grundwasserführende Lückenbiotope in Lockergesteinen	Grundwasser in Bach- und Flußbetten Hyporheisches Interstitial		Zoenologisch isoliertes Grundwasser in Talauen und Terrassen Eustygal
		Bergbach-grundwasser Rhithrostygal	Fluß- und Strom-grundwasser Potamostygal	
Sand (ø 2 - 0,02 mm) Psammite	Sandlückenbiotop Stygopsammal	Rhithro-Stygopsammal	Potamo-Stygopsammal	Eustygopsammal
Kies (ø > 2 mm) Psephite	Kieslückenbiotop Stygopsephal	Rhithro-Stygopsephal	Potamo-Stygopsephal	Eustygopsephal

Abb. 3.3. Klassifizierung lockergesteiniger Bereiche des Lebensraumes Grundwasser. (Nach Husmann, aus DVWK 80, 1988)

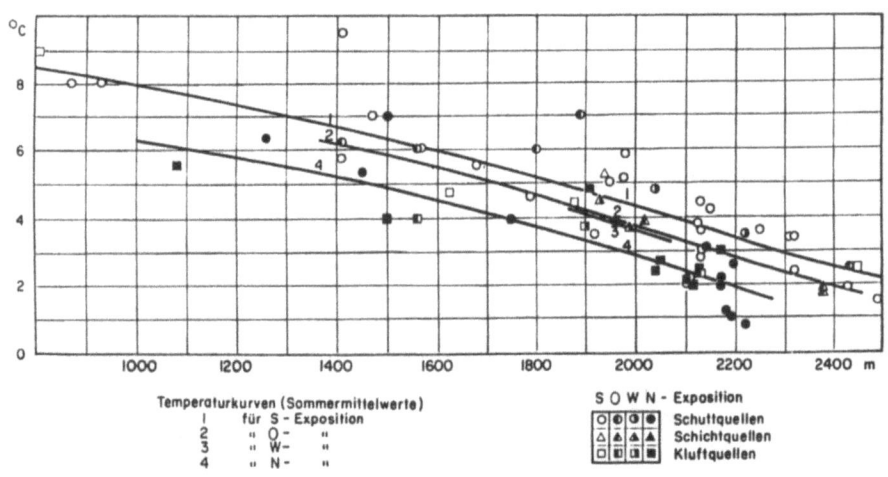

Abb. 3.4. Temperatur-Höhen-Diagramm für Quellen des Gotthard-Gebietes für unterschiedliche Expositionen und Quelltypen. (Nach Jäckli u. Kleiber, aus Matthess 1982)

repräsentieren die Grundwassertemperaturen und können deshalb Auskunft über die Herkunft des jeweils austretenden Wassers geben. Abbildung 3.4 zeigt an einem Beispiel aus den Alpen die Abhängigkeit der Quelltemperaturen von der Höhe und der Exposition. Im Verlauf des

Infiltrationsvorgangs des Oberflächenwassers, während der Boden- und Gesteinspassage, stellt sich der Gehalt an gelösten Substanzen ein. Er ist – mindestens bei tief liegendem Grundwasser – spezifisch für das jeweilige Gestein (Tabelle 3.1). Die Qualität des oberflächennahen Grundwassers ist stärker durch aus der Atmosphäre stammende Inhaltsstoffe des Niederschlagswassers und den Einfluß der Vegetations- und Bodenpassage geprägt.

Neben rein physikalisch-chemischen Prozessen wie Adsorptions-, Desorptions-, Lösungs-, Fällungs- und Ionenaustauschvorgängen spielen biogene Einflüsse eine große Rolle. So enthalten Bodenluft und Bodenwasser aufgrund der Stoffwechselvorgänge in der Regel mehr CO_2 als die Atmosphäre. Die Gehalte schwanken mit der Vegetationsperiodik. Demnach dürfte auch die Vegetation an der Bodenoberfläche, vor allem durch die Prozesse im durchwurzelten Horizont, eine entscheidende Rolle spielen. Erhöhte winterliche Sulfatkonzentrationen im Grundwasser sind z.B. an Perioden verstärkter Auswaschung gebunden. Durch die Aufnahme von Stickstoffverbindungen und – in geringerem Maße – von Phosphat durch die Wurzeln können deren Konzentrationen erheblich verringert werden (Matthes 1982). Nach einer Zusammenstellung von Petersen et al. (1991) beträgt der Stickstoffaustrag aus intensiv genutzten Agrarflächen bis zum dreißigfachen dessen, was aus Wäldern kommt. Die Stoffausträge aus solchen Flächen können oberflächennah in der benachbarten Vegetation wieder gebunden werden. Das Nitrat wird z.B. in Auwäldern in erheblichen Mengen nach Denitrifikation als Stickstoff in die Luft abgegeben. An der Garonne (Frankreich) genügten ca. 30 m Fließstrecke des Grundwassers bis zum Flußbett unter dem Wurzelhorizont, um auch hohe Ausgangskonzentrationen von über 50 mg/l Nitrat zu eliminieren (Pinay et al. 1990). Unter Erlenbeständen kann allerdings mit Hilfe der N_2-fixierenden symbiontischen Actinomyceten bei Mangel an gebundenem Stickstoff im Boden eine Anreicherung erfolgen, die 100 kg Stickstoff pro Hektar und Jahr übersteigen kann. In einigen Fällen können davon relevante Mengen als Nitrat in das Grundwasser abgegeben werden. Das hat auch eine Protonenanreicherung zur Folge, die ihrerseits die Kationenauswaschung bewirkt (van Miegrot u. Cole 1984). Einen Überblick über den mikrobiellen Stoffhaushalt gibt Abbildung 3.5. Größe und Art des Umsatzes sind von den Stoffeinträgen abhängig, sei es in Form abbaubarer organischer Substanzen oder durch den Gehalt und die Art anorganischer Verbindungen, wie z.B. beim Stickstoff.

Von großer Bedeutung für die Organismen sind auch die pH-Werte. Überschüssige Protonen stammen überwiegend aus Säureeinträgen von der Oberfläche. Der schließlich im Grund- oder Quellwasser auftretende

Tabelle 3.1. Ionengehalt von Grundwasser in verschiedenen Gesteinstypen. (Aus Hölting 1989)

		1 Quarzit	2 Sandstein	3 Dolomitstein	4 Kalkstein	5 Gipsmergelstein
pH		6,0	7,2	7,6	7,4	7,0
Leitfähigkeit	µS/cm	55	240	430		1250
Gesamthärte	[° dH][a]	1,0	6,4	15,2	20,2	50,7
Carbonathärte	[° dH][b]	1,0	5,8	12,3	19,6	19,3
Freies CO_2	[mg/l]	41	11	11,5	60,0	30,2
Aggr. CO_2[c]	[mg/l]	33	8,8	10,7	0	2,4
Na^+	[mg/l]	4	7	3	9	11
K^+	[mg/l]	0,8	1,6	0,8		2,4
Ca^{2+}	[mg/l]	4	27	48	79	205
Mg^{2+}	[mg/l]	2	11	36	39	96
Fe^{2+}	[mg/l]	0,08	0,1	0,03	0,04	0,14
Cl^-	[mg/l]	4	7	14	5,3	24
NO_3^-	[mg/l]	2	1	24	0	18
HCO_3^-	[mg/l]	24	126	268	427	421
SO_4^{2-}	[mg/l]	3	10	37	22,1	529

[a] Gesamthärte 1° dH = 10 mg/l CaO = 0,179 mmol/l Erdalkalionen
[b] Carbonathärte 1° dH = 15,7 mg/l gebundenes CO_2 = 0,357 mmol/l
[c] Aggr. CO_2 = aggressives CO_2

Die Lebensgemeinschaften des Grundwassers

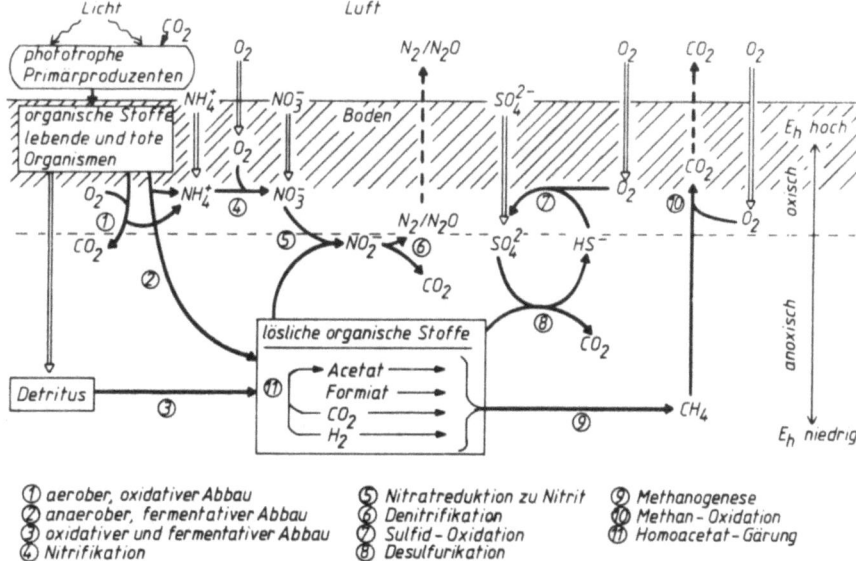

Abb. 3.5. Wichtige mikrobielle Stoffumsetzungen im Boden und im tieferen Untergrund (stark vereinfacht). (Aus DVWK 80, 1988)

pH-Wert erklärt sich aus dem Verhältnis der Menge der eingetragenen Ionen zur Pufferkapazität der durchsickerten Boden- und Gesteinshorizonte. Neben der Niederschlagsmenge, bei uns meist in Westexposition am hochsten, spielt die Art der Vegetation und die Tiefe der Herkunft des Quellwassers eine Rolle (Puhe u. Ulrich 1985). Niedrige pH-Werte führen häufig zur Mobilisierung von Aluminiumverbindungen und Schwermetallionen, so daß neben den direkten auch indirekte Einflüsse auf die Organismen auftreten, wie z.B. toxische Wirkungen.

3.2 Die Lebensgemeinschaften des Grundwassers

Das Grundwasser ist, wie schon Thienemann (1925) betont, unter anderem durch seine Nahrungsarmut charakterisiert. Photoautotrophe Primärproduktion fehlt und die chemoautotrophe ist in der Regel gering. Die Nährstoffzufuhr von der Erdoberfläche nimmt in Abhangigkeit von der Porosität des Substrats und der Transportkapazität des Wassers mit der Tiefe ab. Die Mikroorganismen können sowohl gelöste als auch feinpartikuläre organische Substanzen verwerten, Proto- und Metazoen überwiegend partikuläre. Bei dichter Besiedlung entsteht ein schleimiger Überzug auf den Substratpartikeln aus den Mikroorganismen und ihren Exsudaten. Dieser Biofilm absorbiert weitere Partikel und verstärkt die Filterfunktion des Porensystems. Bei den Mikoorganismen dieses Lebensraums handelt es sich um autochthone, an niedrige Nährstoffkonzentrationen angepaßte Populationen. Eingeschwemmte, nicht angepaßte Formen werden in der Regel rasch eliminiert. Biomasse und Produktion nehmen mit der Nährstoffkonzentration und der Strömungsgeschwindigkeit zu, weil mit der Strömung der Stoffaustausch an der stationären Oberfläche des Biofilms beschleunigt wird. Auch ein Transport losgelöster Zellen findet mit dem Wasserstrom statt.

Soweit bekannt, enthalten alle Grundwässer gelösten organischen Kohlenstoff (DOC), der teilweise zunächst aus dem partikulären organischen Material (POM) freigesetzt wird. Die Konzentration erreicht normalerweise bis 2 mg/l. Die Aktivität der heterotrophen Mikroorganismen hängt nicht nur von der Höhe des Kohlenstoffangebots sondern auch von seiner stofflichen Zusammensetzung ab. So werden Huminstoffe nur sehr langsam umgesetzt. CO_2 und die anorganischen Verbindungen, die zur Energiegewinnung oxidiert werden können – molekularer Wasserstoff, Schwefel, Schwefelwasserstoff und andere – sind für die chemolithoautotrophen Arten fast immer verfügbar. Die Stickstoff- und Phosphatkonzentrationen sind meist niedrig, begrenzen aber ebenfalls selten die Stoffwechselaktivität. Die Redoxbedingungen haben dagegen eine Regelfunktion für die Zusammensetzung und die Aktivität der Mikrobenzönosen. Da die Sauerstoffzufuhr für das Grundwasser aus der Atmosphäre bzw. der Bodenluft erfolgt, können zeitweilig oder lokal selbst in gut belüfteten Böden Sauerstoffdefizite auftreten. Dementsprechend ist die Zahl fakultativer Anaerobier auch unter den Bakterien meist groß. Die Biomasse der Mikroorganismen stellt neben dem eingeschwemmten Detritus die Nahrungsgrundlage der Konsumenten dar.

Die Bakterienzahlen im Grundwasserbereich wurden nach Auszählung mit den klassischen Methoden (Plattenverfahren) unterschätzt. Im gepumpten Wasser fand man bei fluoreszensmikroskopischer Direktzählung ca. 10^6 bis 10^8 Bakterien/ml. Der größere Teil befindet sich aber auf den Partikeln des Substrates: Die meisten der wenigen bisher untersuchten Proben enthielten 10^7 bis $> 10^8$ Zellen/g Trockensubstanz. Zieht man die Schätzungen für die Produktion im sandigen Substrat eines kleinen unbelasteten Wiesenbaches als repräsentativ auch für Bereiche des Grundwassers heran, so ergeben sich mit $750\,g\,C/m^2/Jahr$ erstaunlich hohe Werte. Das liegt eine Größenordnung höher als die Produktion der

Primärkonsumenten an dieser Stelle (Marxsen 1988). Ein erheblicher Teil der Zellen befindet sich allerdings in einem inaktiven Zustand. Die Untergrenze der vertikalen Verbreitung der Bakterien ist zur Zeit noch nicht bekannt, auch in 90 m Tiefe war in einem Beispiel noch keine deutliche Abnahme erkennbar (DVWK 80, 1988). Die Konsumenten werden von **Protozoen** und **Metazoen** gestellt. Die Metazoen sind meist unpigmentiert und augenlos, von schlanker Gestalt und geringer Körpergröße. Die schlanke, häufig auch bei Krebsen fast wurmförmige Körpergestalt ist verbunden mit schlängelnder Bewegungsweise, dem Stemmschlängeln. Sie stellt eine optimale Anpassung an das Kleinlückensystem des Lebensraumes dar. Sie ist vor allem für die Stygobionten charakteristisch, während Tiere mit weniger strenger Bindung an das Stygal (Stygophile, Stygoxene) in ihrer Gestalt den Oberflächenformen ähnlich sind. Vertreten sind vor allem Nematoden, Archianneliden, Oligochaeten, Acari und Crustaceen aus verschiedenen Ordnungen (Abb. 3.6). Unter diesen befinden sich überraschend viele archaische Taxa wie die Syncarida, Krebse, die fossil bereits seit dem Karbon nachweisbar sind und im Grundwasser als sehr altem Lebensraum ein Refugium fanden. Die Besiedlung des Grundwassers erfolgte ursprünglich wahrscheinlich aus dem Höhlen- und Interstitialsystem der Meeresküsten (Thienemann 1950).

Wegen der Unzugänglichkeit des Grundwasser-Lebensraumes für die direkte Beobachtung wurden Erkenntnisse über die Lebensweise der Fauna z.t. aus den Langsamsandfiltern bei der Trinkwasserbereitung aus Uferfiltraten (Husmann 1958, 1978) und z.T. an anderen Modellen gewonnen (Danielopol 1989). Übereinstimmend läßt sich erschließen, daß durch das Abweiden der Aufwuchsschichten und durch Fressen des Detritus nicht nur der Stoffumsatz und damit die Remineralisation beschleunigt, sondern die Durchlässigkeit des Lückensystems bewahrt wird. Dies geschieht auch durch die Umwandlung von Feinsedimenten zu kompakten Kotpartikeln. Diese Leistungen, vorwiegend von Metazoen erbracht, erhalten langfristig die Struktur und damit biologische Aktivität dieses Ökosystems. Die meisten Tiere sind omnivor. Fakultative Carnivoren sind z.B. durch einige Amphipoden vertreten, wie die Grundwasserkrebse der Gattung Niphargus.

Die stygobionten und stygophilen Metazoen sind auf ausreichende Sauerstoffversorgung angewiesen, sie können deshalb als Reinwasserindikatoren verwendet werden. Durch den Vergleich der Meßwerte für Sauerstoff und organische Substanz (gemessen als CSB = chemischer Sauerstoffbedarf) sowie der Spektren der Tierarten und -dichten aus Pumpproben läßt sich der Zusammenhang erkennen (Abb. 3.7). Es handelt sich im dargestellten Fall um den Grundwasserstrom in der Talaue eines

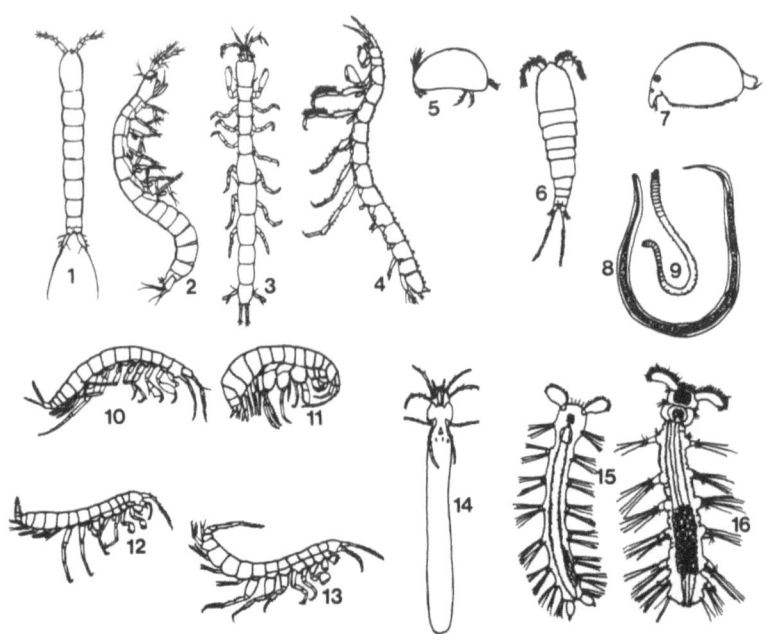

Abb. 3.6. Beispiele typischer Grundwassertiere (L = Körperlänge) Krebse: Ruderfußkrebse (Copepoda): 1. *Parastenocaris* (Harpacticoida), L 0,4–0,5 mm; 6, *Graeteriella unisetigera* (Cyclopoida), L ca. 0,3 mm; Syncarida: 2 *Leptobathynella*, L 0,6–0,8 mm; Asseln (Isopoda): 3, *Microcerberus*, L 0,7–1,3 mm; Flohkrebse (Amphipoda): 4, *Ingolfiella*, L ca. 1,5 mm; 10, *Bogidiella albertimagni*, L ca. 2,2 mm; 11, *Crangonyx subterraneus*, L bis 6 mm; 12, *Niphargellus nolli*, L ca. 2,8 mm; 13, *Niphargus aquilex*, L bis 18 mm; 5, *Muschelkrebs* (Ostracoda); Wasserflöhe (Cladocera): 7, *Alona guttata*, L 0,3–0,4 mm, auch außerhalb des Grundwassers verbreitet; Wassermilben (Acari, Hydracarina): 14, *Wandesia*, L ca. 2,5 mm; Ringelwürmer (Annelida): 9, Oligochaeta; Archiannelida: 15, *Thalassochaetus palpifoliaceus*, L 0,5–0,6 mm, Küstengrundwasser; 16, *Troglochaetus beranecki*, L 0,5–0,6 mm, limnisches Grundwasser; 8, Fadenwurm (Nematoda) 3 und 4 sind marine Relikte im binnenländischen Grundwasser. (Nach Husmann, aus DVWK 80, 1988, verändert)

Flusses, in den aus einem Seitental ein wahrscheinlich organisch verunreinigter, sauerstoffarmer Strom einmündet. Sauerstoffarme Probenstellen werden nur von wenigen Tieren besiedelt. Unter den sauerstoffreichen Stellen gibt es hohe Siedlungsdichten bei den höheren Angeboten an organischer Substanz. Nur Nematoden können langfristig anoxische Bedingungen ertragen. Die Mobilität gestattet es den Metazoen auf lokale Veränderungen der Lebensbedingungen rasch zu reagieren. So fand Danielopol (1989), daß der Ostracode Cryptocandona kiefer neu entstehende

Die Lebensgemeinschaften des Grundwassers

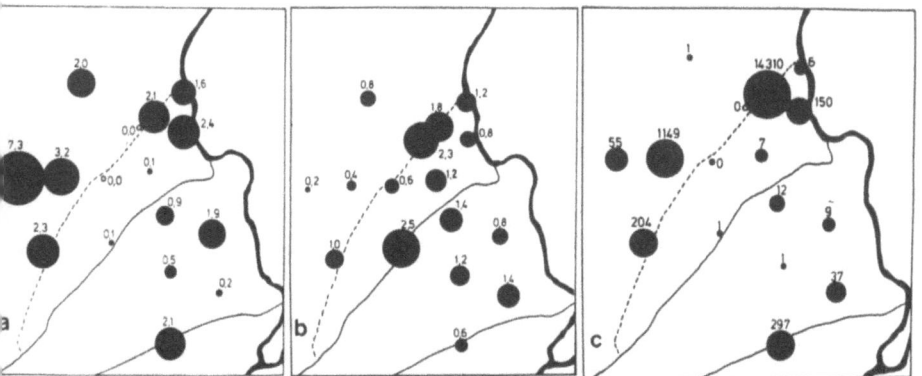

Abb. 3.7a–c. Einfluß der Grundwasserqualität auf die Fauna (Johannesaue bei Fulda). Aus dem Seitental (links unten) gelangt organisch belastetes, sauerstoffarmes Grundwasser in den Grundwasserstrom des Fuldatales. **a** minimale Sauerstoffkonzentration (mg/l) zwischen Oktober 1977 und Januar 1979; **b** CSB-Werte von Januar 1979 (entsprechen etwa mittleren Werten im Untersuchungszeitraum); **c** Anzahl der Tiere in 50 l Grundwasser im Januar 1979. Jeder Punkt entspricht einem Peilrohr, aus dem die Proben entnommen wurden. (Aus DVWK 80, 1988, verändert)

sauerstoffarme Feinsedimentzonen verläßt und günstigere besiedelt. Nach experimentellen Befunden scheint die Toleranz gegenüber geringen Sauerstoffkonzentrationen (0,5 mg/l) bei manchen Grundwassermetazoen allerdings größer zu sein als nach Freilandbefunden erwartet wurde. Insgesamt sind die Kenntnisse zur Autökologie dieser Tiere noch gering.

4 Die Quellen

Quellen sind Orte des Grundwasseraustritts an die Oberfläche. In der Hydrogeologie wird nach den geologischen Voraussetzungen der Quellbildung klassifiziert. So wird zum Beispiel zwischen Verengungs-, Stau- und Schichtquellen unterschieden (Hölting 1989). Bei den Verengungsquellen wird der durchfließbare Querschnitt so weit verringert, daß das Grundwasser z.T. unter hohem Druck aufsteigt und austritt. Ähnlich wirkt bei den Stauquellen ein undurchlässiger Riegel, vor dem das Wasser, allerdings in breiter Front, aufsteigt. Für die Schichtquellen gibt es solche Behinderungen nicht. In der Limnologie wird die Klassifizierung nach dem im Wasseraustrittsbereich entstehenden Lebensraumtyp bevorzugt. Man spricht von Limnokrenen, wenn ein wassergefülltes Becken am Anfang steht, von Rheokrenen, wenn das Wasser auf engem Raum, z.B. aus Fellsspalten hervortritt und sich sofort in ein abgegrenztes Bachbett ergießt. Die Helokrene, ein sehr verbreiteter Typ, beginnt mit wassergesättigten, sumpfigen Stellen, in denen sich der Quellbach aus der Vereinigung kleiner Rinnsale in sickerfeuchtem Areal bildet. Limno- und Rheokrene treten oft bei Kluft und Karstgrundwasserleitern auf, häufig mit kräftiger Schüttung.

Die abiotischen Charakteristika der Quellen werden wesentlich vom jeweiligen Grundwasser bestimmt (Abb. 3.4). Stammt es aus größerer Tiefe und einem ergiebigen Speicher, so ist auch die Wasserführung weitgehend ausgeglichen. Bei einer Herkunft aus einem oberflächennahen Grundwasserleiter spiegeln die Temperaturverläufe mehr oder weniger gedämpft die Lufttemperaturen wider. Solche Quellen finden sich gehäuft in sehr feinporigem, wenig durchlässigem Gestein, auf Tonschiefern, Letten und ähnlichem, oft als Helokrene mit unbeständiger Schüttung. Die hydrogeologischen Verhältnisse werden in der Landschaft als unterschiedliche Quell- und Flußdichte kenntlich (Abb. 4.1). Sie ist in den Keuper-Letten-Schichten hoch, ähnlich auf kristallinem Grundgestein, deutlich geringer im porenreichen Sandstein und extrem gering im Kalkgestein, wo Karsterscheinungen zum Versickern selbst größerer Bäche führen können.

Der im Grundwasser im Vergleich zum Oberflächenwasser meist hohe CO_2- und niedrige Sauerstoffgehalt gerät oberirdisch relativ rasch

Die Vegetation der Quellen 17

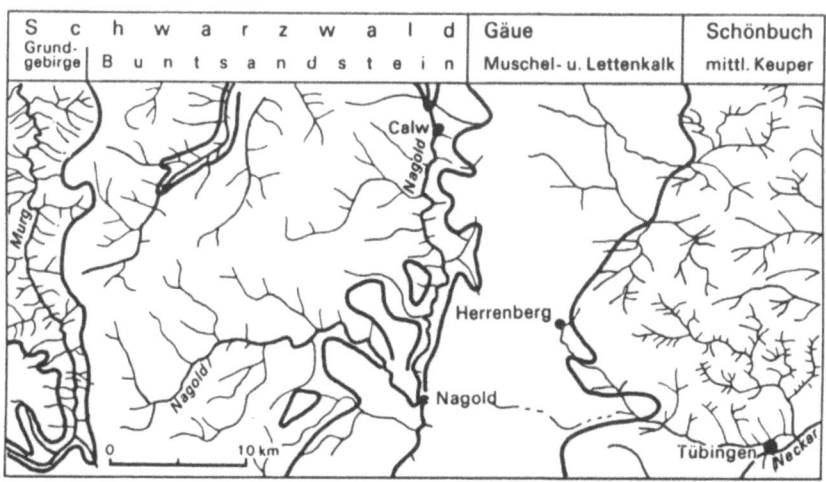

Abb. 4.1. Unterschiedliche Flußdichte zwischen Schwarzwald und Keuperhöhen. (Nach Marcinek, aus Niemeyer-Lüllwitz u. Zucchi 1985, verändert)

ins Gleichgewicht mit der Luftkonzentration. Der Verlust an CO_2 führt bei hohem Gehalt an Ca^{2+} zur Ausfällung von Kalk ($CaCO_3$). Die Anreicherung mit Sauerstoff nach vorherigem starkem Defizit läßt häufig Eisenocker entstehen, Fe^{2+} (in Lösung) → Fe^{3+} (Ausfällung), insbesondere in saurem Milieu. Derartige Ausfällungen können die Zusammensetzung der Biozönose stark beeinflussen, weil sie die Organismen auch überziehen. Die Bildung der Kalkniederschläge wird überdies durch den CO_2-Verbrauch für die Photosynthese verstärkt.

Relativ häufig tritt in Quellen die folgende Faktorenkombination auf: Geringe Wasserführung, geringes Gefälle mit dem Vorherrschen feinkörniger Substrate und der Tendenz zu sommerwarmen und winterkühlen Temperaturverhätnissen. Oft entsteht ein terrestrisch-limnischer Übergangsbereich von wechselnder Ausdehnung und ohne scharfe Abgrenzung.

4.1 Die Vegetation der Quellen

Quellbereiche – Quellfluren oder Quellsümpfe – heben sich häufig aufgrund ihrer charakteristischen Vegetation aus ihrer Umgebung heraus.

Physiognomisch sind sie durch überwiegend niedrige krautige Blütenpflanzen und Moose gekennzeichnet, die nicht selten eine fast geschlossene Pflanzendecke bilden. In stark beschattenden Wäldern kommen allerdings auch weitgehend vegetationsfreie Quellfluren vor. Die typischen Pflanzengesellschaften ertragen oder benötigen eine dauernde Durchfeuchtung des Bodens bis zu permanenter oder zeitweiliger Überflutung oberirdischer Sproßteile. Der fortwährende Wasserabfluß verhindert in der Regel eine Anreicherung von Nährstoffen. Nitrophile Pflanzen, wie die Brennessel (*Urtica dioica*) sind daher in ungestörten Beständen selten vertreten. Ein wichtiger Selektionsfaktor ist die niedrige Temperatur im Wurzelbereich während der Vegetationsperiode, die nur von wenigen Pflanzenarten toleriert wird. Bei höheren Bodentemperaturen in nassen Lebensräumen bilden sich Kleinseggenrieder aus. Da Quellen im Winter nicht zufrieren, können auch frostempfindliche Arten überdauern. So ist eine der Charakterpflanzen der Quellen, das wintergrüne Milzkraut (*Chrysosplenium oppositifolium*) nicht frosthart. Differenzierend wirken in der Quellvegetation der Lichtgenuß und der Kalkgehalt des Wassers: Während an besonnten Stellen Moose einen hohen Deckungsgrad erreichen, sind es in beschatteten Bereichen krautige Blütenpflanzen. Zu den Charakterpflanzen der besonnten Quellen gehören neben dem Quellmoos *Philonotis fontana* das Bachquellkraut (*Montia rivularis*) und das Bittere Schaumkraut (*Cardamine amara*). Beschattete Stellen werden dagegen vom Milzkraut dominiert und je nach der standortspezifischen Differenzierung von weiteren Arten begleitet: Das Bittere Schaumkraut breitet sich bei mäßiger Beschattung und höherer Strömungsgeschwindigkeit stärker aus, an anderen Orten bestimmt eine lockere Übergipfelung durch das Springkraut (*Impatiens noli-tangere*) das Bild.

Die Bedeutung des ausgeglichenen Temperaturverlaufs wird in Quellfluren der alpinen und subnivalen Lagen der Hochgebirge noch deutlicher sichtbar als im Mittelgebirge und im Tiefland. Das austretende Grundwasser verkürzt die Zeit der Schneebedeckung gegenüber der Umgebung, die sommerlichen Temperaturen aber übersteigen selten 5 °C, bei Zufluß von Schmelzwasser von Gletschern oder Firneis liegen sie noch tiefer. Sehr verbreitet sind auf Grund des steilen Reliefs Wasseraustrittszonen in spaltenreichen Blockhalden. Pelzähnliche Polster aus Laubmoosen der Gattungen *Bryum*, *Cratoneuron*, *Philonotis* und andere überdecken das überwiegend mineralische Substrat; an anderen Stellen entstehen Lebermoosreiche Bestände mit *Scapania* und *Marsupella*-Arten. Eingestreut in diese wassergesättigten Moospolster sind Blütenpflanzen, z.B. Steinbrecharten (Gattung *Saxifraga*). In Kalkquellen werden die Pflanzen durch permanente Kalktuffbildung gleichsam eingemauert. Nur wenige Arten tolerieren dies. Es sind vor allem die Moose *Cratoneuron commutatum* und *Philonotis calacarea* (Ellenberg 1986; Geissler 1975; Hinterlang 1992).

4.2 Die Fauna der Quellen

Quellen sind kein einheitlicher Lebensraum und entsprechend heterogen ist die Fauna. Lediglich bestimmte Grundwassertiere treten ziemlich regelmäßig auf. Thienemann (1925) nennt in dieser Gruppe für Mitteleuropa nur die Höhlenkrebse der Gattung *Niphargus* als weit verbreitet und als nur regional vorkommend die Höhlenassel (*Asellus cavaticus*), den Polychaeten *Trichodrilus* und Schnecken der Gattung *Lartetia*. Bei den übrigen Krenobionten und Krenophilen handelt es sich danach um „lenitische oder schwach rheophile, mehr oder weniger kaltstenotherme Reinwassertiere mit nicht besonders hohem Sauerstoffbedürfnis". Die sich daraus ergebenden Umweltbedingungen sind nicht immer und nicht nur in Quellen verwirklicht. Es ist deshalb wichtig, etwas genauer die ökologischen Ansprüche typischer Quellbewohner zu analysieren.

Bei Helokrenen ist der Beginn des Quelltals meist muldenförmig eingesenkt. An den Muldenhängen treten verbreitet Vernässungszonen auf, die im Laubwald durch nasse Fallaublagen verdeckt werden. Das Wasser fließt inmitten der Mulde zu einem Rinnsal zusammen, aus dem das Laub bei stärkerer Wasserführung verdriftet, so daß ein feinkörniges, sandiges Substrat zu Tage tritt. Gümbel (1976) fand an einer solchen Stelle, daß 81% der geschlüpften Insekten lenitische Quellformen waren, während in einer Rheokrenen desselben Gebietes 98% der Individuen zu den Quellbacharten gehörten. Dominanter Faktor war in der Rheokrene demnach die Strömung. Ein großer Teil der typischen Arten der Helokrene bewohnt semiaquatische Lebensräume, den terrestrisch-limnischen wassergesättigten Übergangsbereich mit einem reichen Angebot pflanzlichen Bestandsabfalls. Manche unter ihnen rechnet man auch zur Fauna hygropetrica, der Fauna vom Wasser überrieselter Substrate, die auch in quellfernen geeigneten Biotopen auftreten können, z.B. an überrieselten, steilen Felsen. Die auch zu dieser Gruppe gezählte kleine Larve der Köcherfliege *Crunoecia irrorata* lebt auch in kleinen Bächen an Totholz und in Laubpackungen. Ihr Köcher wird aus Holzstückchen gebaut.

Der **hygropetrische Lebensraum** ist dort typisch ausgebildet, wo der Wasserfilm wenige Millimeter Dicke nicht überschreitet. Vaillant (1956) gibt 2 mm als obere Grenze an. Die geringe Dicke führt zu reibungsbedingten Verzögerungen beim Abfließen des Wasserfilms: Selbst bei hohem

Gefälle entstehen nur geringe Strömungsgeschwindigkeiten. In Grenzfällen herrschen Kapillarkräfte vor. Stoff- und Wärmeaustausch mit der Atmosphäre sind intensiv, so daß Sauerstoffdefizite kaum auftreten und die Temperaturschwankungen hoch sein und rasch erfolgen können. Seine größte Ausdehnung erreicht dieser Lebensraum an überrieselten Felswänden, die einen hohen Strukturreichtum durch einen üppigen Aufwuchs von Moosen erhalten, zwischen denen eine vielfältige Tierwelt lebt. Die Fauna hygropetrica ernährt sich vorzugsweise von Feindetritus, Kiesel- und Blaualgen. Unter den Metazoen dieser Gesellschaft gibt es einige typische Dipterenlarven aus den Familien Dixidae, Psychodidae, Thaumaleidae und Stratiomyidae. Alle zeichnen sich durch offene Tracheenstigmen aus, die am Körperhinterende liegen. Sie sind von einem unbenetzbaren Borstenschirm umkränzt und ermöglichen, auf der Wasseroberfläche ausgebreitet, die Luftatmung. Der ungleichmäßigen Wasserführung in diesem Lebensraum wird oft durch lange Schlüpfzeiten und die dadurch gegebene Risikostreuung begegnet (Hinton 1953; Vaillant 1956; Fischer 1993).

Wie weit die Mehrzahl der Quellarten wirklich kaltstenotherm ist, wie Thienemann vermutete, bedürfte genauerer Nachprüfung. Eine wirkliche kaltstenotherme Art ist der Strudelwurm *Crenobia alpina*, der häufig die quellnahen Bereiche von Bächen besiedelt. Aufgrund von Beobachtungen in einem alpinen Tümpel wurden allerdings auch Lebensmöglichkeiten bei über 20 °C vermutet. Mit Hilfe von Laboruntersuchungen ließ sich dieser Widerspruch auflösen: Zwar können Temperaturen bis zu 25 °C für einige Tage toleriert werden, doch gibt es ausreichende Reproduktion für ein Überleben der Population bei maximal 12 bis 14 °C. Die Reproduktion beginnt bei 5 und hat ihr Optimum bei 10 °C. Im Verhältnis zu den konkurrierenden, stellenweise gemeinsam vorkommenden tricladen Turbellarien, Dugesia gonocephala und Polycelis felina, gibt es zwar Überschneidungsbereiche der Temperaturtoleranz, doch liegen deren Optima mit ca. 15 bzw 18 °C deutlich höher. Die natürliche Verbreitung wird jedoch nicht nur durch die Temperaturverhältnisse sondern durch weitere Faktoren geregelt. So ist die Strömungsresistenz von P. felina deutlich geringer als bei den beiden anderen Arten (Schlieper 1952; Pattée 1970; Zusammenfassung: Macan 1974).

Als **Ernährungstypen** überwiegen in Helokrenen, wie nach dem Nahrungsangebot zu erwarten, die Substratfresser, Zerkleinerer und Detritusfresser. In Rheokrenen ist allerdings der Anteil der Filtrierer und Weidegänger größer. Mit dem Auftreten überströmter kleiner Kaskaden und schmaler Gerinne stellen netzbauende Köcherfliegen einen wichtigen Anteil des Makrozoobenthos, darunter die Larven von Wormaldia (Philopotamidae) als Filtrierer feinsten Detritus und von Plectrocnemia

(Polycentropidae) als carnivore Reusenfänger. Nach den Ergebnissen quantitativer Kontrollen der schlüpfenden Insekten (Emergenz) sind Quellen verhältnismäßig produktiv: Im untersuchten Fall mit 2,6 bzw. 3,7 g Trockengewicht pro m^2 und Jahr jeweils 21 bzw 30% produktiver als die stromabwärts folgenden Abschnitte (Gümbel 1976). Dieser Unterschied dürfte dadurch zu Stande kommen, daß der allochthone Eintrag organischen Materials, vorwiegend der Bestandsabfall der umgebenden Vegetation, im Bach großenteils ausgeschwemmt und dadurch dem Stoffhaushalt entzogen wird, während er vor allem in Helokrenen überwiegend am Ort bleibt.

5 Die Fließgewässer

Wasserströmungen spielen in allen aquatischen Lebensräumen eine Rolle, in sogenannten stehenden Gewässern, z.B. in der Brandung von Seen. Andererseits treten an Flüssen regelmäßig Teilgewässer auf, Kolke, Altwässer und dergleichen, die viele Charakteristika stehender Gewässer besitzen. Fließgewässer im Sinne der Typisierung sind natürliche Gerinne zur oberirdischen Ableitung von Niederschlags- und Grundwasser. Lotische, d.h. strömende Bereiche überwiegen. Das Wasser fließt gerichtet mit dem Gefälle des Kanals.

Bäche und Flüsse prägen das Bild der Landschaften, insbesondere durch die von ihnen gestalteten Talbildungen. Nach Schätzungen von Schmitz (1961) leiten die Fließgewässer der Erde jährlich ca. 37000 km^3 ins Meer, was einer mittleren Niederschlagshöhe von 250 mm/Jahr entspricht. Die dabei erreichten Transportleistungen an gelösten und suspendierten Stoffen sind groß und führten langfristig durch Denudation, Erosion und Sedimentation zu den tiefgreifenden Umgestaltungen der Erdoberfläche.

Im einzelnen sind die vom fließenden Wasser geprägten Strukturen im Flußbett, an den Ufern und im Talraum sehr vielfältig: Das hydraulisch ideale Trapezgerinne bleibt nur erhalten, wenn es künstlich stabilisiert wird. Durch die lang gestreckte Gestalt des Fließgewässerbettes und die zahlreichen Unregelmäßigkeiten seiner Struktur entsteht eine hohe Dichte an Grenzzonen oder Ökotonen zwischen verschiedenen Teillebensräumen: So ist die Uferlinie eines Baches im Verhältnis zur Wasserfläche sehr viel länger als bei einem See. Dies führt zu einem großen Reichtum an unterschiedlichen Kleinlebensräumen und zu einem hohen Differenzierungsgrad der Organismengesellschaften und charakterisiert Fließgewässerlebensräume gegenüber anderen Binnengewässern (Pinay et al. 1990).

Das Einzugsgebiet eines Fließgewässers stellt auch das Ausbreitungsgebiet für die an das Wasser gebundenen Organismen dar. Seine Grenzen sind häufig schwierig zu überwindende Verbreitungsgrenzen, besonders für hololimnische Arten.

Unter allen Lebensräumen sind Fließgewässer in ihrem Stoff- und Energiehaushalt am stärksten vom Umland geprägt. Ihre Organismen leben überwiegend vom allochthonen anorganischen und organischen Substanzen, die aus der Produktion und den Stoffumsätzen des Einzugsgebietes stammen und zum Teil durch die Atmosphäre, zum Teil mit dem Wasser eingetragen werden. Es überwiegt heterotrophe Bioproduktion durch den Abbau und die Verwertung gelöster und partikulärer organischer Substanzen. Autotrophe Primärproduktion tritt demgegenüber zurück. Der einsinning gerichtete Wasserstrom transportiert Stoffe und Organismen überwiegend stromabwärts. Nur die – oft vorübergehende – Bindung an die Sohlen- und Ufersubstrate und die Speicherung partikulären Materials als Nahrung in den Lückensystemen ermöglicht den Organismen ihre reiche Entwicklung. Die für andere Lebensgemeinschaften typischen ortsgebundenen, geschlossenen Stoffkreisläufe werden durch stromabwärts gerichtete Spiralen ersetzt, in denen allenfalls die Unterlieger von der Produktion des oberhalb gelegenen Abschnitts profitieren (vgl. S. 89). Da die organische Produktion überwiegend substratgebunden, stationär ist, sind Mechanismen zum Abfangen oder zur vorübergehenden Sedimentation der transportierten Substanzen und somit zur Verzögerung des Austrags aus dem Lebensraum von großer Bedeutung (Hynes 1975). Wenn man Ökosysteme als weitgehend selbst regulierende Einheiten definiert, in denen geschlossene Stoffkreisläufe überwiegen, sind Fließgewässer keine eigenständigen, sondern nur Teile von Ökosystemen (Lampert u. Sommer 1993). Andererseits handelt es sich um Bereiche, die aufgrund ihrer spezifischen Lebensbedingungen stark von der Umgebung abweichen und demgemäß spezifische Lebensgemeinschaften mit spezifischen Anpassungsformen ihrer Mitglieder und ebenfalls besondere Stofftransportmechanismen ausbilden. In diesem Sinne definieren Likens u. Bormann (1974) Fließgewässer als eigenständige Ökosysteme.

5.1 Abiotische Faktoren, Hydrographie

Hydrographie

Durch die Vereinigung von Fließgewässern nehmen in der Regel die Wasserführung und die Größe des Gewässerbettes zu. Eine übersichtliche Form der Gliederung eines Fließgewässersystems ergibt sich, wenn man es nach der Abfolge der Zusammenflüsse ordnet: So erhalten Quellbäche die

Ordnungsziffer 1 und nach ihrer Vereinigung die Ziffer 2. Im weiteren wird jeweils beim Zusammentreffen mit einem Gewässer gleicher Ordnungsziffer die nächst höhere eingeführt. Man erhält so einen Eindruck von der relativen Größe des betrachteten Abschnitts im jeweiligen System: In der Regel folgt mit der jeweils höheren Ordnungszahl eine Abnahme der Anzahl der Gewässer auf 1/3 bis 1/4, eine Erhöhung der durchschnittlichen Länge auf mehr als das doppelte und eine Erweiterung des Einzugsgebietes auf ca. das fünffache. Für die Beziehung zwischen Abschnittslänge und Einzugsgebiet gilt die empirische Formel $L = 1,4 \, A^{0,6}$ (L = Länge des Kanals, A = Einzugsgebiet). Die Fläche des Einzusgebietes steigt demnach unterproportional zur Länge (Leopold et al., zitiert nach Hynes 1970; Lampert u. Sommer 1993).

Das Gefälle der Fließgewässer ist in der Regel im Quellbereich gering, steigt dann rasch an und verringert sich stromabwärts zunehmend (Abb. 5.1). Die mittlere Strömungsgeschwindigkeit nimmt dabei trotz abnehmenden Gefälles zu, weil sie gemäß der Beziehung:

$$v = \sqrt{\frac{8g \, s \, d}{f}}$$ (Formel verwendbar bei Gewässern mit flachem Querschnitt)

vom Gefälle (s), der mittleren Wassertiefe (d) und dem Strömungswiderstand (f) abhängt. Die Tiefe steigt mit der Wasserführung, der Strömungswiderstand sinkt entsprechend der abnehmenden Rauhigkeit der Sohle und dem abnehmenden Einfluß der Uferstruktur. Dies läßt sich für den Amazonas veranschaulichen: Sein Wasserspiegelgefälle beträgt auf der 1500 km langen Strecke zwischen der Mündung des Rio Negro und dem Meer bei Niedrigwasser nur 15 m, also 1 cm pro km, bei Hochwasser knapp das doppelte. Die Strömungsgeschwindigkeit aber ist beträchtlich mit 0,5 bis 1 m/s bzw. 1 bis 2 m/s. Allerdings hat dieser wasserreichste Strom der Erde an der Mündung eine Schüttung von knapp 100000 m³/s bei Niedrig-, und mehr als 300000 m³/s bei Hochwasser. Das Strombett ist dort 4 bis 5 km breit, die größte Tiefe liegt bei 40 bis 50 m (Sioli 1983).

Bei Gewässern mit kompaktem Querschnitt berücksichtigt man zur Berechnung des v besser statt der Tiefe den hydraulischen Radius $r_{hy} = \frac{A \, (\text{Durchflußquerschnitt})}{Iu \, (\text{benetzter Umfang})}$ z.B. nach der Manning-Strickler-Fließformel: $v = k_{st} \, r_{hy}^{2/3} \, I^{1/2}$ (k_{st} = Strickler-Beiwert für Rauhigkeit, I = Sohlgefälle).

Die Strömungsgeschwindigkeit variiert im Querschnitt des Strombettes wie auch im Längsverlauf (Abb. 5.2). Die mittlere Strömungsge-

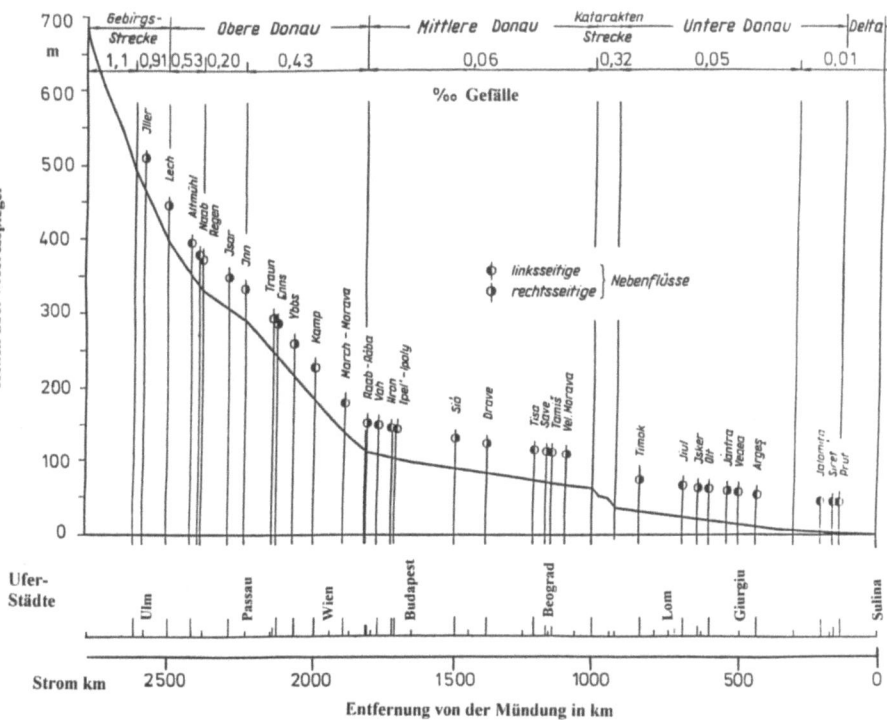

Abb. 5.1. Schematisches Längsprofil der Donau. Gestufter Verlauf durch zwischengeschaltete Abschnitte verminderter Erosionsanfälligkeit, am deutlichsten in der stark vereinfacht dargestellten Kataraktstrecke (vgl. Abb. 5.7). Die wichtigsten Zubringer sind für den Ort ihrer Mündung eingetragen. (Aus Lászlóffy 1967, verändert)

schwindigkeit entspricht annähernd jener in 60% der Wassertiefe (Hynes 1970; Townsend 1980; Lange u. Lecher 1986).

Für die **Schubkräfte**, die auf die Festkörper am Gewässergrund einwirken, wird in der Hydrologie der Begriff Schlepp- oder Schubspannung verwendet. Sie läßt sich nach folgender Formel berechnen: $\tau = p\, g\, r_{hy}\, I$ [τ = Schleppspannung (N/m^2), g = Fallbeschleunigung (9,81 m/s), p = Dichte des Wassers (kg/m^3)].

Da g eine Konstante ist und p sich im natürlichen Temperaturspektrum kaum verändert, hängt τ wesentlich vom Gefälle und dem hydraulischen Radius, also auch von der Wassertiefe ab. Bezogen auf die Strömungsgeschwindigkeit ergibt sich folgender Zusammenhang:

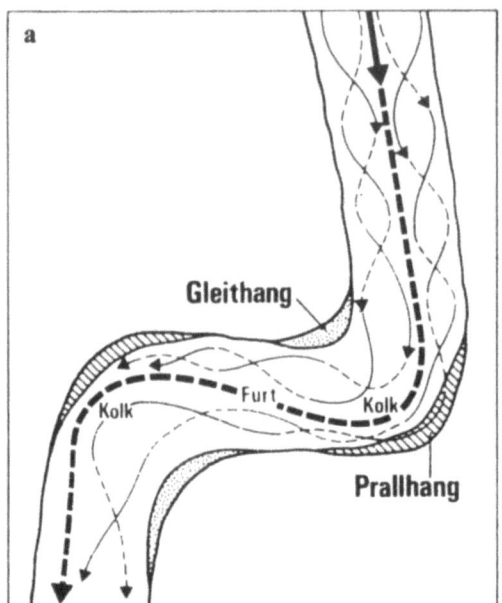

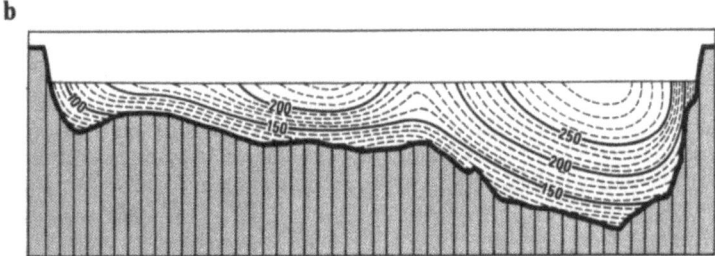

Abb. 5.2a, b. Strömungsverlauf in einem Flußbett. **a** Längsverlauf in einem Mäander: Stromstrich: dicke, gestrichelte Linie, die wirklichen Wasserbewegungen werden vereinfacht durch die Strömungswirbel (dünne Linien) wiedergegeben. Gleithang mit Sedimentation (punktiert), Prallhang mit Erosion (schraffiert). (Nach Schäfer, aus Niemeyer-Lüllwitz u. Zucchi 1985). **b** Querprofil der Donau mit Isostachen (Linien gleicher Strömungsgeschwindigkeit, cm/s). (Nach Wagner, aus Niemeyer-Lüllwitz u. Zucchi 1985)

$$\tau_m = p \cdot \frac{\lambda}{8} \cdot v_m^2$$

(λ = Widerstandsbeiwert, τ_m, v_m = mittl. Schubspannung bzw. Strömungsgeschwindigkeit). Die starke Abhängigkeit der Schubspannung von der Strömungsgeschwindigkeit ist ersichtlich.

Abiotische Faktoren, Hydrographie

Tabelle 5.1. Mittlere Strömungsgeschwindigkeit, bei der Substrate unterschiedlichen Typs in Bewegung geraten. (Nach Schmitz, aus Hynes 1970)

Substrattyp	Kritische mittlere Strömungsgeschwindigkeit [cm/s]	
	Klares Wasser	Trübes Wasser
Feinkörniger Lehm	30	50
Fester Lehm	60	100
Feinsand	20	30
Grobsand	30–50	45–70
Feinkies	60	80
Grobkies	100–140	140–190
Kantige Steine	170	180

Diese Werte geben Anhaltspunkte. Je nach der Strukturierung des Substrats können erhebliche Abweichungen auftreten. Die Strömungsgeschwindigkeit zur Erosion muß nicht mit der zur Sedimentation desselben Materials übereinstimmen. Bäche, in denen die Strömungsgeschwindigkeit normalerweise 20–40 cm/s nicht überschreitet, haben meist ein überwiegend sandiges Substrat.

Die unterschiedliche substratnahe Schubspannung führt über selektiven Transport und Sedimentation zur Sortierung des Materials auf der Stromsohle (Tabelle 5.1). Im Mittel verringert sich die Korngröße der Sedimente stromabwärts, weil die mittlere Wassertiefe und somit r_{hy} langsamer steigt als das Gefälle abnimmt. Dies bedeutet, daß in der Regel in den Oberläufen die Erosion, in den Unterläufen die Sedimentation überwiegt. Mit dem witterungsbedingten Wechsel der Abflüsse ändern sich die Schubkräfte und damit der Geröll(= Geschiebe-)transport über der Sohle und die Schwebstofführung als Suspension im gesamten Wasserkörper (Abb. 5.3). Der Durchmesser der größten Geschiebe liegt an der oberen Donau an der Illermündung bei 65 mm, an der Regenmündung bei 120 mm und erreicht an der Innmündung mit 250 mm das Maximum für den gesamten Strom. Weiter stromabwärts sinkt dieser Wert: bei Bratislava auf ca. 70 mm und bei hBudapest auf 30 mm. In der unteren Donau, unterhalb des Eisernen Tors, bewegt sich nur noch eine „dicke, schlammartige Masse" über die Bettsohle (Lászlóffy 1967). Die Geschiebemengen sind in der oberen Donau hoch, erreichen bei Passau etwa 700000, bei Wien 1 Mill. t/Jahr und verringern sich stromabwärts rasch, z.B. auf ca. 30000 t/Jahr bei Budapest. Diese Mengen machen nur 1 bis 2% der Schwebstofführung aus und sind als Teil der gesamten Feststofführung quantitativ zu vernachlässigen (Lászlóffy 1967).

Wenn kiesige Substrate vorherrschen bildet sich eine Querglierung der Sohle mit Riegeln (= Furten, riffles) und dazwischen sich erstrekkenden muldenartigen Eintiefungen oder flachen Kolken (pools). Bei mittleren

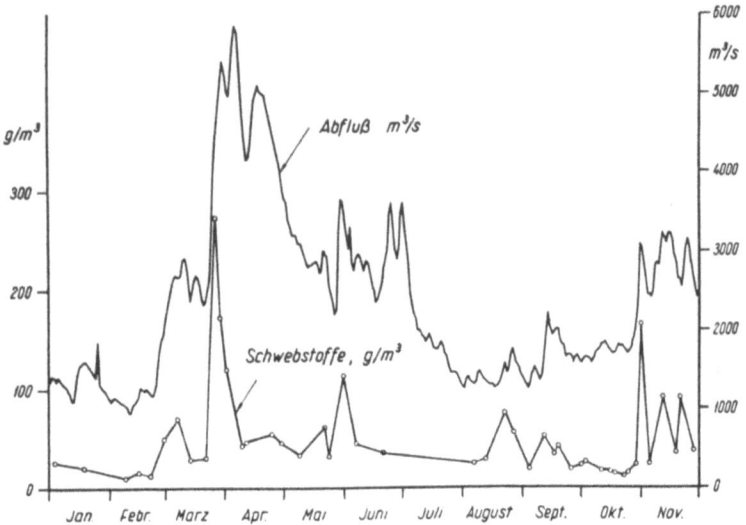

Abb. 5.3. Abfluß und mittlere Schwebstofführung am Donaupegel Nagymaros (Strom-km 1695; Meßergebnisse von 1952). Die Schwebstofführung steigt zwar mit dem Abfluß, doch verändern weitere Parameter diesen einfachen Zusammenhang erheblich. (Aus Lászlóffy 1967)

bis niedrigen Wasserführungen stellen die Riegel die lotischen, rasch überströmten, die Kolke die lenitischen Habitate mit geringer Strömung und der Tendenz zur Ablagerung feinkörniger Sedimente. Hochwässer vereinheitlichen dies Muster. Der Abstand zwischen den Riegeln entspricht etwa der fünf- bis siebenfachen Bettbreite.

In sandigem Gewässerbett findet auch bei geringer Wasserführung eine fast permanente Substratumlagerung statt: Auf der Sohle bildet sich das Wellenmuster der Sandrippeln aus, in großen Strömen können Unterwasser-Sanddünen erheblichen Ausmaßes entstehen. Diese Sohle ist wegen ihrer Instabilität für die Besiedlung durch Benthosorganismen wenig geeignet (Hynes 1970).

Die Menge des transportierten mineralischen Materials hängt auch von der Höhe der Einträge ab. Sie ist von der geomorphologischen Situation, wie der Hangneigung und der Erodierbarkeit der Oberfläche abhängig. Diese wird erheblich durch das Ausmaß und den Typ der Vegetationsbedeckung beinflußt. Die Waldvernichtung hat zahlreiche Beispiele für diesen Zusammenhang gebracht (Likens u. Bormann 1974).

Natürliche Flußläufe sind über längere Strecken niemals wirklich gerade. Die Lage der Hauptströmung pendelt von einer Seite zur anderen, so daß an den Prallhängen Substrat abgetragen, an den Gleithängen abgelagert wird. Der leicht gewundene Verlauf der „gestreckten Flüsse" entsteht meist bei starken Gefälle. Viele Oberläufe von Mittelgebirgs- und Hochgebirgsbächen gehören diesem Typ an. Bei kräftig entwickeltem Geschiebetrieb entstehen daraus verzweigte Systeme, bei denen das Wasser sich seinen Weg in zahlreichen Rinnen zwischen Kies- und Sandbänken sucht. Aufgrund des dauernden Wechsels von Sedimentation und Erosion verändern sich die Strukturen immer wieder. Auch die Ufer sind nicht scharf abgegrenzt. Die aus den Alpen stammenden Flüsse Süddeutschlands sind gute Beispiele dieser Erscheinungsform. Gewundene Verläufe, die **Mäander**, entstehen meist bei geringem Gefälle, relativ großer Wassertiefe und geringer Turbulenz, weshalb sie in Tiefländern weit verbreitet sind. Typisch bilden sie sich als freie oder Flußmäander in ihren eigenen Alluvionen aus, während eingeschnittene oder Talmäander vom geologisch vorgegebenen Relief festgelegt sind. Die freien Mäander entstehen zunächst als leichte Biegungen, die Schlingen weiten sich mit der Zeit aus und wandern talwärts. Die Entstehungsvoraussetzungen für verschiedene Formen lassen sich relativ gut durch ein Diagramm darstellen, das Gefälle und Abflußwassermenge berücksichtigt (Abb. 5.4) (Mangelsdorf u.

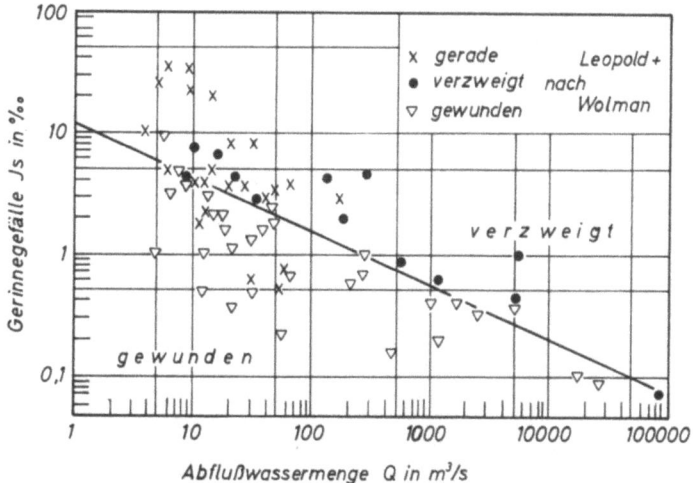

Abb. 5.4. Abhängigkeit der Typen des Flußverlaufs vom Gefälle und der Abflußwassermenge. Die durch Punkte markierten Beispiele lassen relativ breite Überschneidungsbereiche in der Verteilung der drei Typen erkennen. (Aus Mangelsdorf u. Scheuermann 1980, verändert)

Scheuermann 1980). Flüsse mit einem hohen Anteil schluffig-toniger Sedimente und starker Auelehmbildung verlagern ihr Bett kaum. Da die Auelehmbildung durch menschliche Bewirtschaftung in Europa seit dem Hochmittelater stark zugenommen hat, sind nicht selten ältere Flußstrukturen dadurch stabilisiert worden, so daß aus wandernden fixierte Mäander wurden, die nur noch eine geringe Strukturdynamik aufweisen (Vollrath 1976).

Die hydrologisch wichtigen Faktoren ändern sich nicht gleichförmig, sondern der Wechsel der geologischen und klimatischen Bedingungen läßt besonders in sehr großen Flüssen (Tabelle 5.2) eine erhebliche Vielfalt hydrographischer Situationen entstehen. Am Beispiel der Donau wird dies deutlich. Die Größe des Einzugsgebietes nimmt zwar relativ gleichmäßig zu, jedoch ergibt sich für die Wasserführung ein ganz anderes Bild (Abb. 5.5). Im ersten Abschnitt bis zur Mündung der Iller geht der größte Teil des Wassers durch die Versickerung im Karst bei Immendingen in der Schwäbischen Alb an den Rhein verloren. Erst die aus den Alpen kommenden Flüsse erhöhen die Wassermenge merklich, und der Inn trägt mehr bei, als die Donau bis zu dieser Stelle sammeln konnte. Bis zur Mündung der Drau wird das Abflußregime durch die aus den Alpen stammenden Zuflüsse geprägt (Abb. 5.6c). Unterhalb dieses Abschnitts wird der Einfluß aus Gebieten mit früherer Schneeschmelze und mediterranen Winterniederschlägen in den Wasserstandsganglinien erkennbar. Deutlich wird aber auch, daß nach dem Zutritt von Tisa und Save der jährliche Abfluß kaum noch steigt, weil die Einzugsgebiete der Nebenflüsse im

Tabelle 5.2. Die Länge einiger großer Ströme (Auswahl)

Länge	[km]	Länge	[km]
Europa		*Afrika*	
Wolga	3570	Nil	6500
Donau	2860	Kongo	4288
Dnjepr	2285	Niger	4160
Rhein	1325	Sambesi	2660
Elbe	1154	*Nordamerika*	
Loire	1002	Mississippi-Missouri	6970
Asien		Mackenzie	4063
Ob	5300	Yukon	3185
Jangtsekiang	5200	Rio Grande	2800
Amur	4480	Colorado	2189
Lena	4264	*Südamerika*	
Indus	3050	Amazonas	6518
Euphrat	2700	Parana	3300
Ganges	2500	Paraguay	2078

Bereich der unteren Donau kleiner sind, aber auch weil ihre Abflußspende gering ist: Sie sinkt, im langjährigen Mittel, von 20 l/s/km^2 nach der Einmündung von Inn Traun und Enns auf 8 l/s/km^2 an der Mündung ins Schwarze Meer. Die Gefällekurve (Abb. 5.1) läßt im Überblick zwar nur eine unauffällige Stufung erkennen, doch ist die Zahl der überströmten Felsriegel und Gebirgsdurchbrüche groß. Im harten Gestein der Kataraktstrecken bleiben Flußbett und Tal meist schmal, so daß sich ein Wechsel zwischen langsam und gleichmäßig strömenden, tiefen und breiten Abschnitten mit schnell und turbulent fließenden, flachen und geschiebereichen Strecken ergibt (Abb. 5.7a). In den gefällearmen Beckenlandschaften sedimentiert ein großer Teil des Gerölls und ein Teil der Schwebstoffe, so daß das Wasser klarer wird. Durch ausgedehnte Überschwemmungen und Sedimentablagerung entstehen die Alluvionen, in denen sich das Flußbett immer wieder verlagert (Abb. 5.7b). Beim Verlassen des Sedimentationsgebietes verstärkt sich die Erosion, bis sich die der Schleppspannung angemessene Geschiebefracht eingestellt hat. Die verstärkte Eintiefung der Sohle ist die Folge, wie sie auch besonders stark ausgeprägt unterhalb von Staustufen auftritt.

Die **Abflußganglinien** sind charakteristisch für das Klima des Einzugsgebietes. Aufgrund des jahreszeitlichen Wechsels der Niederschlagshöhe, der Evapotranspiration und der Bindung des Niederschlagswassers als Eis entstehen wechselnde Abflüsse. Je größer das Einzugsgebiet, desto mehr prägt sich in der Abflußganglinie der großklimatische Typ aus. Der regelmäßige Wechsel von Perioden hohen und niedrigen Abflusses findet sich in verschiedenen Klimagebieten (Abb. 5.6). Die hohen Wasserstände sind natürlicherweise oft mit ausgedehnten und lang andauernden Überschwemmungen der Aue verbunden. Ganzjährig relativ ausgeglichene Abflußverhältnisse finden sich in den Niederungsgebieten der immerfeuchten Tropen.

Physikalisch-chemische Faktoren

Die **Temperatur** quellnaher, aus Grundwasser gespeister Bäche ist weitgehend ausgeglichen: In den wechselwarmen Klimaten der gemäßigten Zone sommerkühl und winterwarm. Stromabwärts erfolgt die Angleichung an die Lufttemperatur mit gedämpfter Amplitude. Diese Dämpfung nimmt mit der Wassermenge zu, so daß größere Flüsse tagesperiodische Schwankungen kaum noch erkennen lassen, wohl aber die jahresperiodischen. So beträgt die Jahresamplitude der Lufttemperatur in Budapest im langjährigen Mittel 22 °C, jene der Donau 18 °C. Die Jahresmitteltemperatur ist im Fluß mit 11, 3 °C wenig höher als die Lufttemperatur.

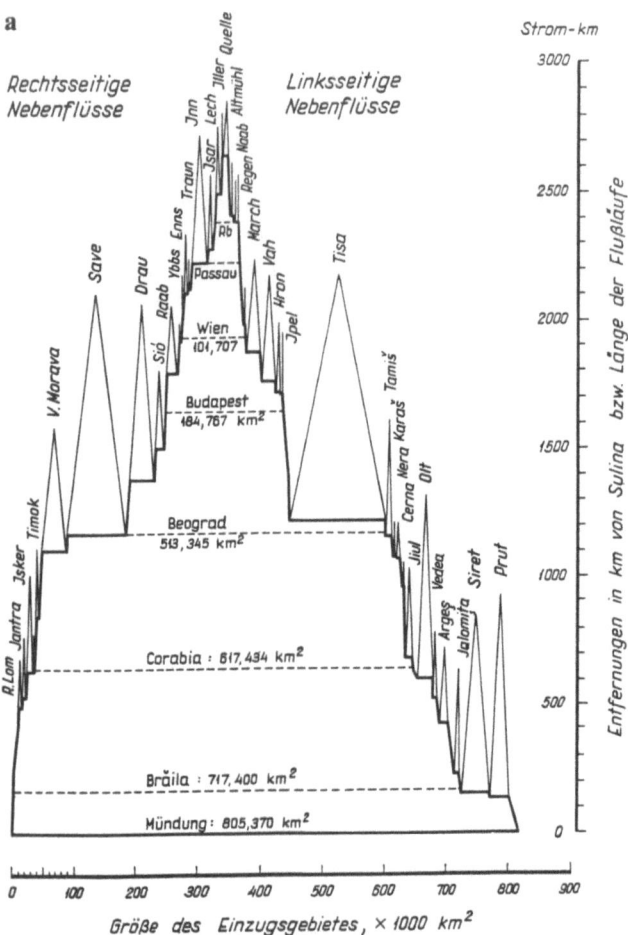

Abb. 5.5. a Einzugsgebiet, **b** mittlerer jährlicher Abfluß der Donau und ihrer Zuflüsse in m³/s. (Aus Lászlóffy 1967)

Bei der Regulation des **Sauerstoffgehaltes** sind biogene Prozesse, die photosynthetische Produktion und die Zehrung durch Atmung sowie Austauschprozesse mit der Atmosphäre beteiligt. Anders als in Seen spielt der biogene Eintrag durch Photosynthese eine relativ geringe Rolle, insbesondere in kleinen, beschatteten Bächen und tiefen Flüssen mit hoher Schwebstofffracht. Je nach Trophie, Beschattung und Größe des Wasserkörpers ergeben sich charakteristische Tagesgänge des Sauerstoffgehalts. Gebirgsbäche zeigen einen ausgeglichenen Verlauf, insbesondere bei Oligotrophie, geringer organischer Belastung und Beschattung.

Abiotische Faktoren, Hydrographie

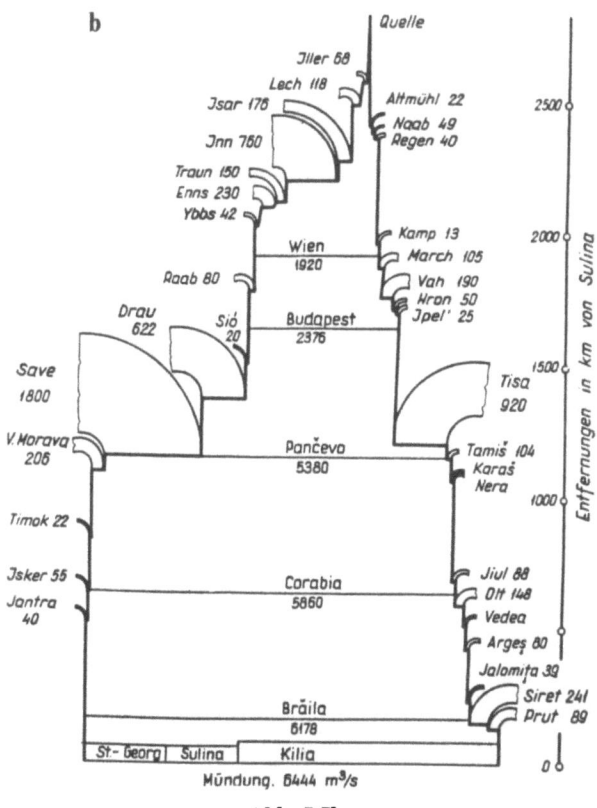

Abb. 5.5b

Übersättigung am Tage und Defizite in der Nacht entstehen infolge hoher Photosyntheseraten einerseits und intensiver Sauerstoffzehrung durch Abbauprozesse andererseits. Am deutlichsten ist dies in ruhig fließenden, krautreichen, unbeschatteten Gewässern ausgeprägt, vor allem wenn ein Import leicht abbaubarer organischer Fracht hinzukommt. Im Jahresgang ergeben sich in der gemäßigten Klimazone Schwankungen mit winterlichen Minima der Amplitude auf Grund der temperaturbedingt geringen biologischen Aktivität.

Der Gehalt des Wassers an **anorganischen Verbindungen** wird primär durch die Gesteine und Böden sowie die Vegetation des Einzugsgebietes bestimmt. Die Bedeutung der Vegetation wird uns durch die Folgen menschlicher Eingriffe vor Augen geführt. Waldökosysteme besitzen in der Regel kurze Nährstoffkreisläufe und entlassen wenig gelöste Substanzen in das abfließende Grund- und Oberflächenwasser. In nordamerikanischen Wäldern ergab sich für Stickstoff und Phosphor ein Nettogewinn, für

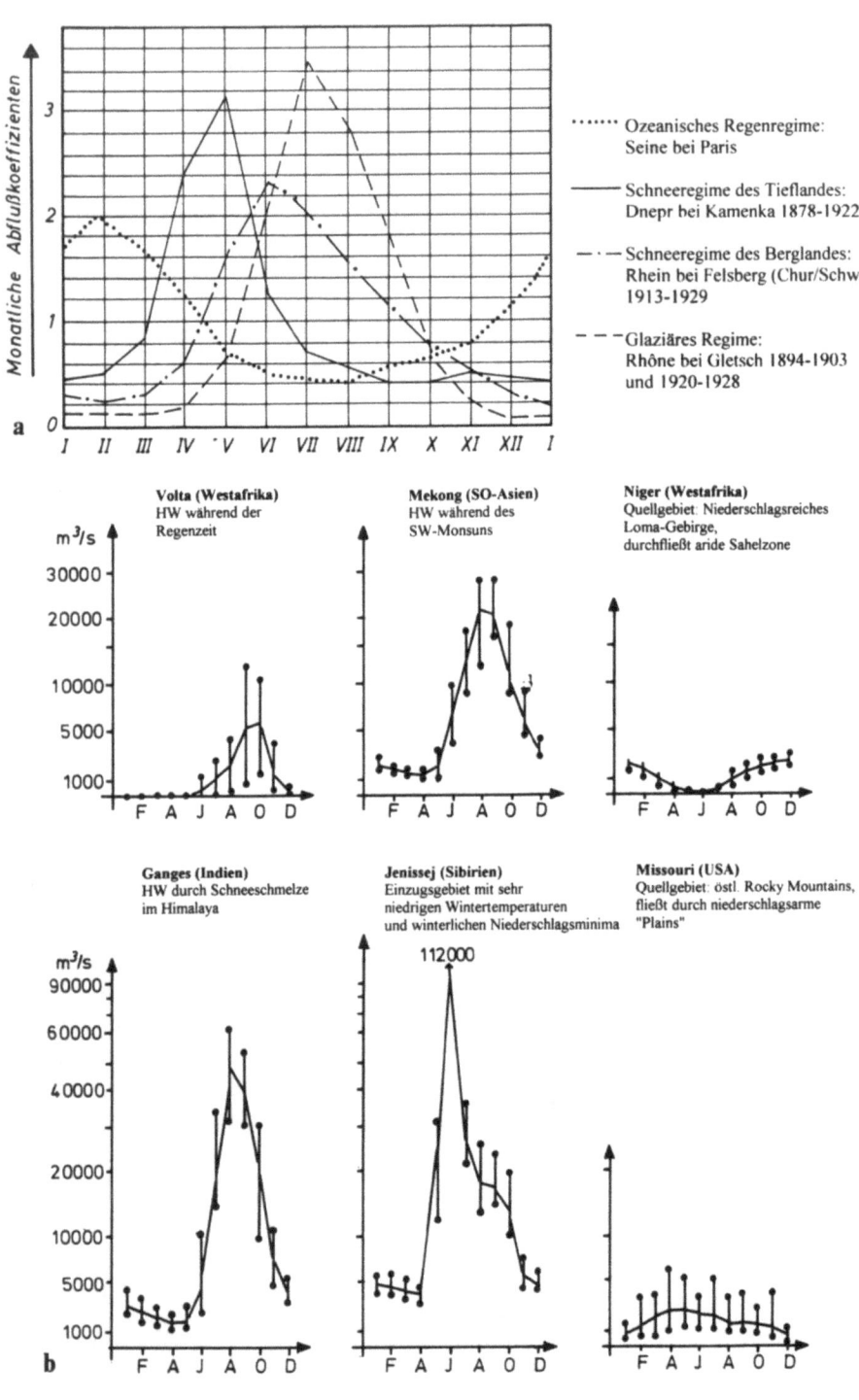

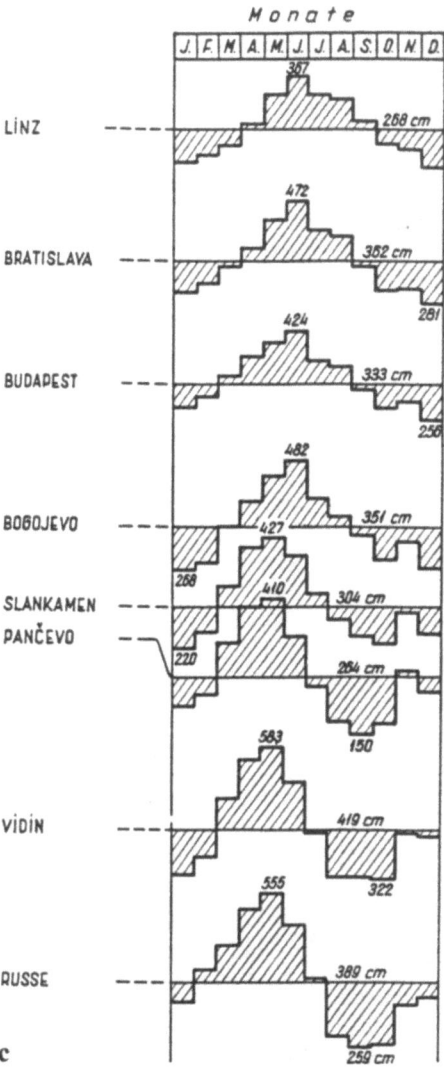

Abb. 5.6a–c. Mittlerer, jährlicher Abflußverlauf großer Flüsse. **a** Typen der einfachen Abflußregime nach Pardé, mit nur jeweils einer jährlichen Hoch- und Niedrigwasserzeit, typisch für klimatisch einheitliche Gebiete (komplexe Regime nicht abgebildet) (Abflußkoeffizient: mittl. monatl. Abfluß/mittl. jährlichen Abfluß = MQ_{Monat}/MQ_{Jahr}). (Aus Mangelsdorf u. Scheuermann 1980, verändert). **b** Abflußganglinien außereuropäischer Ströme: Monatliche Mittel, Maxima und Minima (m^3/s) (HW = Hochwasser) (Nach Junk u. Welcomme 1990). **c** Wasserstandsganglinien für wichtige Pegel der Donau: Monatsmittel 1821–1940, noch annähernd natürliche Abflußverhältnisse vor dem umfassenden Ausbau der Stauhaltungen. (Aus Lászlóffy 1967)

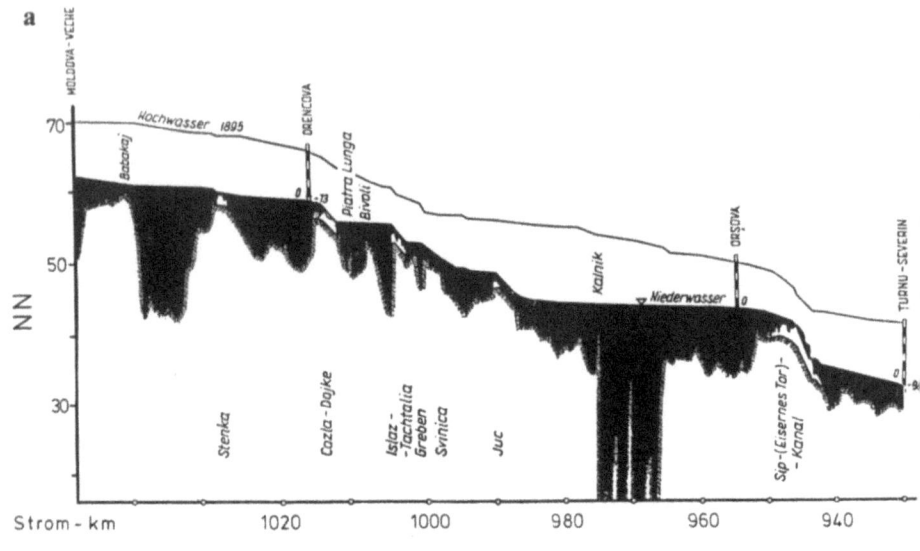
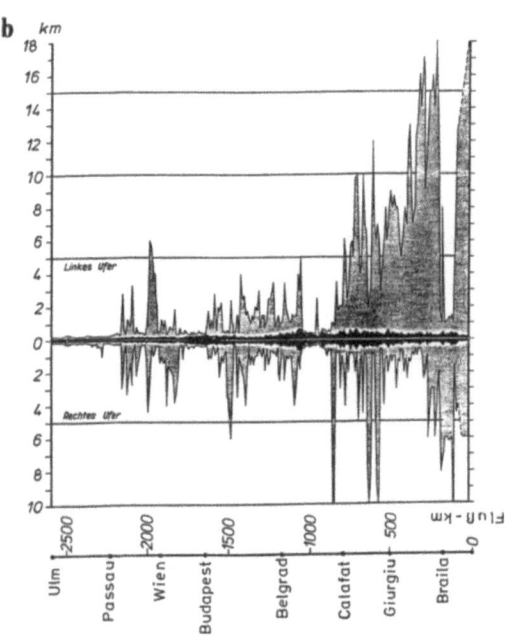

Kalium annähernd ein Eintrags-, Austragsgleichgewicht. Entwaldung erhöhte den Austrag für Stickstoff um den Faktor 5,2; für Kalium 18 und für Phosphor 2. Der Phosphor lag überwiegend partikulär gebunden vor, so daß der Verlust sich auf das zehnfache erhöhte, wenn die erodierte Fraktion berücksichtigt wurde (Likens u. Bormann 1974). Bei Austrägen aus intensiv landwirtschaftlich genutzten Flächen muß neben der düngenden Wirkung auf die Gewässer auch mit toxischen Einflüssen gerechnet werden: Im Paraná-Flußsystem Südamerikas werden die Wanderungen des Salmlers *Prochilodus* durch erhöhte Niederschläge und daraus resultierende steigende Wasserführung ausgelöst (vgl. S. 70). Der Regen wäscht aber auch Agrotoxine aus den Anbauflächen für Sojabohnen in die Gewässer. Die Folge sind tote Fische auf hunderten von Kilometern Flußstrecke (Welcomme, nach Power et al. 1988b). In der mitteleuropäischen Agrarlandschaft sind derartig spektakuläre Auswirkungen eher selten, jedoch sind hier anscheinend nachhaltige Faunenverarmungen in Gewässern auf die Wirkung von Pestiziden in sublethalen Konzentrationen zurückzuführen (Ließ 1993).

5.2 Vegetation und Fauna der Fließgewässer

Je stärker die Bindung der Organismen an das Wasser ist, desto mehr sind sie an die Flußsysteme als Ausbreitungswege gebunden. Das führte zur Entwicklung eigenständiger Floren und Faunen innerhalb der Einzugsgebiete, die aber von den heutigen verschieden sein können. Oft lassen sich frühere Verbindungen zwischen heute getrennten Gewässern biogeographisch dokumentieren. Unter den mitteleuropäischen Strömen ist die Donau besonders reich an Endemiten bzw. Arten, die aus der pontischen Region stammen. Die Perciden (Barsche) Schrätzer, Zingel und Streber (*Aspro streber*) gehören diesem Verbreitungstyp an. Eine Schwesterart des

---

Abb. 5.7a, b. Flußbettstruktur und Spiegelbreiten der Donau. **a** Flußbettstruktur im Längsschnitt im Bereich der Katarakte am „Eisernen Tor" (schwarz: Wassertiefe bei Niedrigwasser). **b** Spiegelbreite bei Niederwasser (schwarz) und bei höchstem Hochwasser (grau). Die Spiegelbreite variiert bereits bei Niedrigwasser erheblich. Typische Einengungen entstehen an den Gebirgsdurchbrüchen. Einer extremen Einengung am Kazan-Paß in der Kataraktstrecke (Fluß-km 968) auf 150 m steht eine Höchstbreite in diesem Flußabschnitt von 1550 m gegenüber. Die Breite der Überschwemmungsgebiete bei Hochwasser wird durch die Talbreiten bestimmt und erreicht das Maximum in den Beckenlandschaften, z.B. in der Walachischen Tiefebene im Unterlauf. (Aus Lászlóffy 1967, verändert)

Donaustrebers (*A. asper*) bewohnt die Rhône, die wahrscheinlich über eine späteiszeitliche Verbindung zur Donau besiedelt wurde. In großem Umfang fand die Ausbreitung längs der Ströme in der frühen Nacheiszeit bei der Wiederbesiedlung vorher vergletscherter Gebiete statt (Thienemann 1950). Der Ablauf solcher Arealerweiterungen kann auch heute beobachtet werden bei der Ausbreitung von Neozoen, zu denen in Mitteleuropa die Wollhandkrabbe (*Eriocheir sinensis*), die Amphipoden *Corophium curvispinum* (*Schlickkrebs*) und *Orchestia cavimana* (*Strandfloh*) und viele andere Arten gehören.

Wasserfälle oder Katarakte stellen natürliche Ausbreitungshindernisse dar. Das gilt mit Sicherheit bei Wanderungen stromaufwärts, wie es sich bei Fischen, heutzutage meist an künstlichen Hindernissen, wie Wehren, allenthalben beobachten läßt. Einige große Nebenflüsse des Kongo besitzen eine sehr eigenständige Fischfauna, mit zahlreichen endemischen Arten, die im Hauptstrom fehlen. Diese Zuflüsse sind alle durch Katarakte vom Hauptstrom getrennt. Das läßt vermuten, daß die Ausbreitung der Fische über diese Hindernisse auch stromabwärts nicht stattfindet (Poll 1963, zitiert nach Beadle 1981).

5.2.1 Die Vegetation

Im Gegensatz zum terrestrischen Umfeld sind Spermatophyten in Fließgewässern qualitativ und quantitativ spärlich vertreten, insbesondere in schnell strömenden Bereichen. In der gemäßigten Klimazone fehlen Spermatophyten in den Oberläufen häufig ganz. Das ist einerseits durch Beschattung, andererseits in Gebirgs- und Bergbächen durch die mechanische Belastung aufgrund hoher Strömungsgeschwindigkeiten und den Mangel an Weichsubstraten zu erklären. Moosarten, in Mitteleuropa z.B. aus den Gattungen *Scapania*, *Platyhypnidum* und *Fontinalis*, können sich auf Hartsubstraten ansiedeln und besonders in rasch strömenden Bereichen dichte Rasen bilden. Am Ufer und in lenitischen Zonen, Quellsümpfen und dergleichen entwickelt sich dagegen oft eine üppige Makrophytenvegetation, deren Artenspektrum dem stehender Gewässer teilweise ähnlich ist. In nicht zu tiefen Fließgewässern mit feinkörnigen Sohlsubstraten und dem entsprechenden geringen Gefälle gibt es einige Arten, die strömungstolerant sind oder sogar rasch fließende Gewässerabschnitte bevorzugen. Dort überwiegen flutende Pflanzenbestände (Abb. 5.8). Nur zwei artenarme Angiospermenfamilien, die Podostemaceae und die Hydrostachiaceae, die ausschließlich tropische Stromschnellen und Wasserfälle besiedeln, sind spezialisierte Rheobionten. Die Podostemaceae, deren Hauptkennzeichen nach Gessner (1955) ihre „geradezu pro-

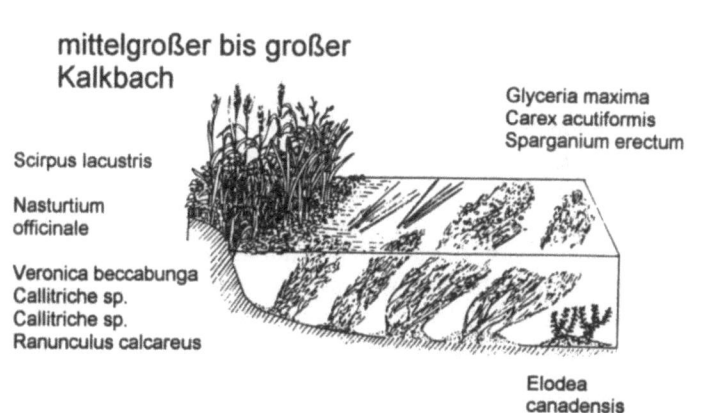

Abb. 5.8. Beispiele der Makrophytenvegetation in britischen Bächen. Kleiner Kalkbach mit kiesigem Grund, hoher Strömungsgeschwindigkeit und flach geneigten Ufern. Mittelgroßer bis großer Kalkbach mit moderater Strömung und niedrigen Steilufern. Im Gegensatz zum kleinen Bach hat sich hier ein schmaler Saum aus Schwaden, Seggen und Igelkolben ausgebildet, zum Bach folgt eine Zone flottierender Vegetation aus Brunnenkresse, Bachbunge und Wasserstern und submerse Vegetation mit Wasserstern, Wasserhahnenfuß und Wasserpest. (Aus Haslam 1978, verändert)

teusartige Vielgestaltigkeit" ist, können mit ihren umgestalteten Wurzeln auf Felsen festhaften und stärksten Strömungen widerstehen. Blütenbildung und Bestäubung durch Insketen und auch die Samenbildung erfolgen bei niedrigem Wasserstand innerhalb weniger Tage. Die sehr kleinen Samen sind klebrig.

Aufwuchs

Fast alle festen Oberflächen im Wasser sind von einem Biofilm überzogen, der primär aus einem Aufwuchs von Mikroorganismen besteht: Bakterien,

Algen, Pilze, Protozoen und Mikrometazoen (= Meiofauna). Sezernierte Schleimstoffe bilden eine Matrix, in der die Organismen haften, und die sich durch Anlagerung partikulärer und gelöster Substanzen weiter verändert. Diese Matrix ist polyanionisch und bindet Substanzen durch Ionenaustausch, sie beeinflußt die Diffusion der Stoffe zu den eingeschlossenen Mikroorganismen und sie fördert den Abbau angelagerter organischer Verbindungen durch Anreicherung extrazellulärer Enzyme (Fiebig u. Marxsen 1992). Je nach Exposition, Größe und Art der Substrate entwickelt sich der Aufwuchs unterschiedlich. Auf stabil gelagerten Hartsubstraten mit ausreichender Belichtung bildet sich das von Algen dominierte Periphyton, in kleinen und mittelgroßen Fließgewässern der wichtigste Träger der Primärproduktion. Bei geringer hydraulischer Belastung können solche Aufwuchsschichten mehrere Millimeter dick werden. Die Algen konzentrieren sich dann unmittelbar unter der Oberfläche, während sich darunter eine heterotrophe Lebensgemeinschaft ausbildet. Jahreszeitlich ergeben sich wechselnde Aspekte: In Bächen der gemäßigten Klimazone dominieren nach dem herbstlichen Laubfall häufig die Kieselalgen, während der sommerliche Aufwuchs spärlicher ist und durch Blau-, Grün- und – stellenweise – Rotalgen charakterisiert ist.

Rheobiont, auf lotische Bereiche beschränkt, sind nur wenige Algen. Es sind vor allem die Angehörigen der Gattungen *Lemanea* (Rhodophyta), *Oocardium* und *Hydrurus* (Chrysophyceae). Groß ist dagegen die Zahl der Taxa, die fließendes Wasser tolerieren oder bevorzugen. Im Strömungsgradienten verteilen sie sich nach ihrer Resistenz gegenüber hydraulischer Belastung. Hohe Resistenz besitzen z.B. Algen mit spezifischen Haftorganen, wie *Rhizoclonium* (Chlorophyta) oder Kleinformen, die in den Feinlückensystemen der Steinoberfläche oder endolithisch leben. Zu dieser Gruppe gehören einige Blaualgen (Cyanophyta) und Flechten (Whitton 1975; Power u. Stewart 1987). Unter lenitischen Bedingungen können sich ausgedehnte Schwaden fädiger Grünalgen ausbreiten, insbesondere bei hohem Nährstoffangebot. Sie werden oft von Arten der Gattung *Cladophora* gebildet. Hochwässer schwemmen diese nur locker befestigten Massen fast vollständig aus (Schönborn 1992).

Das zeitlich-räumliche Verbreitungsmuster der Aufwuchsalgen wird von den abiotischen Umweltbedingungen und durch biotische Einflüsse wie Konkurrenz und Fraß bestimmt. Unter den abiotischen Faktoren wirkt die Wasserbewegung einerseits über die hydraulische Belastung selektierend auf das Artenspektrum und die Wuchsdichte (Stevenson 1984; Zimmermann 1962). Andererseits erhöht sich im unteren Geschwindigkeitsbereich mit der Strömung die Produktivität aufgrund der höheren

Stoffaustauschraten an den Zelloberflächen. Gleichzeitig wächst allerdings auch die Atmungsintensität und möglicherweise die Abgabe zelleigener organischer Verbindungen (McIntyre 1966; Reisen u. Spencer 1970; Whitton 1975). Die relativ niedrigen Sommertemperaturen in hoch gelegenen und quellnahen Bereichen lassen das Auftreten spezifischer, kühladaptierter Arten erwarten. Bekannt ist, daß *Hydrurus foetidus*, eine weltweit verbreitete, fädige Goldalge, niedrige Temperaturen benötigt: Sie wächst in den Alpen ganzjährig, in niedrigeren Lagen aber nur im Winter (Whitton 1975). Kleinflächige Differenzierungen des Periphytons können auch Folge einer unterschiedlichen Nährstoffversorgung aus unterschiedlich strukturierten Aufwuchssubstraten sein: Jansson (1980) wies eine Assimilation von NH_4 durch benthische Algen aus dem Interstitialwasser eines sandigen Untergrundes nach, und Pringle (1985) fand besonders reiches Wachstum auf den Wohnröhren von Larven der Chironomiden (Diptera) und vermutet, daß die abgegebenen Exkrete der Röhrenbewohner das verursachen. Da das Interstitialwasser höhere Nährstoffkonzentrationen als das Bachwasser haben kann, manche Sohlsubstrate dicht mit Chironomidenlarven und anderen Benthostieren besiedelt sind, könnten beide Phänomene auch quantitiativ für das Periphyton ins Gewicht fallen.

Weidegänger regulieren massiv die Zusammensetzung, Stärke und Produktivität des Aufwuchses. Dies wird besonders deutlich, wenn dieser Ernährungstyp ausfällt, wie nach Vergiftungen der Arthopoden durch Insektizide: In solchen Fällen entwickelt sich eine üppige Algenvegetation, häufig mit stark verändertem Dominanzspektrum, z.B. mit einer ungewöhnlichen Ausbreitung fädiger Grünalgen (Zwick 1992). Die Mechanismen dieser selektiven Förderung oder Unterdrückung sind in einigen Fällen untersucht. So spielt die Erreichbarkeit für die Konsumenten eine Rolle. Übrig bleiben besonders fest haftende, in Nischen der Substratoberfläche geschützt liegende oder wenig hervortretende kleine Formen. Unter dem Fraßdruck weidender Köcherfliegenlarven und Schnecken waren es die basalen Zellen der Haftfäden (Rhizoide) der fädigen Grünalge *Stigeoclonium tenue* und die Kieselalge *Achnanthes lanceolata*, die dem Substrat eng anliegt. Fehlten die Konsumenten, setzten sich locker oder senkrecht wachsende Arten durch, im Beispiel Grünalgen der Gattung *Characium* und *Synedra ulna*, eine Kieselalge. Sie überwuchern und verdrängen die anderen Arten, vorwiegend durch Beschattung (Steinman et al. 1987). Ein ähnlicher Zusammenhang ergab sich aus der Beobachtung Aufwuchs abweidender Fische der Gattung *Campostoma* (Cyprinidae), die bevorzugt die

Kieselalgen fressen und dadurch die Blaualge *Calothrix* fördern (Power et al. 1988a). Eine indirekte Förderung der bevorzugten Futteralgen, vor allem der Diatomeen, erreichen die Larven der Köcherfliege *Leucotrichia* (Hydroptilidae) durch Entfernen der schleimigen Lager der Blaualge *Microcoleus vaginatus* als „Unkraut". Außerhalb des Einwirkungsbereiches dieser Weidegänger breitet *Microcoleus* sich aus, fehlt aber in der von ihnen aufgenommenen Nahrung (Hart 1985).

Das Flußplankton

In großen, ruhig strömenden Flüssen können Planktonorganismen, insbesondere auch Algen, häufig werden. Neben Formen benthischer Herkunft, die in allen Fließgewässern auftreten, gibt es spezifische, planktische Arten. Sie entstammen Seen, Altwässern oder ähnlichen Bereichen hoher Planktondichte. Im Strom der Fließgewässer findet eine selektive Elimination empfindlicher aber auch Vermehrung anderer Arten statt, so daß die Zusammensetzung dieser Planktongesellschaft sich deutlich von der des Herkunftsgewässers unterscheiden kann (Hynes 1970). Die Wichtigkeit der Trophie und der Einschwemmung von Schwebstoffen aus strömungsarmen Bereichen läßt sich aus der Entwicklung des Rheinplanktons seit der Jahrhundertwende ablesen. Während noch etwa um 1900 selbst im Niederrhein geringe Phytoplanktondichten auftraten und Arten vorherrschten, die aus dem Bodensee und anderen Seen und Altwässern des Einzugsgebietes stammten, ist spätestens seit der Mitte der dreißiger Jahre eine massive Zunahme der Zelldichten und ein stark verändertes Artenspektrum zu beobachten. Die maximalen sommerlichen Zelldichten liegen mittlerweile zwischen 11 000 und 15 000 pro Milliliter. Ein erheblicher Anteil der Planktonbiomasse stammt typischerweise aus stauregelten Nebenflüssen, wie Neckar, Main und Mosel. Aufgrund gestiegener Trophie ist eine erhebliche zusätzliche Vermehrung im Rhein möglich. Die Zooplanktonhäufigkeiten sind an das Phytoplankton gekoppelt. Es treten fast nur Rotatorien auf (Friedrich 1990; Franz 1990). Planktonausschwemmungen aus Seen und Stauhaltungen führen in Seeausflußbiozönosen zu einer starken Vermehrung filtrierender Konsumenten (Illies 1956). Im Zooplankton großer Flüsse tauchen saisonal auch Entwicklungsstadien der wenigen Fließgewässertiere mit planktischer Verbreitungsphase auf, wie die Veliger-Larven der Wandermuschel (*Dreissena*) oder die Eier anadromer *Alosa*-Arten, wie der Maifische (Clupeidae).

5.2.2 Das Makrozoobenthos

Das Benthal als das stationäre Kompartiment des Fließgewässerökosystems beherbergt den Großteil der Organismen. Tiere vieler systematischer Gruppen sind vertreten, besonders zahlreich und reich differenziert die Insekten. Unter den Insektenordnungen gibt es einige, die fast ausschließlich Binnengewässer bewohnen, wie die Ephemeropteren, Odonaten, Plecopteren und Trichopteren. Die Fließgewässer haben gegenüber stehenden Gewässern aufgrund ihrer kontinuierlichen erdgeschichtlichen Entwicklung in vielen Verwandtschaftsgruppen die größere Zahl eigenständiger Vertreter (Tabelle 5.3). Viele der typischen Ordnungen oder Familien sind weltweit verbreitet, was ihr hohes Alter verdeutlicht. Der überragende Erfolg der Insekten in der Evolution der Fließgewässerökosysteme dürfte auch eine Folge der günstigen Verbreitungsmöglichkeiten über die landlebenden Imaginalstadien sein. In diesen unbeständigen Lebensräumen bekommt dieses Merkmal besonderes Gewicht.

Strömungsanpassungen

Die Strömung prägt als dominierender Faktor die Erscheinungsform und die Lebensweise des Makrozoobenthos. Die Anpassungen betreffen das

Tabelle 5.3. Anzahl lenitischer und lotischer Gattungen einiger Insektenordnungen Nordamerikas. (Nach Daten von Merritt u. Cummins 1978)

Systematische Gruppe	Gattungen mit ausschließlich lotischen Arten	Gattungen mit lenitischen und lotischen bzw. euryöken Arten	Gattungen mit ausschließlich lenitischen Arten
Ephemeroptera	43	12	3
Plecoptera	85	0	0
Trichoptera[a]	95	27	13
Hydropsychidae	11	0	0
Philopotamidae	3	0	0
Polycentropidae	3	4	0
Rhyacophilidae	3	0	0
Limnephilidae	21	9	8

[a] Die Zahlen hinter der Ordnung umfassen alle Trichopteren-Gattungen. Beispielhaft sind 5 Familien ausgewählt.

Verhalten, die Physiologie und die Morphologie (Abb. 5.9). Die spezialisierten Arten sind naturgemäß Besiedler lotischer Habitate, für die auch Daten zur Strömungsresistenz vorliegen (Tabelle 5.4). Diese Daten repräsentieren die Verhältnisse im eigentlichen Aufenthaltsraum der wirbellosen Tiere des Benthal nur unvollkommen. Ambühl (1959) wies darauf hin, daß diese bis zu wenigen Millimeter dicke Zone im Bereich der Grenzschicht mit verzögerter Wasserbewegung und laminarer Unterschicht liegt (Nachtigall 1982). Aufgrund meßtechnischer Schwierigkeiten in den kleinen Dimensionen gibt es allerdings bisher nur wenige quantitative Angaben über die Wasserbewegungen und die daraus resultierenden Kräfte, die auf die Tiere wirken.

Latzel (1984) untersuchte mit Mikromethoden in Experimentiergerinnen die Widerstandskräfte an lotisch verbreiteten Larven einiger Insektenarten. Als Maß für die Strömungsanpassung wurde der Widerstandsbeiwert gewählt:

$$C_{wx} = \frac{2A}{F \cdot S \cdot V^2} \quad \text{(vgl. die Legende zur Abb. 5.10).}$$

Als Grundlagen dienen die Widerstände (F), die beim Anströmen der Stirnfläche der Insekten entstehen, in Beziehung zur Stirnflächengröße (A), der Dichte des Wassers (S) und der Strömungsgeschwindigkeit (V) am Aufenthaltsort. Gemessen wurde in dem steilen Strömungsgradienten über dem Substrat (Abb. 5.10). *Glossosoma conformis* (Trichoptera) hat unter den untersuchten Glossosomatiden den höchsten C_{wx}-Wert, ist also der höchsten Schubkraft ausgesetzt. Es gelingt ihr jedoch, diesen Wert auch beim Bau größerer Köcher beim Heranwachsen der Larve beizubehalten. Dieses ist vermutlich mit dem dreieckigen Querschnitt des

---

Abb. 5.9a–c. Anpassung der Gestalt an rasch strömendes Wasser bei Insekten. Dorsoventral abgeflachte Larven von Ephemeropteren: **a** *Rhithrogena tienschanica*, Gesamtansicht, dorsal; Abdomen ventral, mit der für die Gattung typischen, fächerartig zu einem Oval angeordneten Kiemen. Die Kiemen werden nicht mehr zur Ventilation bewegt. Die plattigen Teile bilden gemeinsam eine Scheibe, die dem Substrat eng angeschmiegt wird, so daß die Larve relativ fest haftet. **b** *Prosopistoma boreus*: Tergite des Thorax und der vorderen Abdominalsegmente verschmolzen und zu einer schildförmigen Abdeckung für den größten Teil des Körpers erweitert. Beine und Kiemen liegen unter dem Schild. Die abgebildete Art stammt von den Philippinen. Die einzige europäische Art der Gattung besiedelte früher auch in Deutschland große Flüsse wie den Oberrhein und den Untermain. **c** Die Larven der Blephariceriden (Diptera) haften mit Hilfe von Saugnäpfen an steinigen, glatten Substraten. Sie können reißenden Strömungsgeschwindigkeiten widerstehen. (**a** und **c** aus Brodsky 1980, **b** aus Peters 1967)

Vegetation und Fauna der Fließgewässer

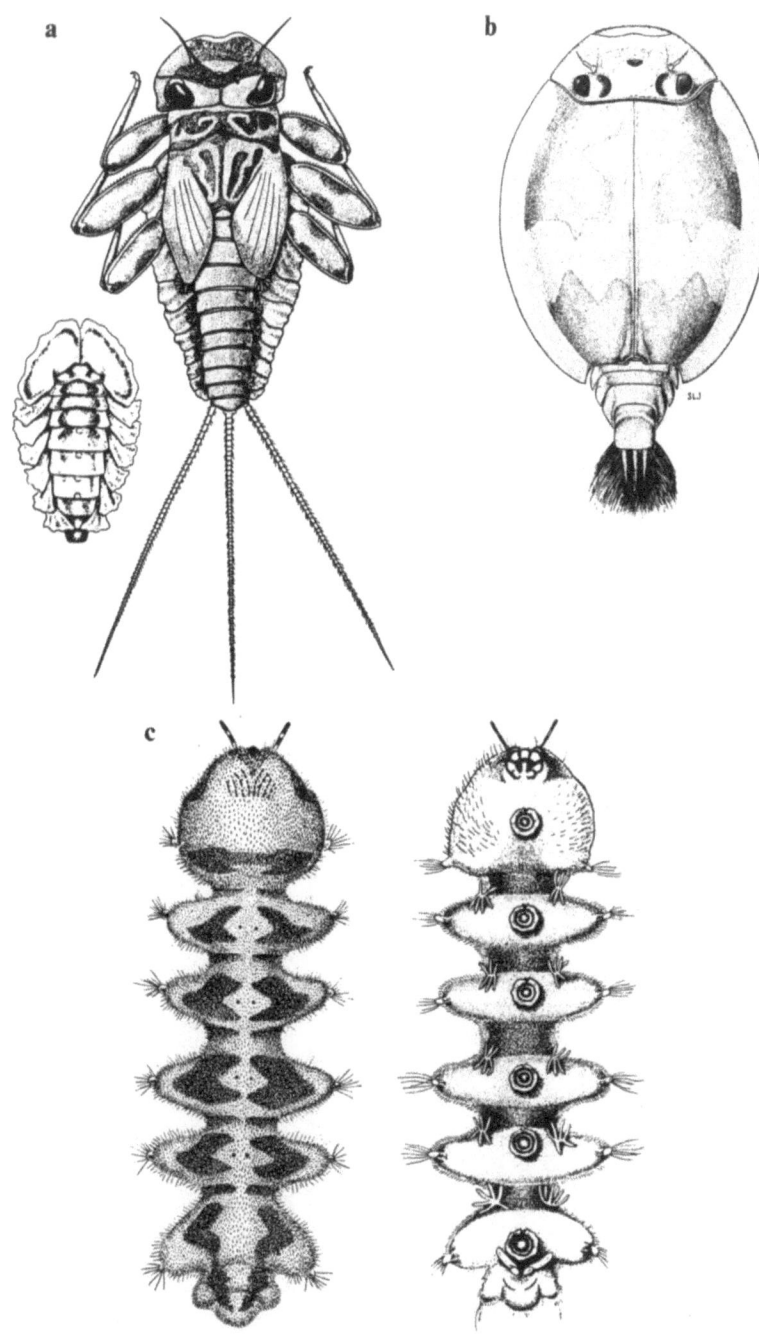

Tabelle 5.4. Strömungsgeschwindigkeiten und das Auftreten von Fließwasserorganismen. (Nach Angaben von Dorier u. Vaillant 1954, aus Macan 1978, gekürzt) [alle Angaben in cm/s]

	Freilandmessungen am Fundort der Tiere		Experimentelle Beobachtungen	
	max	min	maximale Strömung, gegen die die Tiere aufwärts wandern	Strömung, durch die die Tiere abgeschwemmt werden
Turbellaria				
Crenobia alpina	14	10	140	143
Gastropoda				
Ancylus fluviatilis	24	10	109	240
Theodoxus fluviatilis	78	10	109	240
Ephemeroptera				
Heptagenia lateralis	28	–	140	188
Baetis cf. gemellus	182	10	187	240
Epeorus alpicola	222		240	240
Trichoptera				
Rhyacophila spec.	125		100	200
Diptera				
Simulium ornatum	114	14	117	240
Liponeura cinerascens	220		240	240

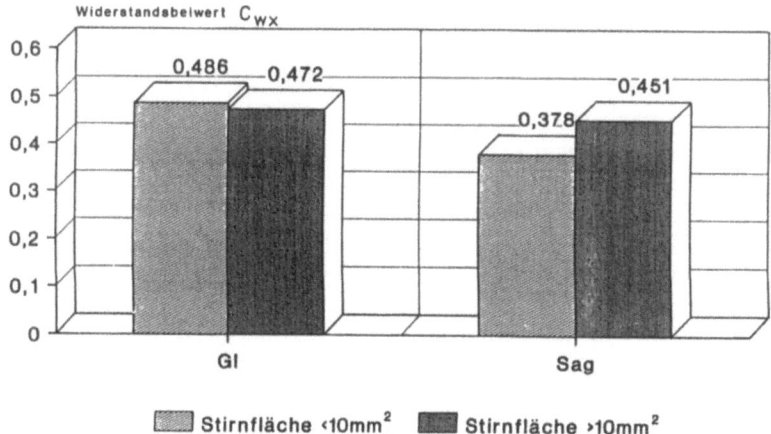

Abb. 5.10. C_{wx}-Werte der Köcher zweier Glossosomatidenarten (Trichoptera): *Glossosoma conformis* (Gl) und *Synagapetus iridipennis* (Sag). Mittelwerte für kleine Köcher (Stirnfläche < 10 mm²) und große Köcher (Stirnfläche > 10 mm²). Die Unterschiede der kleinen *Synagapetus*-Köcher zu allen anderen sind hoch signifikant (p < 0,0001, U-Test nach Mann-Whithey). Die Zahlen über den Säulen geben den genauen C_{wx}-Wert an. Gemessen wurde in dem starken Strömungsgradienten 0 bis 3 mm über dem Substrat. Deshalb wurde dieser Wert als C_{wx} bezeichnet, um ihr vom üblichen C_w abzusetzen, der nicht im substratnahen Gradienten gemessen wird. (Nach Latzel 1984)

Köchers zu erklären, der nur einen relativ geringen Anteil der Gehäusefläche oberhalb der Grenzschicht im turbulenten Wasserkörper exponiert. Die Köcher von *Synagapetus iridipennis* zeigen einen deutlich niedrigeren C_{wx}-Wert, der sich jedoch im Laufe der Larvenontogenese erhöht, also ungünstiger wird. Dies kommt zustande, weil der Köchergiebel im Vergleich zu *Glossosoma* stärker erhöht und dadurch stärker der Strömung exponiert wird. In der Spitze des Giebels befinden sich vorn und hinten je ein Ventilationsporus, so daß die verstärkte Exposition zu verstärktem Austausch des Atmungswassers führt. In diesem Zusammenhang ist bemerkenswert, daß an diesen großen Köchern der gattungsspezifische Randsaum breiter angelegt wird. Dieser Randsaum dürfte die Funktion eines Ankerteppichs haben, der den mit der Höhenzunahme ungünstigeren C_{wx}-Wert kompensiert und damit die Strömungsresistenz erhöht. Es werden demnach in der Köcherkonstruktion zwei konkurrierende Anpassungsziele verfolgt: 1. Ausbildung einer strömungsgünstigen Form, um die Gefahr des Abdriftens gering zu halten; 2. Erreichen günstiger Ventilationsbedingungen auch bei schwacher Strömung.

Mit derartigen Befunden sind die hydraulischen Eigenschaften „strömungsangepaßter" wirbelloser Tiere noch nicht hinreichend beschrieben. Anders als nach den Ergebnissen Ambühls (1959), der einen annähernd gleichbleibenden Strömungsgradienten in der Grenzschicht fand, haben Untersuchungen mit der Methode der Laserdoppleranemometrie steilere und stärker differenzierte Gradienten über dem Körper der Tiere ergeben (Abb. 5.11). Gemäß dem Bernoulli-Theorem treten hier Hubkräfte auf, deren Stärke durch die Form des Körpers variiert werden können. Bei dem annähernd stromlinienförmigen Körper der Larve von *Ecdyonurus* (Ephermeroptera) liegt der steilste Strömungsgradient, die geringste Grenzschichtdicke und damit der stärkste Unterdruck im hinteren Anstiegsbereich des Thorax. Über dem Abdomen mit dickerer Grenzschicht nimmt die Turbulenz zu, bis sich die Strömung schließlich ablöst, so daß darunter ein Totwasserraum entsteht. Messungen der Strömungskräfte an lebenden Larven verschiedener Heptageniiden (Ephemeroptera) bestätigen und erweitern dies Ergebnis. Bei Epeorus zeigt sich für die Schubkräfte ein linearer Anstieg mit dem Quadrat der Strömungsgeschwindigkeit. Die Hubkräfte lassen eine ähnliche Abhängigkeit er-

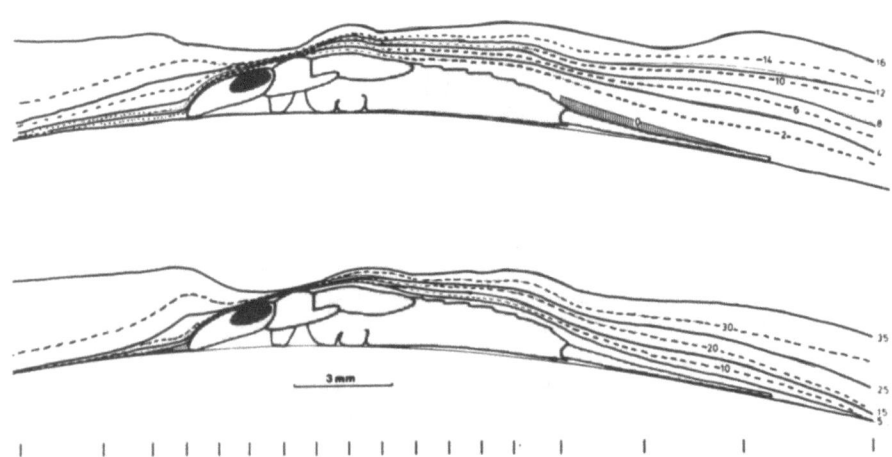

Abb. 5.11. Linien gleicher Strömungsgeschwindigkeit (cm/s) über der Körpermitte einer Larve von *Ecdyonurus cf. venosus*. Beim oberen Bild betrug die mittlere Strömungsgeschwindigkeit im Profil 18,1, beim unteren 38,6 cm/s. Die senkrechten Striche unter den Bildern markieren die Meßorte der vertikalen Profile. Aus den Meßpunkten wurden die Isolinien konstruiert. Zahlen in den Isolinien: Strömungsgeschwindigkeit. (Aus Statzner u. Holm 1982)

kennen, doch treten erhebliche Streuungen der Meßwerte auf, vor allem beim Vergleich verschiedener Individuen. Man darf also annehmen, daß Größenunterschiede und eine variable Körperhaltung die Stärke der Hubkräfte beeinflussen. Bei *Ecdyonurus* treten auch negative Hubwerte auf, die Tiere werden gegen die Unterlage gedrückt. Dies Phänomen könnte durch das Profil des breiten Kopfschildes und die „Spoiler"-artige Funktion der Femora erklärbar sein. Beide Arten können sich auch noch bei einer Strömungsgeschwindigkeit von 1,2 m/s fortbewegen ohne verdriftet zu werden (Statzner u. Holm 1982, 1989; Weissenberger et al. 1991). Ein zusätzlicher Streß dürfte für die strömungsexponierten Tiere durch die Reibung der im Wasser mitgeführten Feststoffe entstehen, die bei hoher Geschwindigkeit wie ein Sandstrahlgebläse wirken.

Für die Art der Strömungsauswirkung auf den Körper ist die jeweilige Reynold-Zahl entscheidend. Nach der Gleichung:

$$Re = \frac{u \cdot l}{v}$$

[Re = Reynoldsche Zahl, u = mittl. Strömungsgeschwindigkeit in der Frontalebene (cm/s), l = Körperlänge (cm), v = kinematische Zähigkeit (cm^2/s)] steigt dieser Wert mit der Körperlänge und der Strömungsgeschwindigkeit. Die kinematische Zähigkeit verändert sich umgekehrt proportional mit der Temperatur. Da bei Re-Werten unter ca. 100 Reibungs-, bei hohen Werten Druckkräfte überwiegen, sind nur relativ große Objekte vorwiegend von Schubkräften betroffen. Die Stromlinienform zur Reduzierung der Schubspannung wirkt demgemäß auch nur bei ihnen (Vogel 1981; Statzner 1988). Die Vielfalt der Anpassungsformen der Organismen an das strömende Medium ist groß, ihre Wirkungsweise für die meisten Fälle kaum untersucht. So gibt es Anpassungen im Verhalten, z.B. durch Veränderung des Abstandes zwischen Körper und Substrat. Smith u. Dartnall (1980) postulieren für die dorsoventral abgeflachten Larven der Psepheniden („Water pennies", Coleoptera) ein Absaugen des über den Körper strömenden Wassers unter die lateralen, flügelartigen Verbreiterungen der Abdominalsegmente. Das hätte eine Verringerung der Grenzschichtdicke zur Folge und würde die Ablösung der Strömung über dem hinteren Körperbereich und die Bildung von Turbulenzen verhindern. Gleichzeitig könnte dies auch der besseren Versorgung der geschützt unter den Pleuren liegenden Kiemen mit Ventilationswasser dienen.

Die Diffusionsgeschwindigkeit des Sauerstoffs ist in Wasser etwa 10 000 fach geringer als in der Luft. In stehendem Wasser verarmt deshalb das Milieu um den Sauerstoffverbraucher vergleichsweise schnell. Aus

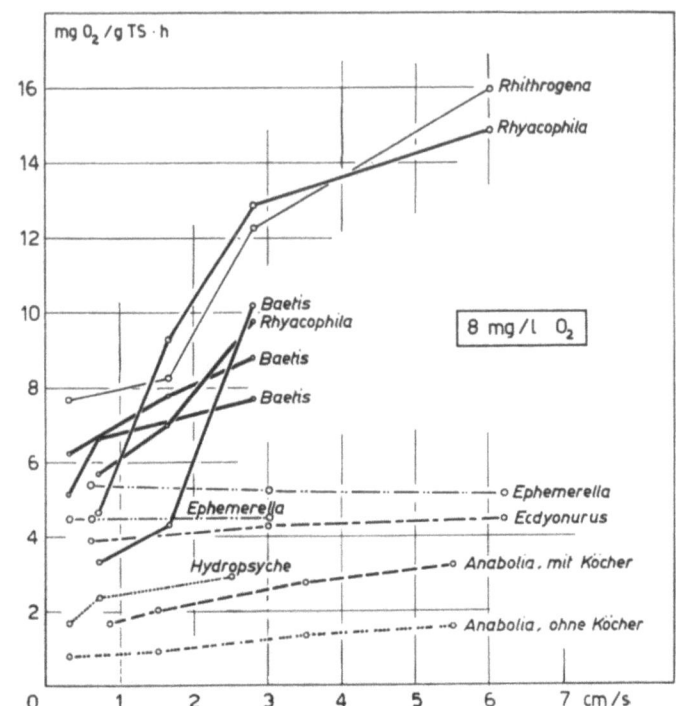

Abb. 5.12. a O_2-Verbrauch von Insektenlarven aus Fließgewässern in Abhängigkeit von der Strömungsgeschwindigkeit, bei 18 °C. Arten mit effektiven Ventilationsbewegungen (aktive Kiemenbewegung bei *Ephemerella* und *Ecdyonurus*, Abdomenundulation bei *Anabolia*) verändern den O_2-Verbrauch kaum, *Ecdyonurus* verstärkt bei geringem Angebot die Ventilation. Die dargestellten Arten besiedeln häufig lenitische Habitate. Rheobionte Arten ohne die Möglichkeit zur Ventilation (Ausnahme: *Rhyacophila*-Larven ventilieren in stehendem Wasser) zeigen steigenden O_2-Verbrauch mit dem Ansteigen der Strömungsgeschwindigkeit. Wahrscheinlich würde auch bei ihnen bei noch höheren Strömungsgeschwindigkeiten ein Plateau der Kurve erreicht. (Sauerstoffverbrauch in mg pro g Trockensubstanz (TS) pro Stunde). (Aus Ambühl 1959). **b** Das Sauerstoffangebot in verschiedenen Mikrohabitaten eines kleinen Baches: *A* im freien Wasser, *B* in einer Ansammlung von Fallaub, *C* an der Oberfläche eines Steins, *D* im Kies, *E* an der Unterseite eines Steins, *F* im Sand, *G* in einem Moospolster (*Fontinalis*). Offene Kreise: Sauerstoffkonzentration (mg $O_2 l^{-1}$). Schwarze Kreise: Sauerstoffdiffusionsrate (10^{-5} mg O_2 cm^{-2} min^{-1}). Dieser Parameter zeigt die Verfügbarkeit des Sauerstoffs für einen Standardverbraucher in Abhängigkeit vom Mikrohabitat-spezifischen Wasseraustausch. Die vertikalen Linien markieren Maxima und Minima der Meßwerte. (Aus Madsen 1968)

Vegetation und Fauna der Fließgewässer 51

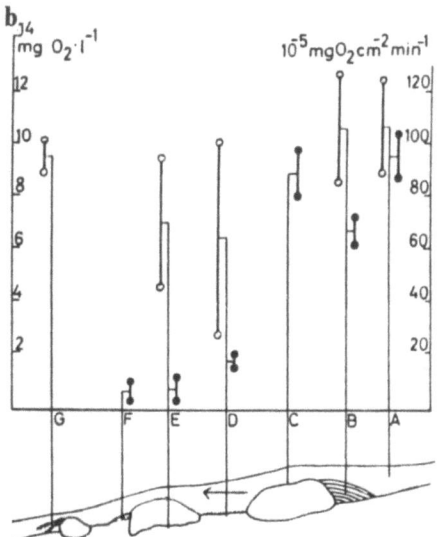

Abb. 5.12b

diesem Grund hat die Stärke der Wasserbewegung für den Gasaustausch an der Körperoberfläche der heterotrophen Organismen eine große Bedeutung. Um die Kombination der Faktoren Sauerstoffgehalt sowie Diffusion und Transport bewerten zu können, kann die Sauerstof diffusionsrate mit einer Meßelektrode als Modell eines Sauerstoffverbrauchers gemessen werden. Bei Untersuchungen in einem kleinen Bach in Dänemark erwiesen sich die Differenzen des Sauerstoffgehalts zwischen den Habitaten als relativ gering, wenn auch die Varianz außerhalb der freien Welle zunahm. Die Sauerstoff diffusionsrate ließ die Unterschiede aber deutlich hervortreten (Abb. 5.12b). Da der Gasaustausch in der Grenzschicht über dem Körper der Organismen verzögert wird, hängt die Wirkung der Wasserströmung von der Exposition der Atemorgane, z.B. der Kiemen, und der Dicke der Grenzschicht in diesem Bereich des Körpers ab. Anscheinend liegen die Kiemen bei manchen stromlinienförmigen Insektenlarven nicht im Bereich minimaler Grenzschichtdicke (Statzner u. Holm 1989). Der Atemwasserstrom kann aktiv durch Ventilationsbewegung oder, speziell bei lotischen Formen, passiv durch Ausnutzen vorhandener Strömungen entstehen (Abb. 5.12a). Die Abbildung läßt am Beispiel von *Anabolia* auch erkennen, daß der Larvenköcher einer Trichoptere die Effizienz der Ventilation erhöht, weil der erzeugte Wasserstrom in dem engen Zylinder des Köchers gebündelt von vorn nach hinten über Körper und Kiemen streicht. Niedrige Sauerstoffkonzentrationen entstehen vor allem bei starker nächtlicher Zehrung durch den Abbau organischer Substanzen, oft verbunden mit hoher biogener Produktion und Übersättigung am Tage. Verstärkt wird die Wirkung des niedrigen Sauerstoffangebots durch Stagnation infolge geringer Wasserführung. Die Benthostiere reagieren durch Verhaltensänderungen meist schon lange bevor letale Konzentrationen auftreten. Auf der einen Seite wird durch das Verlassen strömungsarmer Verstecke, erhöhte Ventilationsfrequenz, Hochstemmen des Körpers in die stärkere Strömung über der Grenzschicht aktiv die Verbesserung der Atmungsbedingungen versucht. Andererseits erhöht sich die Tendenz zum Verlassen des Gebietes durch Drift (Knebel 1991). Die stark wechselnden Abflußbedingungen in Bächen führen bei Niedrigwassersituationen zu schlechten Voraussetzungen für die Passivventilation. Bei *Synagapetus iridipennis*, einem Bewohner astatischer Quellbäche – der keine Kiemen und auch nicht die Fähigkeit zu Ventilationsbewegungen besitzt – dient die spezifische Gehäusekonstruktion der Ausnutzung der geringen Restströmung (vgl. S. 47). Untersuchungen des Strömungsverlaufs mit Hilfe von Tracerpartikeln haben ergeben, daß mit der Verminderung der Strömungsgeschwindigkeit eine kontinuierliche Veränderung des Strömungsverlaufs innerhalb des Larvenköchers stattfindet, deren Anfangs- und Endstadium in Abb. 5.13 wiedergegeben ist: Mit Hilfe der hoch am Gehäuse gelegenen Ventilationsöffnungen, die im oberen Bereich der Grenzschicht liegen, wird eine Ausnutzung geringer Wasserbewegungen möglich. Der Einstrom erfolgt in diesem Fall direkt über die Öffnung an der strömungszugekehrten Seite, der Ausstrom durch die Öffnung im Strömungsschatten. Bei hoher Strömungsgeschwindigkeit wird das Wasser dagegen durch die Ventilationsöffnungen abgesaugt und dadurch der Einstrom unter dem Randsaum induziert. Es verwundert daher nicht, daß weitere ökophysiologische Untersuchungen bestätigten, daß *Synagapetus iridipennis* gegenüber Arten ohne exponierte Ventilationsöffnung, wie *Glossosoma conformis* eine viel höhere Toleranzschwelle gegenüber niedrigen Anströmgeschwindigkeiten besitzt (Latzel in lit.).

Schon frühzeitig wurde zur autökologischen Charakterisierung aufgrund von Freilandbeobachtungen eine Klassifizierung der Benthosorganismen als rheobiont (ausschließlich im lotischen Bereich), rheophil (bevorzugt im lotischen Bereich) und rheoxen (lotische Bereiche meidend) eingeführt. Korreliert man die räumliche Verteilung des Makrozoobenthos im Lebensraum mit den sohlennahen Strömungsgeschwindigkeiten am Aufenthaltsort, so ergibt sich für viele Arten statistisch eine enge positive oder negative Beziehung: Ihre Verteilung im Lebensraum auf bestimmte Choriotope folgt weitgehend dem Mosaik der

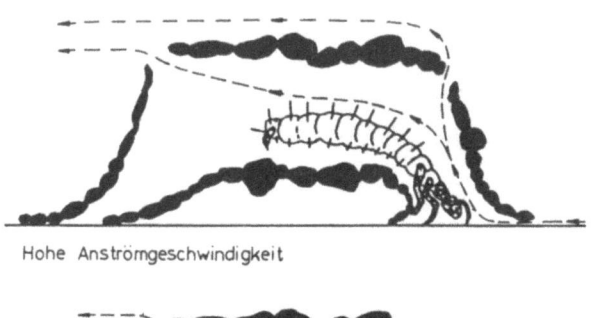
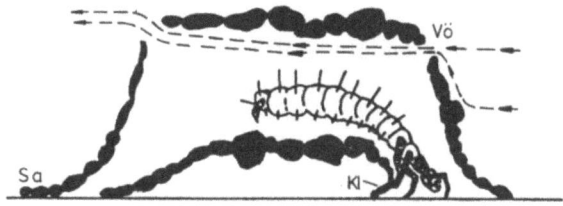

Abb. 5.13. Strömungsgeschwindigkeit und Ventilationsstrom im Köcher von *Synagapetus iridipennis* (Glossosomatidae). Schematischer Längsschnitt durch den Köcher: Die Pfeile kennzeichnen den Verlauf des Ventilationsstroms bei relativ hoher (oben) und niedriger Strömungsgeschwindigkeit, gemessen ca. 2 mm über dem Substrat mit Hilfe von Tracern. Kl, Klappe der verschließbaren ventralen Köcheröffnungen; Sa, Köchersaum; Vö, Ventilationsöffnung. (Nach Latzel 1993, in lit.)

Strömungsverhältnisse. Von den Insekten findet man beispielsweise die Larven der Blephariceriden und Simuliiden (Diptera), der Gattung *Epeorus* und einiger Arten der Gattung *Baëtis* (Ephemeroptera) überwiegend im Bereich zwischen ca. 10 und 30 cm/s sohlennaher Strömungsgeschwindigkeit, seltener deutlich darüber. Rheophile und rheobionte Tiere sind allerdings kaum zu unterscheiden, weil sich der Aktionsraum meist über verschiedene Kompartimente des Choriotops erstreckt: Weidegänger sind typische Besiedler lotischer Bereiche, in denen sich günstige Nahrungssubstrate entwickeln können, doch auch sie begrenzen ihre Aufenthaltszeit an strömungsexponierten Stellen. So ergaben Laborbeobachtungen an den Larven der Eintagsfliegen *Baëtis rhodani* und *Ecdyonurus venosus*, daß nach Freßphasen oder bei geringem Nahrungsangebot regelmäßig strömungsgeschützte und lichtabgewandte Schlupfwinkel aufgesucht wurden (Bohle 1978; Keller 1975). Der bedarfsabhängige Wechsel des Aufenthaltsortes ist für die vagilen Tiere typisch. Der am häufigsten aufgesuchte Strömungsbereich repräsentiert auch nicht die obere Toleranzgrenze, sondern ergibt sich wahrscheinlich als Kompromiß aus verschiedenen Abhängigkeiten, unter anderem aus dem Verhältnis von energetischem Aufwand und Gewinn (Mutz 1989).

5.2.3 Das Nahrungsangebot und die Typen des Nahrungserwerbs in Fließgewässern

Das Nahrungsangebot für die Primärkonsumenten besteht in den Binnengewässern aus der autochthonen Primärproduktion der Makrophyten und der Algen, sowie dem allochthonen Anteil, der aus der terrestrischen Umgebung eingetragen wird. Die Herbivoren an Makrophyten sind unter den Wassertieren quantitativ und auch bezüglich der Diversität ihrer Taxa von geringerer Bedeutung als in terrestrischen Lebensräumen. Der größte Teil der Wasserpflanzen wird erst nach dem Absterben konsumiert (Mann 1975). Neuerdings mehren sich allerdings die Hinweise, daß Herbivorie im Süßwasser stärker verbreitet ist, als früher angenommen wurde. Die Larven verschiedener omnivorer Trichopteren, Dipteren und Lepidopteren sowie einige Käfer fressen anscheinend regelmäßig und stellenweise in erheblicher Menge submerse Pflanzenteile. Von der Wasseroberfläche herkommend nutzen einige Arten die Schwimmblätter oder dringen auch in den Unterwasserbereich vor. Die Raupen der Wasserschmetterlinge (Pyralidae, Nymphulinae) und manche Trichopterenlarven bauen auch ihre Gehäuse aus Blatt- oder Sproßstücken. Einige Arten minieren, submers vor allem einige Chironomiden und die Larven von *Hydrellia* (Ephydridae). *Micrasema longulum* (Trichoptera) frißt Moosblätter, die stückweise mit Hilfe der Mandibeln herausgeschnitten werden, jedoch den Darm weitgehend unverdaut passieren. Einige Fischarten sind phytophag. Während in der heimischen Fischfauna nur die Rotfeder (Scardinius erythrophthalmus) gelegentlich diese Nahrung aufnimmt, sind aus der ostasiatischen Fauna sehr effektiv fressende Arten bekannt wie der Graskarpfen (*Ctenopharyngodon idella*). der mittlerweile durch Besatzmaßnahmen auch in mitteleuropäische Gewässer kam (Wesenberg-Lund 1943; Jacobsen 1993; Thienemann 1974).

Bei der Verwendung von Bestandsabfall unterscheidet man gewöhnlich Zerkleinerer (shredder), die grobpartikuläres Material (CPOM $\varnothing > 1$ mm) und Detritus bzw. Substratfresser (gatherer), die feinpartikuläres Material (FPOM $\varnothing < 1$ mm) aufnehmen. Der Wert als Nahrung nimmt während der Lagerung im Wasser zu, bedingt durch die Besiedlung und Umsetzung durch Bakterien und Pilze, wobei letztere wichtiger sind

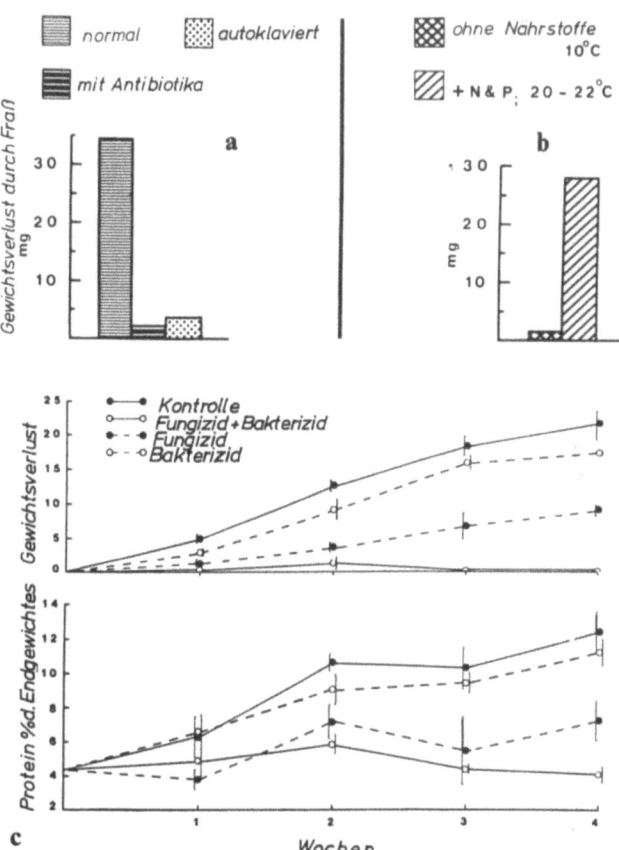

Abb. 5.14a–c. Bedeutung der Pilz- und Bakterienbesiedlung für die Konsumption von Fallaub (Ulme) durch Flohkrebse (*Gammarus*). **a** Abhängigkeit der Fraßverluste von der Vorbehandlung mit Fungizid bzw. Bakterizid, **b** Einfluß anorganischer N- und P-Zugabe, **c** prozentualer Gewichtsverlust des Laubs im Wasser und Veränderung des Proteinanteils mit und ohne Mikroorganismen. (Nach Kaushik u. Hynes 1971, verändert)

(Abb. 5.14). Die Ergebnisse von Präferenzversuchen mit *Gammarus* lassen außerdem eine Reihung für verschiedene Laubarten erkennen: Je nach Angebotskombination ergeben sich unterschiedliche Bevorzugungen. Unter den heimischen Baumarten gehört das Laub von Erle, Ulme und Ahorn zu den bevorzugten, von Buche und Eiche zu den weniger oder erst nach längerer Lagerzeit gefressenen (Kaushik u. Hynes 1971).

Ursache für die Bevorzugung der von Pilzen und Bakterien besiedelten Blätter dürfte der erhöhte Proteinanteil sein. Die genannten Ergebnisse entstanden unter Verwendung von zunächst getrocknetem Laub, das anschließend in Wasser konditioniert wurde. Typisch für die Ergebnisse aus diesen Versuchen sind hohe Stoffverluste durch Lösung zu Beginn des Wässerns („leaching"), die bis zu 33% betrugen. Bei Verwendung von frisch gefallenem Laub von Erle und Weide, ohne Vortrocknung, traten diese Verluste nicht auf (Gessner u. Schwoerbel 1989). Damit stände den Konsumenten unmittelbar nach dem Laubfall bereits ein nährstoffreiches Nahrungssubstrat zur Verfügung, das anscheinend auch genutzt wird. Für die Erle als typischem Uferbaum kommt hinzu, daß die Blätter mit dem vollen Gehalt an Pigmenten und Proteinen abfallen (Matile 1986).

Zerkleinerung und Darmpassage ermöglichen einen beschleunigten Abbau, verbunden mit rascher Wiederbesiedlung durch Mikroorganismen. Auch die beim Abbau freigesetzten löslichen organischen Stoffe (DOM) werden durch Bakterien aufgenommen und dadurch in partikuläre Form überführt. Beide zusammen bilden die Nahrungsgrudlage der Detritusfresser, die diese Nahrung im typischen Fall unzerkleinert aufnehmen. Der im bewegten Wasser suspendierte Anteil des Detritus, das Seston kann durch Filtrierer verwendet werden. Neben den aktiven Filtrierern, die, wie z.B. Muscheln, den auszubeutenden Wasserstrom selbst erzeugen, spielen in fließenden Gewässern passive Filtrierer elne besonders große Rolle. Sie nutzen die vorhandenen Strömungen aus. Da nicht nur feinpartikuläres Material verdriftet wird, sondern auch gröberes Material, Blattstücke z.B. oder lebende Tiere, sind viele Angehörige dieses Lebensformtyps auch – oft fakultativ – Zerkleinerer oder Carnivore (Bohle 1983).

Die Aufwuchsschichten, insbesondere das Periphyton auf Hartsubstraten, wird intensiv von Weidegängern genutzt, die diese Nahrung durch Abbürsten oder Abschaben gewinnen. Die Zahl der Arten, die zu diesem Ernährungstyp gehören, ist groß. Vertreten sind unter ihnen Wirbellose, z.B. Schnecken (*Ancylus, Theodoxus* u.a.), Krebse (manche Asseln), viele Insekten und Wirbeltiere, (Fische und Amphibien), die vielfach konvergent die notwendigen Anpassungen entwickelten.

Die Anpassungen an verschiedene Formen des Nahrungserwerbs

Den vier Typen der angebotenen Nahrung entsprechend könnte man mit vier Anpassungsformen, Spezialisierungen auf der Seite der Konsumenten rechnen, den Zerkleinerern, Detritusfressern, Filtrierern und Carnivoren. Aus evolutiver Sicht bedeutet Spezialisierung die Veränderung einer Ausgangsform zu einer abgeleiteten. Bei den Schnecken besitzt die

Ausgangsform mit einer Radula ein Instrument, das zum Raspeln oder Abschaben geeignet ist, eine Prädisposition, oder evolutiv betrachtet, Präadaptation für den Weidegang. Die Insekten, ursprünglich mit Mundwerkzeugen zum Schneiden, Zerkleinern und Greifen ausgestattet, beim orthopteroiden Typ, sind prädisponierte Zerkleinerer und Carnivoren. Unter den Krebsen scheint ein wenig differenzierter Filtrierer und Detritusfresser an der Basis zu stehen. Im Süßwasser sind sie nur noch durch die Blattfußkrebse vom Typ der Anostraca vertreten, allerdings in einer auf hohe Filtrationsleistung spezialisierten Form. „Modernere" Crustaceen ähneln vom Präadaptionsstatus den Insekten. Da in der Evolution der Süßwasserfauna die Besiedlung aus dem terrestrischen Bereich unter den Wirbellosen eine hervorragende Rolle spielt, sind die abgeleiteten Formen hier unter den Weidegängern und Filtrierern zu suchen. Am Beispiel von einigen Insekten, sollen Strukturen und Leistungen näher erläutert werden.

Zerkleinerer (shredder) finden sich in vielen Insektenordnungen, typische Vertreter beispielsweise unter den Plecoptera und Trichoptera. Da sich ihre Nahrung meist in lenitischen Bereichen befindet, ist auch ihre Gestalt konservativ. Die unspezialisierten Mundwerkzeuge erlauben vielen Arten fakultative Carnivorie, wie es für viele Trichopteren nachgewiesen ist. Aber selbst mäßige Spezialisierung gestattet die Erbeutung tierischer Nahrung, so lange die Mandibeln ihre Zerkleinerungs- oder wenigstens die Greiffunktion beibehalten. So fressen die filtrierenden und fakultativ Weidegang betreibenden Larven der Hydropsychiden vor allem in den letzten Entwicklungsstadien mit relativ raschem Wachstum hohe Raten lebender, tierischer Beute. Yule (1990) berichtet, die Plecoptere *Illiesoperla mayi* fresse in den ersten Larvenstadien vorwiegend Feindetritus, vom fünften Stadium an zunehmend Larven von Chironomiden und anderen Insekten, ohne daß sich die Gestalt der Mundwerkzeuge verändere.

Bei Detritusfressern, Weidegängern und vielen Filtrierern muß feinpartikuläres Material gesammelt, angereichert und in den präoralen Raum transportiert werden, wo es in der Regel von den Mandibeln zerkleinert und in den Mund gebracht wird. Die Aufgabe des Anreicherns übernehmen meist mit Filterborsten besetzte Platten, die die konzentrierte Nahrung anschließend in den Mundvorraum bringen, wo sie zwischen den Mandibeln nötigenfalls zerkleinert und anschließend in den Mund gepreßt wird. Die drei Gruppen unterscheiden sich in den Mechanismen und Strukturen der Nahrungssammlung: Während Passivfiltrierer möglichst effektive Siebflächen in eine strömungsexponierte Lage bringen müssen, besitzen Detritusfresser bürstenartige Strukturen, um das lockere, feinkörnige Material zusammenzufegen. Weidegänger müssen die relativ fest haftenden Aufwuchsschichten lösen und sammeln. Leicht abzulösende, wüchsige Rasen einzelliger Algen werden meist durch Abbürsten gewonnen, z.B. bei den Heptageniidae (Ephemeroptera) (Abb. 5.15), fester haftende Teile dagegen durch meißelartige Strukturen, wie den Mandibeln bei den Glossosomatidae (Trichoptera). Da Algenrasen vor allem auf strömungsexponierten Substraten wachsen muß der Ort des Abweidens gegen das Abdriften der abgelösten Partikel geschützt sein. Bei den

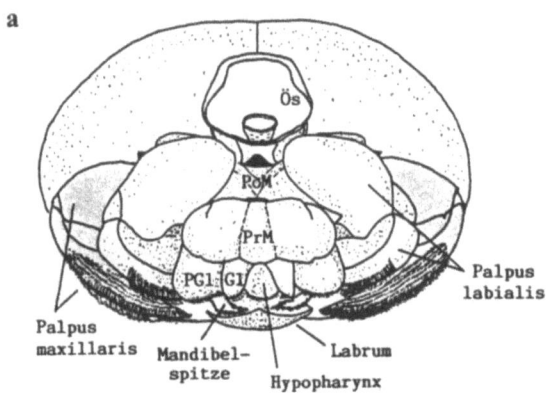

Abb. 5.15a–h. Morphologie und Funktionsweise der Mundwerkzeuge eines Weidegängers, der Larven von Heptageniidae (Ephemeroptera). a *Rhithrogena*, Ventralansicht des Kopfes mit den Mundwerkzeugen. b Übersicht des Aufbaus der Maxille, c Ausschnitt aus der Vorderkante (mit Fegeborstensaum) und der Ventralseite mit den Borstenkämmen der Schabebürste, d Kammborsten an der Distalkante der Maxillenlade, e Ventralansicht des Endglieds des Labialpalpus von *Epeorus* (ähnlich gestaltet wie bei *Rhithrogena*) mit Bürste aus Sichelborsten, f vergrößerter Ausschnitt mit Reihen von Sichelborsten. g *Epeorus*, Gitterroststruktur der Kauflächen der Mandibel. h Funktionsschema: Die Mundwerkzeuge stehen prognath und liegen auf der konkaven Unterseite des schildförmigen Kopfes. Die Endglieder der Labial- und Maxillarpalpen bürsten den Aufwuchs vom Substrat ab, indem sie nach außen gestreckt werden und beim Zurückschwingen über das Substrat streichen. Die Labialpalpen bürsten überwiegend unter, die Maxiallarpalpen seitlich neben dem Kopf. Die abgebürsteten Partikel werden durch spezifische Borsten ausgekämmt (Kammborsten der Maxillenlade d, Haarfeld auf der Dorsalseite des Labialpalpus) und vor dem Hypopharynx und vor die Kauflächen der Mandibeln transportiert. Zwischen den Mandibeln werden die Nahrungspartikel zerdrückt. Durch die Gitterroststruktur (bei Rhithrogena tritt an ihre Stelle eine Noppenstruktur) wird überschüssiges Wasser abgepreßt und die Nahrung konzentriert (g). Gl, Glossa; PGl, Paraglossa; Lac, Lacinia; POM, Postmentum; PrM, Praementum. (Nach Arens 1987, verändert)

Abb. 5.15b–d

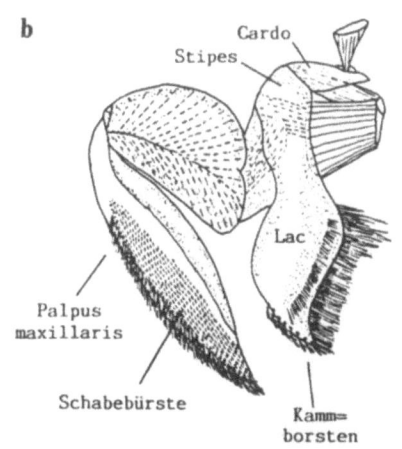

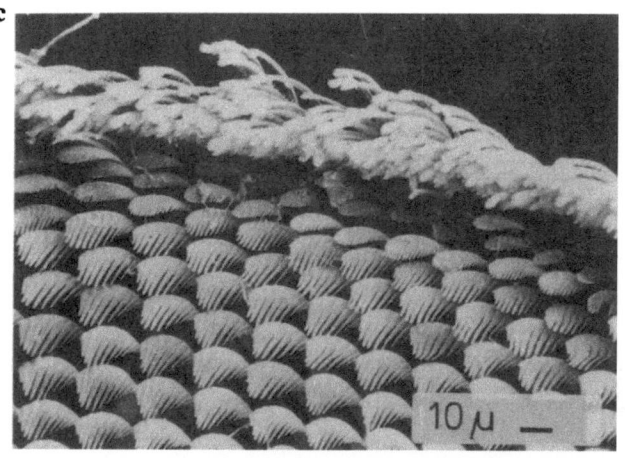

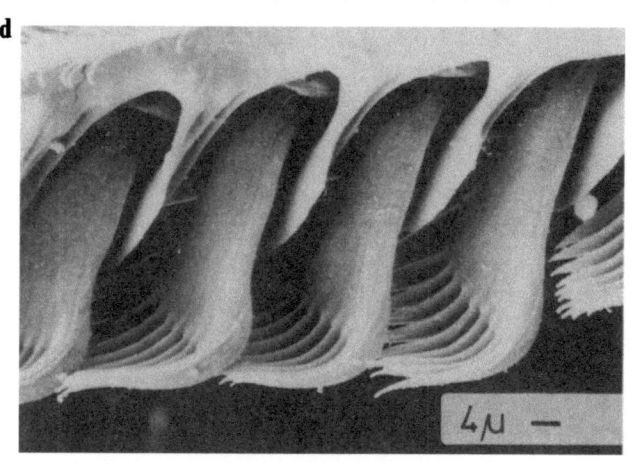

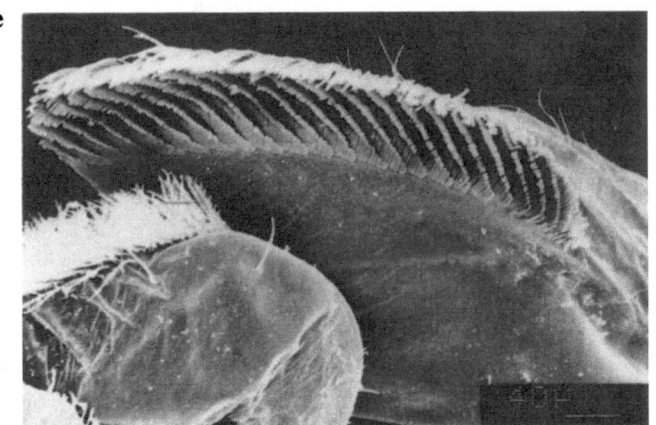

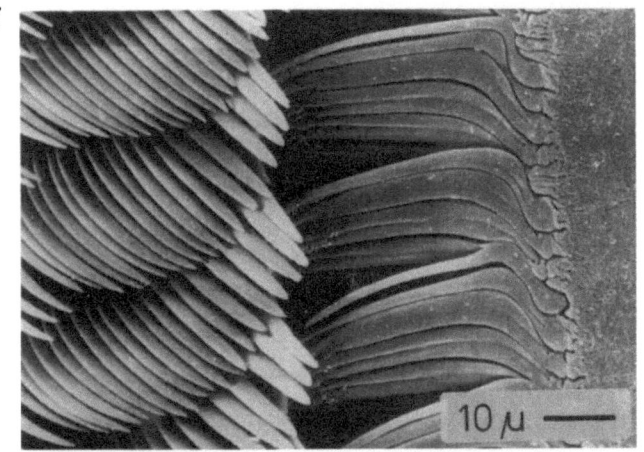

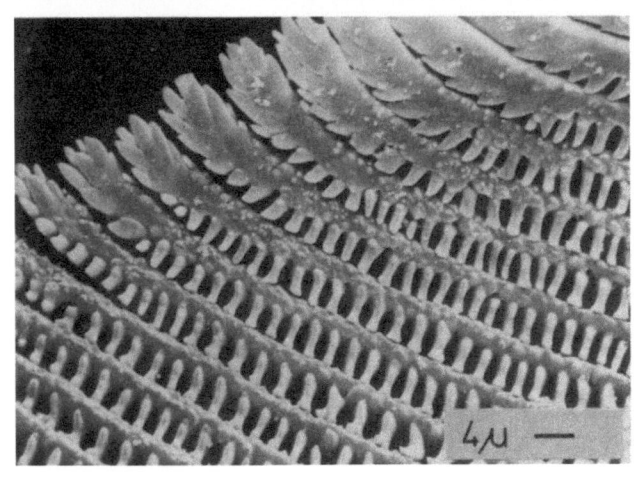

Abb. 5.15e–g

Vegetation und Fauna der Fließgewässer

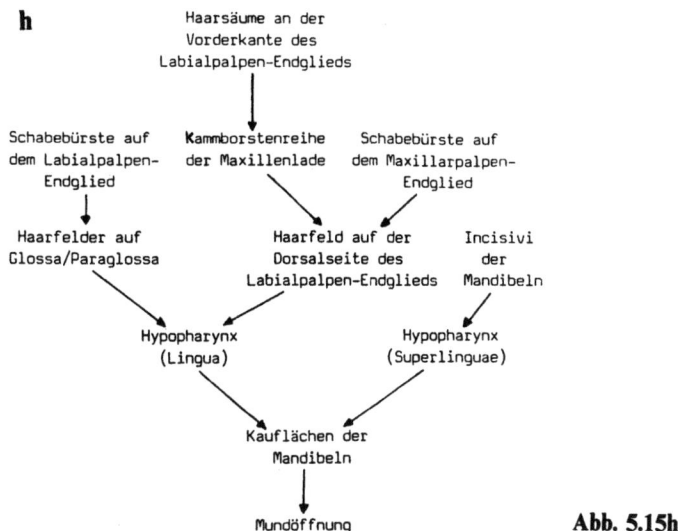

Abb. 5.15h

Heptageniidae z.B. liegt der Arbeitsbereich der Mundwerkzeuge auf der Ventralseite des breiten Kopfschildes, bei den Glossosomatidae auf der Unterseite des schildförmigen Köchers (Abb. 5.13). Die Larven dieser Familie schützen sich darüber hinaus vor dem Verdriften, indem sie den Köcher während der Phasen der Nahrungsaufnahme mit einem Gespinstband am Substrat befestigen. Der Lebensformtyp des **Weidegängers** wurde vielfach konvergent entwickelt, entsprechend vielgestaltig sind die Formen im einzelnen (Arens 1989).

Die Konkurrenz zwischen verschiedenen Weidegängern in einer Choriozönose kann durch unterschiedliche Strategien der Habitatnutzung herabgesetzt werden. Die Ressourcenaufteilung zwischen den Larven einiger Köcherfliegenarten in einem Mittelgebirgsbach kann das Prinzip verdeutlichen. *Agapetus fuscipes*, als Vertreter einer Gruppe, die verhältnismäßig stationär den Aufwuchs abschabt und sich bevorzugt im Bereich mäßiger bis niedriger Strömungsgeschwindigkeiten aufhält, nimmt einen großen Anteil Detritus auf, eine geringwertige Nahrung. Die mobileren Arten suchen dagegen Stellen auf, an denen der Algenanteil größer ist, so daß eine höherwertige Nahrung genutzt werden kann. Unter ihnen bevorzugt *Apatania fimbriata* geringe Strömungsgeschwindigkeiten und weidet an Stellen, an denen Blaualgen vorherrschen, während *Drusus annulatus* hohe Anteile an Diatomeen aufnimmt und hohe Strömungsgeschwindigkeiten toleriert. Von den beiden verbleibenden Arten, in deren

Nahrungsspektrum ebenfalls Diatomeen dominieren, hält sich *Micrasema minimum* vorwiegend in Moosrasen auf und nutzt dort die Filterwirkung dieses reich strukturierten Habitats, *Tinodes rostocki* (Psychomyidae) aber lebt isoliert von den übrigen Arten in den familientypischen Gespinsttunnels (Becker 1990). Für alle Konsumenten ist letztlich das Verhältnis von energetischem Aufwand für den Nahrungserwerb und dem Energiegewinn durch die aufgenommene Nahrung wichtig. Außerdem ist die Erreichbarkeit durch die Dicke und Haftung des Aufwuchses und die Härte und Rauhigkeit der Aufwuchsunterlage spezifisch eingeschränkt. Schweder (1985) fand für die Heptageniide *Ecdyonurus venosus*, daß der Zeitaufwand für den Nahrungserwerb unter einer Flächenkonzentration des Futters von 2 µg C/mm² rasch ansteigt. Die abgeweideten Flächen werden dementsprechend größer. Unter einem Angebot von 0,5 µg C/mm² kann der Nahrungsbedarf nicht mehr gedeckt werden und die Nahrungsaufnahme wird eingestellt (Abb. 5.16). Die notwendige Futtermenge

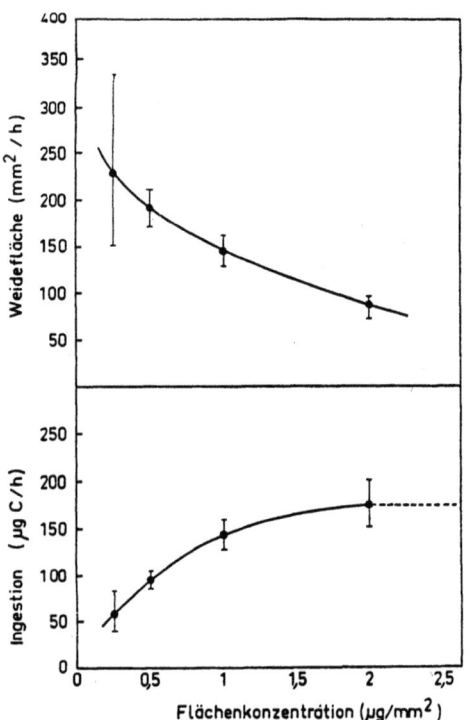

Abb. 5.16. Nahrungserwerb eines Weidegängers (*Ecdyonurus venosus*) in Abhängigkeit von der Nahrungsmenge pro Flächeneinheit. Oben: Abgeweidete Fläche pro Stunde (addierte Weidezeit nach individueller Beobachtung); unten: Menge der dabei aufgenommenen Nahrung. (Aus Schweder 1985)

variiert zusätzlich in Abhängigkeit von der Nahrungsqualität: Die Assimilationsrate (A/I) beträgt bei Kieselalgen 69%, bei der Grünalge *Scenedesmus acutus* 32% und bei der Blaualge *Anabaena variabilis* 16%. Unter den Filtrierern sind die Passivfiltrierer an bewegtes Wasser gebunden. Sie werden deshalb anhand einiger Beispiele vorgestellt. Die Bindung an Stellen mit einsinnig gerichteter, substratnaher Strömung führt bei ihnen häufig zu geklumpter Verteilung, eventuell noch differenziert nach der bevorzugten Strömungsgeschwindigkeit. Auffallend sind beispielsweise die Häufungen von Simuliidenlarven an überströmten Kanten von Wehren. Die Vielfalt meist konvergent entwickelter morphologischer Anpassungen ist groß. Abbildung 5.17 zeigt einige Formen. Bei den Insekten werden Extremitäten zum **Driftfang** oder Gespinstnetze zum Aussieben des Wasserstroms oder als Reusen zum Fang größerer Beute verwendet. Die Spezialisierung auf Beuteobjekte verschiedener Art und Größe ermöglicht die Unterscheidung einiger Typen. Einige köchertragende Larven der Trichopteren aus den Familien der Brachycentriden und Limnephiliden befestigen die Köcher am Substrat und breiten alle drei Beinpaare schirmartig in der Strömung aus. Erbeutet werden relativ große Objekte, größere Detritusflocken, Stücke von Blättern und auch driftende, lebende Tiere. Größere, insbesondere lebende Objekte werden durch rasches Einklappen der Beine festgehalten, so daß man hier von Driftfang sprechen sollte. Neben der Nahrung wird auch das Baumaterial für die Köcher auf gleiche Weise gewonnen, das in den meisten Fällen pflanzlicher Herkunft ist. In der frühen Larvenontogenese betreiben bei den Brachycentriden auch Larven jener Arten Driftfang für Baumaterial, die dies Verfahren später nicht mehr anwenden. Allem Anschein nach entstand dies Verhalten in dieser Familie für den Köcherbau der Eilarven, denn die Gelege sind festgeklebt an Steinen in exponierter Lage zur Strömung plaziert (Bohle 1972). **Carnivore Stellnetzfänger** sind die Larven der Polycentropiden (Trichoptera), die tiefe, sackförmige Netze bauen, die durch eine weite, stromaufwärts gerichtete Öffnung und ihre oft überraschende Größe auffallen. In der engen Endröhre des Netzes lauert die Bewohnerin auf eingedriftete Beute (Tachet 1975).

Die größte Vielfalt an morphologischen und Verhaltensanpassungen entstand unter den **Feinpartikelfiltrierern**. Dem Aussieben der Nahrung aus der Strömung dienen z.B. umgeformte, reich mit Büscheln feiner Borsten besetzte Extremitäten, wie bei einigen Ephemeropterenarten (z.B. Sattler 1967) oder die fächerartigen Kopfanhänge der Simuliidenlarven. Diese bestehen aus ca. 40 radial angeordneten Borsten, die einseitig kammartig angeordnete Mikrotrichen tragen. Es entsteht ein Gitter mit minimalen Maschenweiten von ca. 35 μm. Durch ein Drüsensekret werden diese Strukturen klebrig, so daß sehr kleine Partikel ausgesiebt werden können. Darminhaltsanalysen zeigten dementsprechend einen hohen Anteil von Partikeln mit einem Durchmesser unter 2 μm (Ross u. Craig 1980). Das filtrierte Material wird durch Einklappen der Fächer zu den Mundwerkzeugen gebracht. Viele campodeide (= köcherlose) Köcherfliegenlarven konstruieren Seidennetze zum Filtrieren. Während die Larven vieler Hydropsychiden mit flachen, weitmaschigen Netzen in relativ starker Strömung siedeln und meist auch fakultativ carnivor sind, bringen sehr feinmaschige Netze wie bei den Philopotamiden oder der Hydropsychidengattung *Macronema* die Möglichkeit zur Ausbeutung von Partikeln von wenigen μm Durchmesser, wie sie vor allem in oligotrophen, detritusarmen Flüssen vorherrschen. Wegen des hohen Filtrationswiderstandes muß die filtrierende Oberfläche bei geringer Strömungsgeschwindigkeit sehr groß sein, oder es muß ein hydrodynamisches System entwickelt werden wie bei *Macronema* (Abb. 5.17): Durch den relativ großen Abstand vom Substrat kommen der Einstrom- und der Ausleitungstubus in den oberen Grenzschichtbereich mit rasch zuneh-

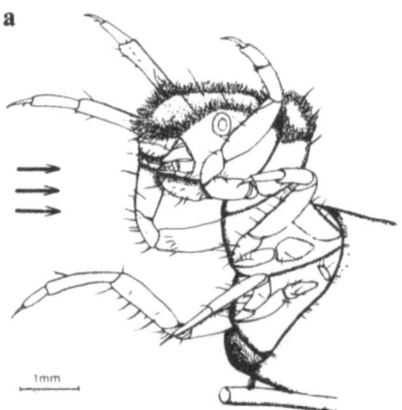

Abb. 5.17a–c. Driftfänger und Filtrierer. **a** Larve der Trichoptera: *Drusus discolor*, die ihre Nahrung mit ausgebreiteten Beinen erbeutet. Die Pfeile geben die Strömungsrichtung des Wassers an. **b** Tubenförmiges Netz von *Neureclipsis bimaculata* (Trichoptera, Polycentropidae). Die Larve lauert im dünnen Endstück auf Beute. Die Netze sind besonders häufig in See- und Teichausflüssen, wo z.B. ausdriftendes Plankton erbeutet wird. Sie erreichen über 20 cm Länge. **c** Röhrenbau mit Netz (N) von *Macronema* (Hydropsychidae). E, Einströmtubus (gegen die Strömung gerichtet); A, Ausströmkamin; N, Netz Nk, Netzkammer; R, Rahmen des Netzes; Wr, Aufenthaltskammer der Larve. (**a** Nach Bohle 1983, **b** nach Brickenstein 1955, **c** nach Sattler 1963)

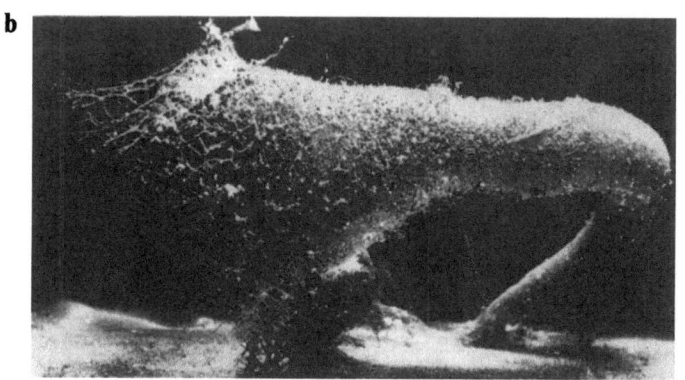

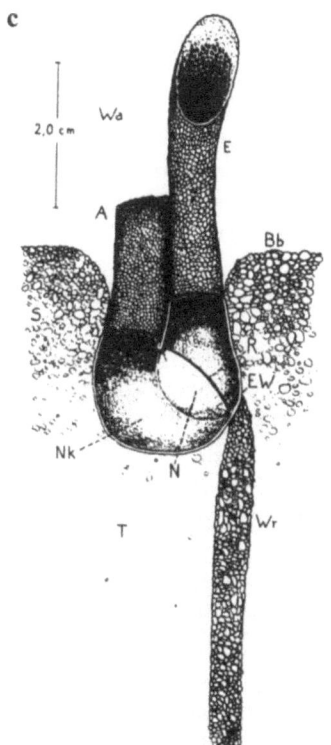

Abb. 5.17b, c

mender Strömungsgeschwindigkeit. Dadurch entsteht am Ausleitungstubus ein Unterdruck, aufgrund dessen das Wasser durch das Netz gesaugt wird. Die Maschenweiten des Netzes variieren zwischen 2 bis 4 × 14 bis 32 µm (Sattler 1963).

5.2.4 Die Fische

Wesentliche Abschnitte der Stammesentwicklung der Knochenfische vollzogen sich im Süßwasser. Das gilt definitionsgemäß insbesondere für die primären Süßwasserfische (Darlington 1957), unter denen z.b. die Ostariophysi – die durch den Besitz des Weberschen Apparates als Resonanzverstärker des Gehörorgans gekennzeichnet sind – eine unfangreiche adaptive Radiation erlebten. Sie entfalteten sich überwiegend im Tertiär, nach der Auftrennung des Gondwana-Kontinents, so daß sich in den tiergeographischen Regionen jeweils eigenständige Faunen entwickelten: So dominieren in der Paläarktis die Karpfenfische (Cypriniformes), in der Neotropis die Salmler (Characiformes), beides Angehörige der Ostariophysi (Fiedler 1991).

Die faunistische Vielfalt der einzelnen Fließgewässer ist sehr unterschiedlich: Den höchsten Grad erreicht der Amazonas mit über 1300 Arten, für den Nil werden ca. 300 genannt. Aber auch in der gemäßigten Klimazone der Nordhemisphäre sind die Unterschiede groß: Während die Fischfauna des Rheins ursprünglich aus 37 Arten bestand und die der Donau, der reichste europäische Fluß, aus 83, hat in Nordamerika das relativ kleine Flußsystem des Illinois 89 Arten (Hynes 1970; Lowe-McConnell 1975).

Ökologisch bedeutend für die Adaptation der Fließgewässerfische sind neben der Strömung die im Vergleich zum Meer unbeständigen Lebensbedingungen bezüglich Wasserführung und -qualität sowie das Überwiegen des benthischen gegenüber dem planktischen Anteil im Nahrungsangebot. Die Sichtweite ist aufgrund der häufig reichen Schwebstofffracht gering, so daß nichtoptische Orientierungsmöglichkeiten eine wichtige Rolle spielen: Seitenlinienorgane, die elektrischen Organe wie bei den afrikanischen Nilhechten (Mormyridae) oder leistungsfähige akustische Sinnesorgane wie der Webersche Apparat der Ostariophysi.

Die **elektrischen Organe** der Nilhechte erzeugen Stromstöße geringer Stärke aber oft hoher Frequenz, die ausschließlich der räumlichen Orientierung dienen. Sie ermöglichen eine erstaunlich differenzierte Wahrnehmung der Umgebung. Es können mit dieser Technik sowohl die Strukturen des Lebensraumes als auch Beuteorganismen oder Artgenossen geortet und erkannt werden. Viele Arten der Familie sind nachtaktiv, einige bilden große Schwärme, deren Zusammenhalt ebenfalls über die elektrischen Organe ermöglicht wird. Wie aufgrund dieser Ausstattung zu erwarten, besiedeln die Nilhechte vorwiegend langsam fließende, schlammreiche, lichtarme Gewässer. So stellen sie in den weiten, gefällearmen Bereichen des mittleren Kongo 75 von insgesamt ca. 408 Fischarten.

Die meisten dieser 75 Arten suchen ihre Nahrung im Schlamm der Stromsohle (Beadle 1981). Die Fähigkeit, die elektrischen Felder anderer Organismen zu orten und sie nötigenfalls für den Nahrungserwerb zu nutzen ist weiter verbreitet als der Besitz elektrischer Organe und möglicherweise sehr früh in der Wirbeltierevolution entstanden (Bodznik u. Northcutt 1981).

Vielfältig sind die Anpassungen an Sauerstoffmangel durch die Ausbildung verschiedenster Differenzierungen zur Luftatmung (Dorn 1983), z.B. mit Lungen wie bei den Lungenfischen (Dipnoi) und Flösselhechten (Polypteridae), in verschiedenen Abschnitten des Darms wie beim heimischen Schlammpeitzger (*Misgurnus*) und den südamerikanischen Schwielenwelsen (Callichthyidae) oder auch mit akzessorischen Mundhöhlenorganen bei den Labyrinthfischen (Anabantoidei) und dem Schmetterlingsfisch (*Pantodon*). Sauerstoffmangel wird vor allem in Gewässern der Tropen und Subtropen zum Problem, tritt aber auch in Gebieten mit lang andauernder Eisbedeckung auf. In Flüssen des westsibirischen Tieflandes werden aus Sümpfen und überschwemmten Waldgebieten große Mengen organischen Materials eingeschwemmt, die eine starke Sauerstoffzehrung hervorrufen. Da durch die Eisbedeckung der Ausgleich mit der Atmosphäre entfällt und wegen der starken Trübung des Wassers eine nennenswerte biogene Produktion fehlt kommt es nicht selten zu anoxischen Verhältnissen und verbreitetem Fischsterben (Gessner 1961; Mosewitsch 1961).

Typische rheophile Fische des freien Wassers haben eine stromlinienartige Gestalt, z.B. die Salmoniden, und erreichen hohe Schwimmleistungen. Hochrückige Gestalten sind dagegen besser an ruhige und stärker strukturierte Habitate angepaßt. Zahlreich sind auch Bodenfische verbreitet. Ihr Körper ist meist ventral abgeflacht, und dorsal gerundet. Die Brustflossen sind breit und werden annähernd horizontal gehalten, so daß sie den Fisch, von vorn angeströmt, gegen den Boden drücken; eine offensichtlich energiesparende Methode für den Aufenthalt in der Strömung. Bei hohen Schwimmleistungen ermüden Fische im Gegensatz zu wasserlebenden Säugern rasch, weil ihre kräftige weiße Muskulatur wenig kapillarisiert ist und die Kontraktionsenergie weitgehend anaerob erzeugt. Daher sind Bereiche mit geringer hydraulischer Belastung auch bei rheophilen Arten notwendiger Bestandteil ihres Lebensraums.

Eine spezielle morphologische Anpassung an hohe Strömungsgeschwindigkeiten ist die Gestalt der dorsoventral abgeflachten Weidegänger auf überströmten Hartsubstraten. Zum Nahrungserwerb werden die Zähne oder Mundränder zu Raspelorganen differenziert, zur Erhöhung der Strömungsresistenz sind Haftorgane vorhanden (Abb. 5.18). Während

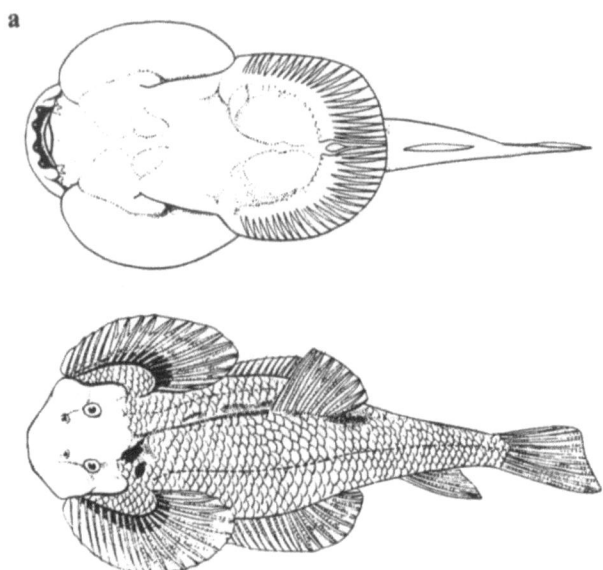

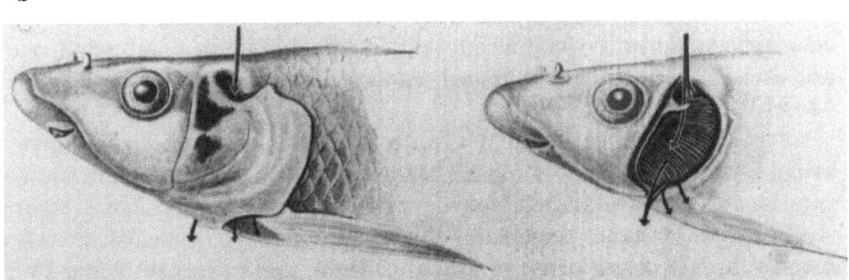

Abb. 5.18a, b. Strömungsangepaßte Bodenfische, die Algen von Hartsubstraten abraspeln. **a** *Gastromyzon* mit den paarigen Flossen als Saugscheibe, Kiemendeckelspalten dorsolateral. Die Arten der Familie (Homalopteridae) leben in klaren schnellfließenden Bächen Südostasiens (Sterba 1990; Grasse 1958). **b** *Gyrinocheilus* (Gyrinocheilidae, Saugschmerlen) saugen sich mit dem Mund auf dem Substrat fest, das Atemwasser wird nicht durch den Mund, sondern durch den oberen abgegrenzten Teil der Kiemendeckelspalten (Pfeile) aufgenommen. Vorkommen: In Fließgewässern der Gebirgsregionen Südostasiens. (Nach Klausewitz 1965; Sterba 1990)

sich die südamerikanischen Harnischwelse (Loricariidae) mit dem Mund festsaugen, besitzen die Karpfenschmerlen der Gattung *Gastromyzon* saugnapfartig umgestaltete Flossen. Bei den Saugschmerlen wird im Zusammenhang mit der Ernährungsweise die Aufnahme des Atemwassers durch den Mund aufgegeben. Statt dessen bilden die äußeren Kiemenöffnungen einen Ein- und einen Ausströmteil aus. Die Harnischwelse zeigen beispielhaft, daß das Leben in tropischen Bächen mit reißender Strömung die Anpassung an weitere extreme Bedingungen nach sich zieht, die durch zeitweilige geringe oder fehlende Wasserführung entstehen: Die ventral gelegenen, kleinen Kiemenöffnungen ermöglichen die Berieselung der Kiemen auch noch bei geringem Wasserangebot, der Luftmagen dient als Luftatmungsorgan bei Wassermangel, der äußere Knochenpanzer als Austrocknungsschutz, und mit Hilfe der verstärkten vorderen Flossenstrahlen der Brust- und Bauchflossen können sie Strecken über Land wandern (Nack-Litzenburger 1985). Dieser Lebensformtyp des Weidegängers ist in den Fließgewässern der Tropen und Subtropen weit verbreitet und vielfach konvergent entwickelt worden.

Fischwanderungen

Regelmäßige Wanderungen sind bei Süßwasserfischen verbreitet. Pelz (1985) beobachtete an einer Fischtreppe einer Staustufe der Mosel, daß fast alle vorkommenden Arten aufwärts stiegen. Vielfach dürfte es sich um lokale Ausbreitungsbewegungen gehandelt haben. Müller (1982a) fand in Nordschweden bei 12 Fischarten regelmäßige Wanderungen zwischen dem Fluß als Laichgebiet und der Ostsee als Nahrungsgebiet. Es handelte sich um Arten, die in Mitteleuropa allenfalls innerhalb eines Flußsystems wandern, z.B. um Hecht, Plötze, Hasel, Karausche und Quappe. Dies, wie auch der Befund, daß auch regionale Populationen einer Art sich in dieser Hinsicht uneinheitlich verhalten, läßt erkennen, daß die Potenz zum Wandern bei Flußfischen verbreitet ist (Welcomme et al. 1989; Steinmann et al. 1937). Die Grenze zwischen kurzen regionalen, eher zufälligen Ortsbewegungen und regelmäßigen, periodischen eigentlichen Wanderungen ist nicht scharf zu ziehen. Unter den Arten mit regelmäßigen Laichwanderungen unterscheidet man gewöhnlich zwischen potamodromen, auf das jeweilige Flußsystem beschränkten, und diadromen Wanderungen zwischen Fluß und Meer. Ist der Fluß das Laichgebiet, handelt es sich um anadrome, ist es das Meer, um katadrome Fische.

Potamodrom sind z.B. die Wanderungen der Nase (*Chondrostoma nasus*) zwischen dem gewöhnlichen Aufenthaltsbereich im Mittellauf eines Flusses und dem Laichgebiet, Kiesbänken im Unterlauf einmündender Bäche. Die Nase, wie auch andere Wanderfische ziehen meist in Schwärmen. In der heimischen Fauna gehören weiterhin die Äsche (*Thymallus thymallus*), Seeforelle (*Salmo trutta lacustris*), der Huchen (*Hucho hucho*),

Barbe (*Barbus barbus*) und der Sterlett (*Acipenser ruthenus*) zu dieser Gruppe. Untersuchungen an markierten Salmlern und Welsen im Paraná-Paraguay-System Südamerikas zeigten, daß dort Entfernungen bis zu 700 km zurückgelegt werden. Die Wanderungen beginnen im August bis September, die Laichzeit erstreckt sich von Dezember bis Februar (Lowe-McConnell 1975) und liegt damit in der Regenzeit. Einige Arten laichen im Fluß, einige in den Überschwemmungsgebieten. Die Embryonalentwicklung dauert nur 2 bis 3 Tage. Der Salmler *Prochilodus scrofa* wandert in Gruppen von 70 bis ca. 8000 Tieren, die ♂ im Zentrum. Dem Schwarmzusammenhalt dienen akustische Signale. Pro Tag werden ca. 20 km stromaufwärts zurückgelegt.

Anadrome Laichwanderungen waren in den großen Flüssen Zentraleuropas bis zum Ende des vorigen Jahrhunderts eine auffallende, verbreitete Erscheinung. Im Rhein gab es 6 anadrome Arten: Meer- und Flußneunauge (*Petromyzon marinus* und *P. fluviatilis*), Stör (*Acipenser sturio*), Maifisch (*Alosa alosa*), Meerforelle (*Salmo trutta trutta*) und der Lachs (*Salmo salar*). Bis auf den Maifisch suchten alle die Flußoberläufe auf, um die Eier in sandigen oder kiesigen Stellen zu deponieren. Die Larven der Neunaugen leben 3 bis 5 Jahre als Filtrierer eingegraben im Sand, bis sie nach der Metamorphose ins Meer abwandern. Junglachse bleiben 1 bis 5 Jahre im Geburtsgewässer, ähnlich die Meerforelle. In dieser Zeit konkurrieren sie mit der im selben Bereich vorkommenden Bachforelle. Die laichreifen Lachse erbringen die enormen Schwimmleistungen stromaufwärts ohne Nahrungsaufnahme unter Verbrauch ihrer Fettreserven und eines Teils der Muskulatur. Die Strecke von der Rheinmündung bis Basel sollen sie in 55 bis 60 Tagen bewältigt haben. Sie schwammen in keilförmigen Gruppen von ca. 30 Exemplaren in der ufernahen Zone, außerhalb der Hauptströmung. In Stromschnellen sprangen sie bis über 3 m weit, am weitesten aus der Spitze einer stehenden Welle (Merkel 1980, dort auch Angaben zur Biologie während der marinen Phase). Die Maifische schwammen im Rhein bis zu den Stromschnellen von Laufenburg oberhalb Basels. Das Laichen fand in großen Gruppen unter lebhaftem Umherschwimmen statt (Baldner 1666). Die pelagischen Eier driften dem Meere zu.

Durch die potamodromen oder anadromen Wanderungen werden Gewässerzonen aufgesucht, in denen die Eier in einem sauerstoffreichen Sohlsubstrat deponiert werden können. Diese Bedingungen sind am besten in einem oligotrophen Milieu erfüllt, wo porenreiche, kiesige, gut durchströmte Sedimente vorhanden sind, in die Kieslaicher, wie die Salmoniden, ihre Eier eingraben. Überlagerung durch Feinsedimente oder Schlamm läßt die Eier absterben. Der Aufenthalt in produktiveren Gebieten, bei den anadromen Arten im Meer, ermöglicht ein rasches Wachstum, das beim Lachs innerhalb von 3 bis 4 Jahren zur Geschlechtsreife und einem Gewicht von 8 bis 13 kg führt. Binnenlachse, die nicht ins Meer wandern, sondern in Binnenseen bleiben, tendieren zur Ausbildung von Kleinformen (Wootton 1990). Einziges Beispiel einer **katadromen** Fischart für Europa ist der Aal (*Anguilla anguilla*) (Tesch 1983), dessen Hauptwachstum, im Gegensatz zu den anadromen Arten, während des Lebens im Süßwasser stattfindet. Die unpigmentierten Glasaale kommen an der Nordseeküste im Februar, März an und ziehen mit beginnender Pigmentierung flußaufwärts. Sie sind in der Lage, Hindernisse wie den Rheinfall bei Schaffhausen zu überwinden und wandern in feuchten Nächten auch über Land. Zur Rückwanderung nach 4- bis 10 jährigem Wachstum im Süßwasser findet eine Metamorphose statt, die äußerlich durch Vergrößerung der Augen und die Umfärbung des Bauches zu silbrigem Glanz erkennbar wird. Diese Blankaale stellen die Nahrungsaufnahme ein. Auf der Südhalbkugel der Erde gibt es katadrome Arten z.B. in der Familie der Galaxiidae (Hechtlinge), die Flüsse Neuseelands, Australiens und Feuerlands besiedeln. Die Fauna dieser Gebiete ist sehr arm an primären Süßwasserfischen. Die Verbreitung der Salmoniden ist ursprünglich auf die gemäßigten und kalten Klimazonen der Nordhalbkugel beschränkt, durch Besatzmaßnahmen sind sie heute weltweit zu finden, so in weiten Teilen der südamerikanischen Anden.

5.3 Gliederung und Struktur der Fließgewässer

5.3.1 Choriotope: Struktur und Besiedlung

Der Lebensraum in Fließgewässern ist in Choriotope unterschiedlicher Struktur untergliedert, die von unterschiedlichen Organismengesellschaften (= Choriozönosen) besiedelt werden. Unter dem Einfluß des strömenden Wassers bildet sich ein Mosaik lenitisch oder lotisch dominierter Teilbiotope aus, denen meist ein Vorherrschen feiner bzw. grober Substrate entspricht (Abb. 5.19a). Die zugehörigen Biozönosen sind deutlich verschieden, die Zahl der gemeinsamen Arten ist gering (Mutz 1989). Je nach Höhenlage und Gefälle und daraus abzuleitenden Abfluß- und Substrateigenschaften und zusätzlich nach geologischen Kriterien unterscheidet Braukmann (1987) für Mitteleuropa sieben Bachtypen (Abb. 5.19b), die auch in der Summe der lenitischen und lotischen Makrozoobenthosge-

a

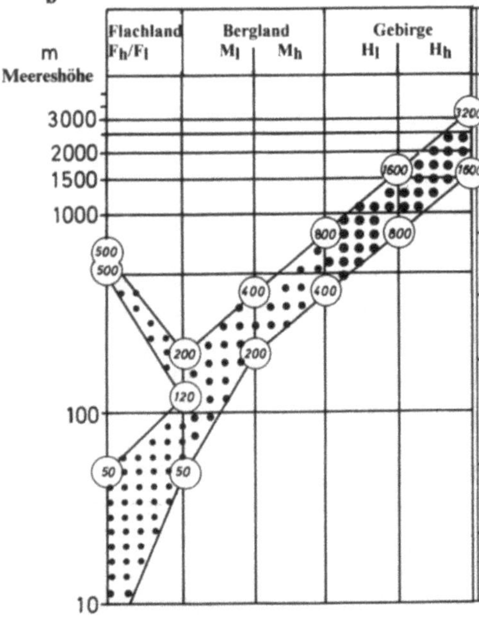

Langsprofil

Aufsicht

Felsblock

① ☐ Blöcke > 20 cm
③ ▫ Steine, faustgroß
④ • Kies
○ Blöcke, emers
⇌ Schnelle

⑤ ◉ Sand
⑥ ◍ Detritus, Laub
⑨ ⁖ Moospolster

1 m

b

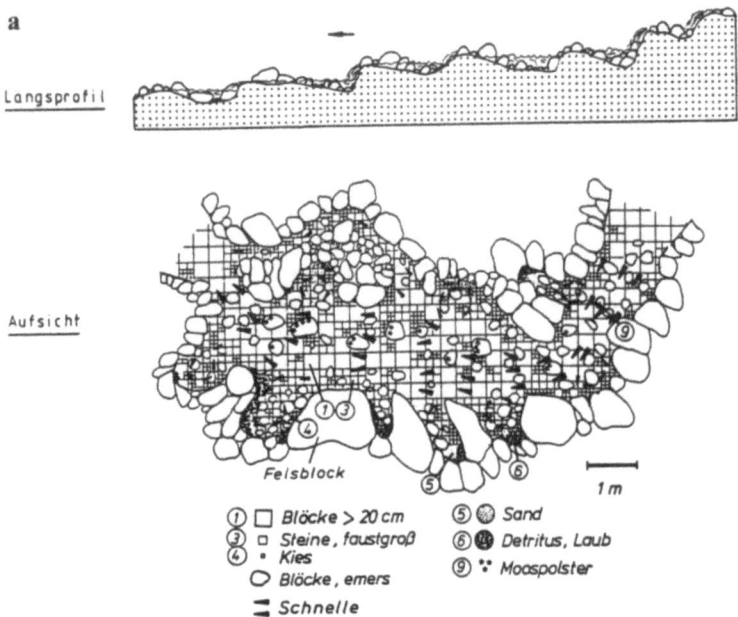

meinschaften gut charakterisiert sind. Die größten biozönotischen Unterschiede gibt es zwischen den lotischen Gemeinschaften.

Ufer- und Substratstruktur sowie die Strömungsverhältnisse und die Gewässertiefe und -breite lassen ein differenziertes Raumangebot entstehen. In diesem Strukturmuster wird auch das Nahrungsangebot verteilt: Fallaub und organischer Feindetritus sammeln sich beispielsweise in strömungsarmen Mikrohabitaten, wie Totwasserräumen und Kolken. Algenaufwuchs tritt bevorzugt auf ausreichend belichteten und strömungsexponierten Hartsubstraten auf. Hartsubstrate als relativ stabile Elemente des Benthals werden von einer artenreichen Wirbellosenfauna mit zahlreichen habitatspezifischen Mitgliedern besiedelt. Die Vielfalt der Besiedlergemeinschaft wird zusätzlich begünstigt durch das Lückensystem, das mit diesem Substrattyp meist verbunden ist, und das beispielsweise vielen Weidegängern als Refugium am Tage oder in Freßpausen dient.

Die feinkörnigen, sandigen und schlammigen Substrate beherbergen eine Lebensgemeinschaft, in der einerseits die Kleinformen der Meiofauna im Sandlückensystem verbreitet sind, wo andererseits größere, grabende Tiere häufig Gänge oder verfestigte Wohnröhren ausbilden. Bewohner sind vor allem Oligochaeten und die allgegenwärtigen Larven von Chironomiden. Eingegrabene Muscheln und Larven von Libellen, Eintagsfliegen und anderen Insekten kommen hinzu. In Bereichen geringer hydraulischer Belastung werden diese Substrate oberflächlich durch das Periphyton bzw. den Biofilm verfestigt, so daß strömungsbedingte Umlagerungen kaum auftreten, wenigstens so lange die lenitische Situation anhält. Das Spektrum der Lebensformen dieser Habitate unterscheidet sich wenig von jenem, das auch in ähnlichen strukturierten Bereichen in Stillgewässern auftritt. Die Sandbänke lotischer Bereiche, die unter der Einwirkung relativ starker Strömung permanent umgelagert werden, sind dagegen ein spezifischer Lebensraum der Fließgewässer, der vor allem in größeren Flüssen weite Bereiche des Bettes bedecken kann. Die Instabilität des Substrats, dessen obere Schicht aus dauernd bewegten

---

Abb. 5.19a, b. Struktur und faunistische Typisierung mitteleuropäischer Bäche. **a** Struktur (Choriotopgefüge) eines mittelgroßen hochmontanen Gebirgsbaches (Schwarzwald). **b** Höhenerstreckung und Makroinvertebraten-Gemeinschaften regionaler Bachtypen. Die Gemeinschaften werden nach charakteristischen Arten benannt. H_h, Hochgebirgs-; H_l, hochmontane Gebirgsbäche; $M_{h/l}$, Bäche der montanen bzw. collinen Region (= Bäche des Mittelgebirges bzw. des Hügellandes); F_l, Tieflandsbäche; s, vorherrschend Silikat-; c, vorherrschend Karbonatgestein im Einzugsgebiet. (Nach Braukmann 1987, verändert)

Sandkörnern besteht, macht die Besiedlung sehr schwierig. Die Meiofauna des Sandlückensystems und die eingegrabenen Larven der Chironomiden sind auch hier verbreitet. Ein für Weidegänger nutzbares Periphyton kann sich nicht ausbilden, Nahrungsgrundlage ist vielmehr der eingelagerte Feindetritus und eventuell der Biofilm auf den Sandkörnern. Spezifisch angepaßte Bewohner gibt es mindestens unter den Prädatoren. In den Sandbänken größerer Flüsse der südlichen USA teilen sich beispielsweise die Larven einer Libellen (*Progomphus obscurus*) und zweier Ephemeropterenarten (*Pseudiron meridionalis, Dolania americana*) diesen Lebensraum. Darin bevorzugen diese drei Arten unterschiedliche Teilbereiche. Die auffälligsten Anpassungen zeigt *Dolania americana*, die deshalb genauer vorgestellt werden soll. Die nearktische Gattung *Dolania* gehört zu der artenarmen Familie der Behningiidae, deren altweltliche Vertreter sehr ähnlich spezialisiert sind. Die ♀ produzieren wenige, große Eier, von ca. 0,8 mm Durchmesser, die von einem sehr derben Chorion umhüllt und zusätzlich von einer klebrigen Außenschicht überzogen sind. Sie dürften dadurch zwischen den rollenden Sandkörnern gut geschützt sein. Die Erstlarven schlüpfen nach 9 bis 12 Monaten und sind mit etwa 2 1/2 mm Körperlänge ungewöhnlich groß. Sie sind sehr bald in der Lage relativ große Beute, vor allem Chironomidenlarven, zu fressen. Die Larven bewegen sich als „Sandschwimmer" ungefähr in den obersten fünf Zentimetern des Substrats. Sie besitzen einen flachen schaufelförmigen Kopf mit auffallender Beborstung an den Vorderkanten, der die Funktion einer Pflugschar beim Graben hat. Die Beine sind krallenlos und weichen in ihrer Gestalt stark vom Normaltyp ab. Das mittlere Paar hat flache, ruderförmige Endglieder und dient zum Vorwärtsschieben des Körpers im sandigen Milieu. Die seitlich dem Abdomen angelegten Hinterbeine schützen die ventral gelegenen Kiemen vor dem Sand. Anscheinend ist der beschriebene Lebensformtyp trotz seiner hervorragenden Anpassung an die extremen Bedingungen des Habitats der bewegten Sandbank wenig verbreitet. In der Palaearktis kommt die Gattung *Behningia* in den Strömen Nordasiens und des östlichen Europa vor, der westlichste Fundort liegt in Polen (Tsui u. Hubbard 1979; Edmunds et al. 1976; Fink et al. 1991).

Das Raum- und Ressourcenangebot wird gemäß den art- und altersspezifischen Ansprüchen von den Organismen genutzt. Es findet eine räumliche und oft auch eine zeitliche Aufteilung der Lebensraumnutzung statt. Selbst so bewegliche Tiere wie die Fische lassen bei genauerer Beobachtung erstaunlich differenzierte Muster der ökologischen Nischen erkennen. Auf diese Weise können vor allem in tropischen Flüssen zahlreiche Arten in demselben Lebensraum koexistieren. Im Beispiel der

Flußfische Sri Lankas (Abb. 5.20) ergibt sich für die meisten Arten eine klare Trennung in den ökologischen Ansprüchen, die Nischenüberlappungen sind gering. Der bevorzugte Aufenthaltsort im Gewässer – bodennah, im freien Wasser, oberflächennah – sowie die typische Nahrung gestatten bereits eine weitreichende Differenzierung im gleichen Abschnitt des Flusses. Andere Arten verteilen sich aufgrund der spezifischen Ansprüche für die Strömungsverhältnisse auf verschiedene Abschnitte. Wenige Arten scheinen Habitatgeneralisten zu sein, besiedeln jedoch trotzdem nur selten denselben Bereich wie die Spezialisten. Die ökologische Spezialisierung ist oft mit einer morphologischen verbunden. Drei Arten der Gattung Barbus sind Algenfresser: *B. nigrofasciatus* mit endständigem Maul nimmt fädige

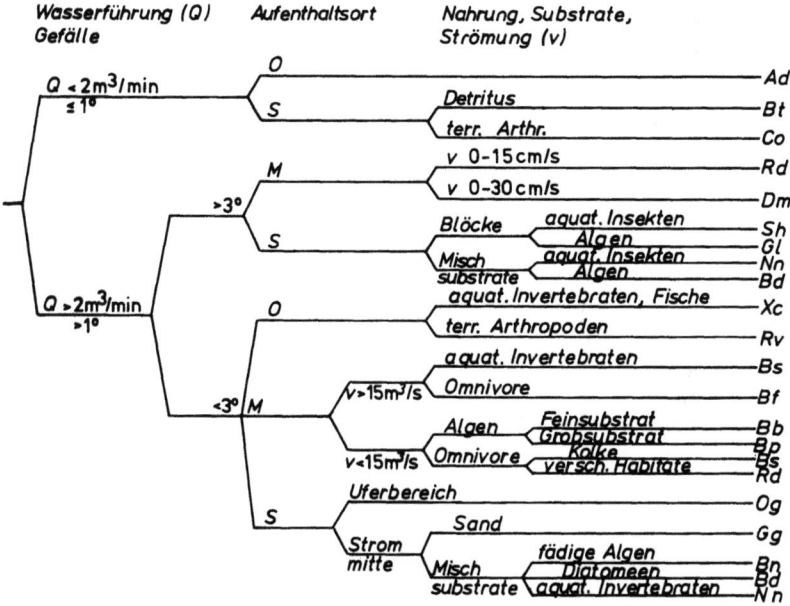

Abb. 5.20. Ressourcenaufteilung (Einnischung in einer Fischzönose eines Regenwaldflusses in Sri Lanka). Bevorzugter Aufenthaltsort: O, an der Wasseroberfläche; M, mitten im freien Wasser; S, substratnah (Bodenfisch). Fischarten (von oben nach unten): Ad, *Aplocheilus dayi*; Bt, *Barbus titteya*; Co, *Channa orientalis*; Rd, *Rasbora daniconius*; Dm, *Danio malabaricus*; Sh, *Sicyopterus halei*; Gl, *Garra lampta*; Nn, *Noemacheilus notostigma*; Bd, *Barbus dorsalis*; Xc, *Xenetodon cancila*; Rv, *Rasbora vateriflorus*; Bs, *Barbus sarana*; Bf, *Barbus filamentosus*; Bb, *Barbus bimaculatus*; Bp, *Barbus pleurotaenia*; Bs, *Belontia signata*; Og, *Ophiocephalus gaucha*; Gb, *Gobius grammeponus*; Bn, *Barbus nigrofasciatus*. (Nach Moyle u. Senanayake 1984, verändert)

Algen von Felsen, *B. dorsalis* saugt Algen und Detritus mit fleischigen Lippen und unterständigem Maul vom Boden. *B. pleurotaenia* mit stromlinienförmiger Gestalt und endständigem Maul bevorzugt schnellströmende Bereiche. Der Einfluß nachtaktiver Arten, z.b. der Welse, und der Einfluß stark wechselnder Wasserführung zu verschiedenen Jahreszeiten wurde in diesem Beispiel nicht untersucht. In anderen Fällen scheint die Nischenaufteilung weniger klar zu sein (Moyle u. Senanayake 1984; Wootton 1990).

Die altersspezifischen, auf die Entwicklungsstadien bezogenen verschiedenartigen Ansprüche haben zur Folge, daß nur das Nebeneinander der Habitate in erreichbaren Entfernungen den jeweiligenartspezifischen Lebensraum, das „Monocoen", umfaßt. Unter den Fischen laichen Forellen, Lachse, Äschen, Barben, Elritzen und weitere Kieslaicher im Strom ab. Ihre Larven ziehen sich tief in das Kieslückensystem zurück und zehren den Dottervorrat auf (Bless 1992). Andere rheophile Fischarten, insbesondere unter den Cypriniden, laichen in ufernahen Bereichen. Die Larven bevorzugen flache, strömungsarme Kiesbänke und Buchten und entgehen dort weitgehend der Gefährdung durch Raubfische. Mit zunehmendem Alter wandern sie artspezifisch differenziert in rascher überströmte Bereiche (Abb. 5.21). Mit dem altersabhängigen Habitatwechsel kann auch ein Wechsel der bevorzugten Nahrung verbunden sein. Junge Nasen (*Chondrostoma nasus*) sind oberflächenorientiert und fressen Anflug und driftende Organismen, währendsie später substratorientiert leben und benthische Nahrung aufnehmen. Während des Wachstums verlagert sich der Mund aus der oberständigen in die unterständige Position (Schiemer u. Spindler 1989).

Die Siedlungsdichte ist vom Angebot geeigneter Strukturen im Biotop abhängig. Sie steigt z.B. bei jungen Lachsen mit der Rauhigkeit der Bachsohle, modifiziert durch die herrschenden Strömungsverhältnisse (Abb. 5.22). Gleiches wurde für die Koppe (*Cottus gobio*) nachgewiesen, einem Bodenfisch europäischer Bäche (Bless 1983).

Abb. 5.21. a Habitataufteilung zwischen eurytopen (weiß) und rheophilen (schwarz) Fischen in der Donau während der ersten Lebensmonate. Die Länge der Balken zeigt den Anteil an der Gesamtpopulation der Buchten und offenen Altwässer sowie der Kiesbänke. Die mittlere Größe der Brut- bzw. Jungfische ist für Juni und September angegeben (nach Schiemer u. Spindler 1989, verändert). **b** Bindung verschiedener Fischarten an Teilbereiche eines großen Flusses (Donau): A, reine Fließwasserformen (rheobiont); B, rheophile Arten mit regelmäßigem Wechsel zwischen Strom und lenitischen Nebengewässern; C, limnophile Arten, bevorzugt in stark verlandenden Altwässern, die z.T. keine dauernde Verbindung zum Strom besitzen; D, eurytope Arten, die sich sowohl in isolierten und offenen Altwässern als auch im Strom aufhalten können. (Nach Schiemer 1988, verändert)

Gliederung und Struktur der Fließgewässer

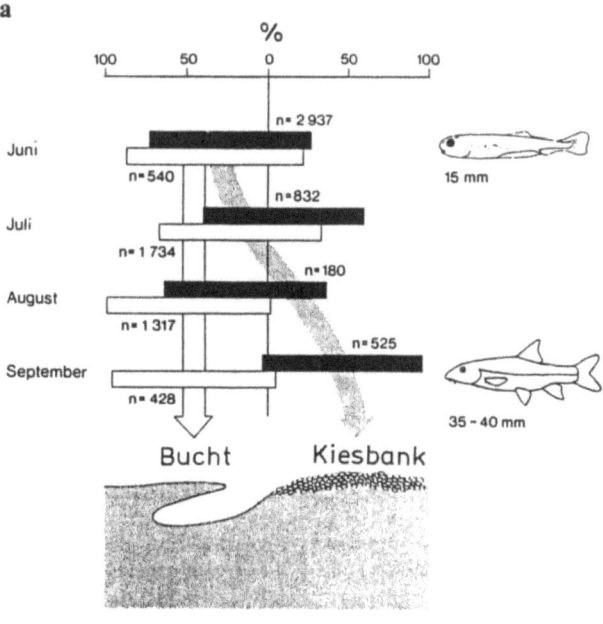

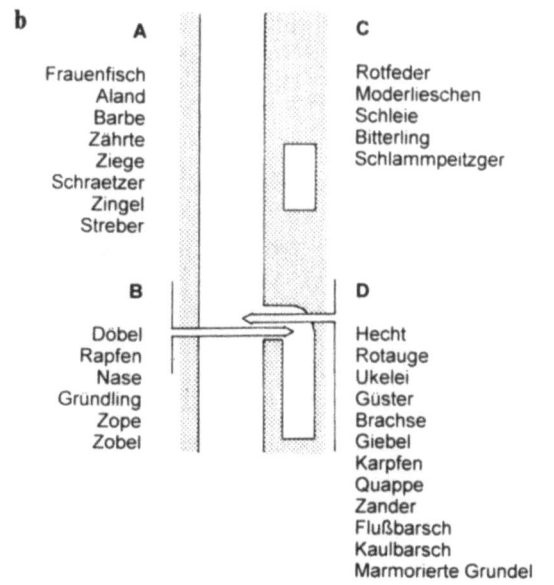

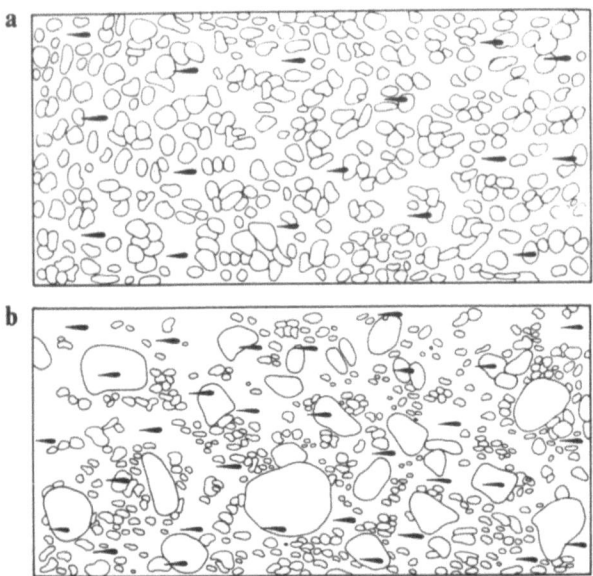

Abb. 5.22a, b. Lage der Territorien junger Lachse (*Salmo salar*) auf dem Substrat in einem Bach. Die Größe des Territoriums wird durch die Sichtweite bestimmt. Wenn das Substrat mit großen Steinen durchsetzt ist (**b**), liegt die Dichte höher als bei kiesigem Substrat ohne Sichtschutz (**a**). Bei niedriger Strömungsgeschwindigkeit sinkt die Siedlungsdichte gegenüber der höheren ab, weil sich die Fische stärker über den Boden erheben, womit der überschaubare Bereich sich vergrößert. (Nach Kalleberg 1958, aus Keenleyside 1979)

Die Mortalität der Larven und Jungfische kann trotz der spezifischen Habitatwahl sehr hoch sein, vor allem aufgrund von Hochwasserereignissen, denen sie nicht ausweichen können und denen in extremen Fällen ganze Jahrgänge zum Opfer fallen (Starrett 1951, zitiert nach Power et al. 1988b). Außerdem sind auch Flachwasserbereiche, die typischen Aufenthaltsbereiche der Jugendstadien nicht ohne Gefahr. Zwar bieten sie Schutz vor Raubfischen, jedoch stellen sie auch das Nahrungsrevier zahlreicher Landwirbeltiere dar. Unter den Vögeln sind es einerseits watende Formen, unter denen die Reiher eine herausragende Bedeutung haben, andererseits tauchende, wie die Eisvögel als Stoßtaucher oder die Säger (*Mergus*), die unter Wasser aktiv weite Strecken zurücklegen können. Fische stellen für viele dieser Räuber die Hauptnahrung, allerdings bevorzugen große Vögel, wie die meisten Reiher, relativ große Beute. Sie wird selten tiefer als 30 cm gefangen. Für den Eisvogel nimmt die Erfolgsquote ebenfalls mit der Wassertiefe ab, während Taucher vom Typ der

Säger ihre Beute unter Wasser verfolgen und bei günstigen Sichtverhältnissen auch in Schlupfwinkeln aufspüren können. Fledermäuse greifen nur Fische, die dicht unter der Wasseroberfläche stehen. Die quantitative Bedeutung der von Land aus agierenden Räuber, speziell der Vögel, ist schwer abzuschätzen und im natürlichen Lebensraum wenig untersucht. Tauchende Vögel können mindestens lokal die Jungfischbestände erheblich dezimieren, z.B. die der Junglachse während der Entwicklung in Bächen (Kalbe 1981; Power 1987).

Größere Flüsse werden meist von Altwässern begleitet. Sie sind in Verbindung zum Strom trotz ihres Charakters als Stillgewässer Bestandteile des Fließgewässerökosystems. So stellen sie Nahrungsgründe oder Refugien für rheophile Fische dar. In der Donau zieht der Zobel (*Abramis sapa*) sich bei Hochwasser und im Winter dorthin zurück. Das im Vergleich zum Strom reiche Angebot an Zooplankton wird von zahlreichen Jungfischen aber auch von der adulten Zope (*Abramis ballerus*) genutzt, die nur zum Laichen fließendes Wasser aufsucht (Schiemer u. Spindler 1989).

Das hyporheische Interstitial

Das hyporheische Interstitial ist der Lebensraum unter der Stromsohle, der durch das Lückensystem des Substrats zum einen mit dem offenen Gewässer zum anderen mit dem Grundwasser kommuniziert. Aufgrund seiner Lage zwischen Grund- und Oberflächenwasser wird ihm von manchen Autoren der Charakter eines eigenständigen Lebensraumes abgesprochen und statt dessen die Bezeichnung als „Ökoton", einer Grenzzone zwischen zwei Biotopen, bevorzugt (Gilbert 1991). Diese Zone hat oft eine erheblich größere Ausdehnung als das Benthal und bietet den Organismen unter günstigen Voraussetzungen ein Vielfaches an Siedlungsraum, wie bei einem 50 m breiten, kiesigem Fluß in den USA, der von einem 3 km breiten und bis zu 10 m tiefen hyporheischen Interstitial begleitet wird. Die Abgrenzung zum eigentlichen Grundwasserbezirk wurde mit Hilfe der spezifischen Fauna festgelegt (Stanford u. Ward 1988). Die Lebensbedingungen in diesem Bereich sind primär abhängig von der Art und Intensität des Austausches von Stoffen und Organismen mit dem Grund- und dem Oberflächenwasser, die wiederum vom hydraulischen Druck des Wassers und der Ausbildung des Lückensystems bestimmt werden. Im Flußbett wechseln Zonen eindringenden und aufsteigenden Wassers: An der Luvseite überströmter Kiesbänke, von Wasserpflanzenbeständen, Bieberdämmen und ähnlichen Erhebungen in der Stromsohle liegen in der Regel die Einstrom-, in Lee die Ausstrombereiche (White 1990). Die physikalischen und chemischen Bedingungen werden zwar von dem eindringenden Wasser beeinflußt, doch treten aufgrund der starken Verzögerung in der Ausbreitung des Porenwassers die Temperaturschwankungen zeitverschoben und gedämpft auf und auch andere physikochemische Parameter gleichen sich den Grundwasserverhältnissen an (Dole-Olivier u. Marmonier 1992). Das chemische Milieu wird erheblich durch die hohen Stoffumsätze im Interstitial beeinflußt. In porenreichen Substraten erreichen oder übersteigen sie jene der Stromsohle: In der naturnahen Situation eines Schwarzwaldbaches werden im Mittel etwa $0,8 \, g \, O_2/m^2$ und Tag ($= 0,25 \, g \, C \, m^{-2} \, d^{-1}$) in den oberen 10 cm des Substrats veratmet. Daran sind Makro- und Mesofauna mit durchschnittlich 4% beteiligt, das übrige leisten die Mikroorganismen des Biofilms und – in geringerem Umfang – der im Lückensystem sedimentierten Detritusflocken. Dieser Stoffumsatz erreicht die Größenordnung aller Einträge an organischem Material in den Bach (Pusch u. Schwoerbel 1994). Die Sohlsubstrate wirken als Sedimentfalle. Das wird beispielsweise dadurch belegt, daß sich im Interstitial der Stromsohle des Rheins die Eier der Eintagsfliege Epheron virgo ansammeln. Die ♀ werfen die Gelege im Flug ab, so daß sie mit dem Strom verteilt werden (Wantzen 1992).

Ein relativ großer Anteil des Kohlenstoffbudgets der Fließgewässer entstammt dem Einzugsgebiet und wird über das Grundwasser zugeführt. Diese überwiegend gelösten organischen Substanzen (DOM bzw. DOC) werden durch den Biofilm des hyporheischen Interstitials gebunden und dadurch den Organismen zugänglich gemacht. Hochrechnungen ergaben z.B. für einen kleinen wallisischen Bach eine DOC-Retention aus dem Grundwasser von $2470 \, g \cdot m^{-2}$ pro Jahr. Mindestens in kleinen Bächen scheint diese Kohlenstoffquelle bedeutender als alle übrigen zu sein (Fiebig u. Lock 1991). Auf welchem Weg die potentielle Nahrung vom Konsumenten genutzt wird, ist noch unklar (Bärlocher u. Murdoch 1989).

Dem Nahrungsangebot entsprechend dominieren im Interstitial Detritivore unter den Konsumenten. Aufgrund der unterschiedlichen Korngrößenzusammensetzung siedeln sich verschiedenartig zusammengesetzte Gesellschaften an: verbreitet sind Kleinformen, die Meiofauna, mit Milben, Copepoden, Ostracoden, Nematoden, Ratatorien, aber auch Oligochaeten, Turbellarien und andere, unter denen auch autochthone habitatgebundene Arten sind (Schwoerbel 1967). Die Substratstruktur und die Dichte und Zusammensetzung der Fauna können kleinräumig wechseln (Dole-Olivier u. Marmonier 1992). Im Interstitial der Rheinsohle variiert die Gesamtabundanz zwischen 120 und 47860 Ind/m². Oligochaeten und Mikrocrustaceen, stellenweise aber auch

Makrocrustaceen dominieren hier in der Regel. Die höchsten Dichten treten in den oberen 20 Zentimetern auf, doch findet man stellenweise auch deutlich größere Besiedlungstiefen. Die kleinen Larven der Ephemeroptere *Epheron virgo* waren noch in 40 cm Tiefe regelmäßig vorhanden, aber auch Larven von Chironomiden und der Amphipode *Corophium curvispinum* (Wantzen 1992). In groblückigen Substraten kann der Anteil der Benthosbesiedler groß werden (Williams 1984): So findet man in den relativ grobkörnigen Sedimenten eines Gebirgsbaches der nördlichen Kalkalpen fast alle Arten des Makrozoobenthos in höherer Abundanz als auf der Stromsohle. Das Maximum der Siedlungsdichte wird dort zwischen 20 und 40 cm Substrattiefe erreicht. Die Untergrenze ist verhältnismäßig scharf: 99% aller Tiere über 0,1 mm Länge überschreiten die 50 bis 60 cm Tiefenzone nicht, obgleich kein rascher Wechsel der abiotischen Bedingungen oder des Nahrungsangebotes dies verursachen könnte. In Fallen werden wandernde Tiere aber auch noch zahlreich bis 70 cm Tiefe gefangen. In diesem Substrattyp ist eine faunistische Abgrenzung zwischen Epibenthal und Hyporheal kaum möglich (Bretschko 1981, 1991).

Typische Bewohner des hyporheischen Interstitials sind auch die Jugendformen rheophiler Unioniden (Bivalvia). Sie wandern nach der parasitischen Phase in den Kiemen von Fischen hier ein. Voraussetzung ihres Überlebens ist ein porenreiches, ausreichend durchströmtes Substrat. Der seit einigen Jahrzehnten in Europa zu beobachtende Rückgang vieler Bestände, charakterisiert durch das Fehlen von Jungmuscheln in den Populationen, wird zu einem erheblichen Anteil durch anthropogene Sedimentveränderungen verursacht: Zur Erhaltung der Abflußfunktion der Bäche werden regelmäßig Wasserpflanzen oder direkt die Gewässersohle „geräumt". Auch Eingriffe in die Uferstruktur und Begradigungen tragen dazu bei, daß die natürlicherweise relativ stabile, kiesige Sohle zerstört oder übersandet wird. Die daraus resultierende Verdichtung des interstitiellen Lückensystems führt zu einem verringerten Sauerstoffangebot, erhöhte Konzentration anorganischer Stickstoffverbindungen und letztlich zum Aussterben der Jugendstadien, z.B. der Flußperlmuschel (*Margaritifera*) aber auch bei Arten der Gattung *Unio* (Buddensick et al. 1993).

Handelt es sich statt um grobkörnige um Feinsubstrate wird der Stoffaustausch mit dem freien Wasser stark verringert und es entsteht häufig ein anoxisches Milieu. Eine eigene Metazoenfauna ist in so einem Fall kaum entwickelt. Das im Sediment abgelagerte Nahrungssubstrat kann nur von der Oberfläche aus durch grabende Larven von *Liriope* (Diptera, Liriopidae) oder anderen Arten dieses Lebensformtyps verwertet werden, die durch ein Atemrohr Luftatmung betreiben. Eine Nutzung als zeitweiliges Refugium für das Makrozoobenthos von der Oberfläche unterbleibt ebenso wie durch grabende Larven von *Ephemera*, die in besser mit Sauerstoff versorgten Substraten auftreten müßten (Wagner et al., im Druck).

In organisch belasteten Flüssen wird auch ein stärker lückiges Interstitial sauerstofffrei, mit der Folge einer quantitativen und qualitativen Verarmung der Fauna. Hier dürfte neben dem verstärkten Eintrag von organischem Material die zunehmende Dichte des Aufwuchses, vor allem in Perioden geringer Wasserführung, eine Rolle spielen, weil er das Lückensystem zum freien Wasser abdichtet (Kirchengast 1984; Pieper 1976).

5.3.2 Längszonierung

In Fließgewässern wandelt sich in ihrem Verlauf und mit der Veränderung der Höhenlage, des Gefälles, der Wasserführung, Strömung, Sedimentstruktur, Temperaturverlauf und anderen abiotischen Faktoren naturgemäß auch die biozönotische Struktur. Ein Beispiel für das zonale Verbreitungsmuster in einem Bach (= Rhithral) gibt Abb. 5.23. Die natürliche ökologische und faunistische Situation großer Flüsse (= Potamal, s.u.) ist für Mitteleuropa nur unvollkommen zu rekonstruieren, weil hier die Veränderung durch den Menschen sehr früh einsetzte und besonders intensiv war.

Bei größeren, annähernd natürlichen Flußsystemen kann das Potamal über hunderte von Kilometern ausgedehnt sein, ohne daß weitere, tiefgreifende zonale Veränderungen auftreten (Welcomme et al. 1989). Das gilt vor allem in Niederungsgebieten mit geringem Gefälle. In großen Gebirgsflüssen ist dagegen ein Wechsel zwischen ruhig fließenden Abschnitten und Stromschnellen nicht selten. Führt der Strom über einen Riegel harten Gesteins oder fließt er aus hartem in leicht erodierbares Material, können Wasserfälle entstehen, die für manche Tiere des Lebensraumes Ausbreitungshindernisse darstellen. Das Gewässerbett ist vor allem in seinem Randbereich vielfältig struktukriert, durch Ausbildung von Buchten, Altwässern und dergleichen. Das Benthal ist im Stromstrich wegen der hohen Schleppspannung und des permanenten Geschiebetransportes besiedlungsfeindlich. Nur in strömungsgeschützten Bereichen, insbesondere hinter Felsen oder großen Steinen, finden sich günstigere Entwicklungsmöglichkeiten. Der außerordentliche faunistische Reichtum, der sich beispielsweise für den Rhein rekonstruieren läßt (Lauterborn

Gliederung und Struktur der Fließgewässer

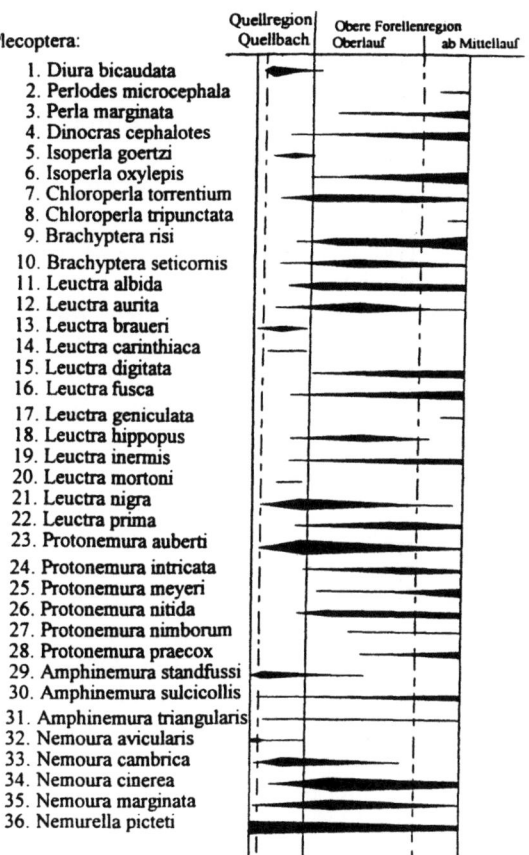

Abb. 5.23. Verbreitung der Steinfliegen im Längsverlauf eines Bergbaches des Rothaargebirges. Die Breite der Felder kennzeichnet die Häufigkeit. (Aus Dittmar 1955, verändert)

1916, 1917, 1918), beruht auf der Vielfalt der Gewässertypen, die ein Stromsystem mit Verzweigungen, Mäandern und Altwässern bietet. Allerdings erklären sich die jüngeren massiven Veränderungen der Fauna – entstanden durch den Rückgang des ursprünglichen Bestandes und die Einwanderung und Einschleppung von Neozoen – nicht allein durch die Ausbaumaßnahmen, sondern aus der Summe der anthropogenen Einflüsse (Kureck 1992b). Da die Schwebstofffracht großer Ströme hoch ist, ist die Gruppe der aktiven und passiven Filtrierer reich vertreten. Unter ihnen gibt es einige, wie die Großmuscheln (Unionidae) und die

Larven einiger Ephemeropteren, z.B. der Polymitarcidae, die eingegraben leben und sich auf diese Weise der unmittelbaren Einwirkung der hydraulischen Belastung entziehen. Auch nicht filtrierende, grabende Formen sind zahlreich. Hinzu kommen Weidegänger, Detritusfresser und Carnivore.

Charakteristisch ist die hohe Produktivität des natürlichen Potamals. Dies zeigt sich nicht nur in den früher gegenüber heute anscheinend viel höheren Fischerträgen (vgl. S. 109), sondern wahrscheinlich auch in dem zahlreichen Auftreten mancher Wasserinsekten. Sichtbaren Ausdruck fand dies in den mehr oder weniger synchronisierten Massenflügen einiger Arten mit kurzer Flugzeit, die schon früh die Aufmerksamkeit der Naturbeobachter erregten (Ulmer 1911). Lauterborn (1916–1918) nennt für den Hochrhein zwischen Bodensee und Basel vierzehn Arten an Ephemeropteren, Plecopteren und Trichopteren mit zeitweiligen Massenvorkommen. Zu dieser Gruppe zählen in Europa Eintagsfliegen wie *Ephoron virgo* (das Uferaas), *Palingenia longicauda* und *Oligoneuriella rhenana* (die Rheinmücke). Ihre Lebensspanne vom Aufsteigen der Subimagines aus dem Wasser bis zur Eiablage und dem Tod dauert nur wenige Stunden. *Ephoron virgo* ist im Rheingebiet in den letzten Jahren wieder in riesigen Schwärmen aufgetaucht, nachdem sie dort längere Zeit als ausgestorben galt (Kureck 1992a). Dem Massenflug mit kurzer Flugzeit liegt die Strategie zugrunde, einer wirkungsvollen Dezimierung durch Räuber durch das unvorhersehbare und rasch wieder beendete Auftreten zu entgehen. Gleichzeitig wird die Chance für das Zusammentreffen beider Geschlechter optimiert. Die meisten dieser Flüge finden in der Nacht statt, wodurch die Voraussetzungen zur Feindvermeidung weiter verbessert werden.

Große gefällearme Flüsse sind durch einen tiefen ruhig strömenden Wasserkörper gekennzeichnet, in dem sich reiches Plankton entwickeln kann. Da aufgrund der ungünstigen Lichtverhältnisse die benthische Primärproduktion gering bleibt, steigt die Bedeutung des freien Wasserkörpers für die Produktivität. In kleinen Fließgewässern dominiert dagegen in der autochthonen Primärproduktion der benthische Anteil, weil ein nennenswertes Plankton sich in dem rasch talabwärts strömenden Wasser nicht entwickeln kann.

Zur Charakterisierung der Abschnitte in der zonalen Längsgliederung der Fließgewässer wurden zunächst die Fische herangezogen. Man unterschied für Mitteleuropa aufgrund geeigneter Leitarten die fischfreie Quell-, von der Forellen-, Äschen-, Barben- und Brachsenregion. Die Verbreitung der typischen Arten läßt sich mit dem Gefälle korrelieren, wobei mit zunehmender Gewässerbreite geringere Gefälle ausreichen

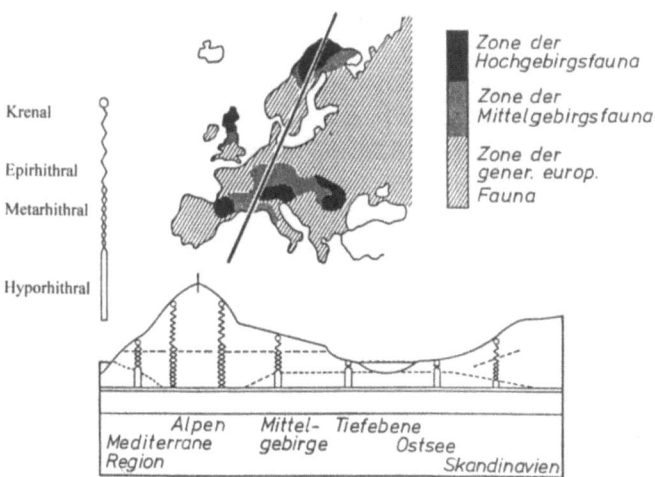

Abb. 5.24. Ausdehnung der Fließgewässerzonen in verschiedenen Regionen Europas. (Nach Illies u. Botossaneanu 1963, verändert)

(Huet 1962). Die Benthostiere bieten durch größere Formenvielfalt gegenüber den Fischen die Möglichkeit zu differenzierterer Beurteilung, zumal sie häufig eine strengere Bindung an bestimmte Lebensbedingungen zeigen (Abb. 5.23). Sie werden für das System von Illies (1961) verwendet: Es lassen sich die drei Hauptabschnitte **Krenal, Rhithral** und **Potamal** unterscheiden, die weiter untergliedert werden können (Abb. 5.24). Die Grenzbereiche zwischen benachbarten Zonen zeichnen sich durch erhöhten Artenwechsel aus. Je nach den biogeographischen und geomorphologischen Vorgaben sind unterschiedliche Taxa als Indikatoren beteiligt, so daß das System regional jeweils entwickelt werden muß. Die verbreitungsbegrenzenden Faktoren der Taxa sind selten bekannt. Ein relativ gut untersuchtes Beispiel, der Artenwechsel in der funktionellen Gruppe der mit Netzen filtrierenden Köcherfliegen der Familie Hydropsychidae kann einige verbreitungsbestimmende Faktoren veranschaulichen. Das Artenspektrum umfaßt eine Art (*Diplectrona felix*), die auf Quellbereiche und eine (*Hydropsyche instabilis*), die auf Bachoberläufe beschränkt ist. *Hydropsyche contubernalis* besiedelt die Unterläufe. Zwei Arten, *H. siltalai* und *H. pellucidula* haben ein Verbreitungsgebiet, das sich mit den übrigen in weiten Bereichen überschneidet. Die beiden erstgenannten Arten sind durch ein niedriges Temperaturoptimum gekennzeichnet, das durch die Temperaturabhängigkeit des Sauerstoffverbrauchs im Experiment erkennbar wird. Bei

Diplectrona felix ist auch das Wachstum bei niedrigen Sommertemperaturen relativ günstig, im Gegensatz zu Arten des Mittellaufs. Unter den räumlich koexistierenden Arten hat *Hydropsyche pellucidula* bereits im Herbst das vierte bis fünfte, *H. siltalai* und *H. instabilis* haben zu dieser Zeit nur das dritte Larvenstadium erreicht (Hildrew u. Edington 1979). *H. contubernalis* ist unter allen genannten Arten am wenigsten empfindlich gegen ein niedriges Sauerstoffangebot, gehört also im Gegensatz zu *H. pellucidula* zum regulativen Typ. Das ermöglicht es ihr, in belasteten Strömen zu hohen Abundanzen zu kommen. Becker (1987) fand folgende Charakteristika dieser Art als Anpassung an das Potamal, ihren typischen Lebensbereich: Schlüpfen der Imagines an der freien Wasseroberfläche, Eiablage in größeren Wassertiefen, Wanderungen der Larven zwischen verschiedenen Tiefen, große Potenzamplitude bezüglich der O_2-Konzentration und Strömungsgeschwindigkeit.

Die Frage der Anzahl und Begrenzung der Zonen ist umstritten. Dem wird in Abb. 5.24 insofern Rechnug getragen, als Tieflandsbächen epirhithrale Abschnitte nur begrenzt zugestanden werden. Doch wird dadurch das Problem der von Fall zu Fall unterschiedlichen Zonierung und der extrazonalen Verbreitung mancher Arten nicht gelöst. So tauchen rhithrale Taxa nicht selten in Stromschnellen des Potamals auf. Staubereiche im Flußverlauf führen z.B. unterhalb des Ausflusses zu einem besonders intensiven Faunenwechsel (Statzner 1978). Statzner u. Higler (1986) belegen anhand zahlreicher Beispiele, daß die hydraulische Situation das Verbreitungsmuster wesentlich bestimmt. Die Temperatur, ursprünglich als zentraler limitierender Faktor diskutiert, und weitere Parameter haben nur modifizierende Wirkung, so lange nicht der pessimale Bereich für viele Vertreter der jeweiligen Lebensgemeinschaft erreicht wird. Bäche mit pH-Werten unter 6 beherbergen beispielsweise meist nur eine stark verarmte Fauna, in der in Europa die Mollusken, Gammariden, Ephemeropteren und Fische vollständig fehlen, andere Taxa, wie die Plecopteren und Trichopteren, nur mit wenigen Arten vertreten sind (Matthias 1982).

Quellen und Bäche in der nivalen und alpinen Region der Hochgebirge und im polaren Bereich sind im vorgestellten Zonierungskonzept nicht enthalten. Sie zeichnen sich in der Regel durch hohes Gefälle und dauernd niedrige Temperaturen aus, die in den Alpen selten 6 °C überschreiten. Besonders deutlich unterscheiden sich Gletscherabflüsse von allen anderen Typen. Sie werden im Anschluß an Illies' Terminologie als Kryal bezeichnet. Ihre Wasserführung ist durch die Abtauperiodik des Eises bestimmt, das Wasser durch eine hohe Schwebstoffracht permanent milchig trüb, arm an Elektrolyten und nur 0 bis 3 °C warm (Geissler 1975).

Die Wasserfauna ist, wie in einem Extrembiotop zu erwarten, artenarm. Im Oberlauf leben nur die Larven des Chironomiden-Tribus Diamesiini, meist mit Arten der Gattung *Diamesa*. Sie ernähren sich ausschließlich von allochthonem Detritus, autochthone Produktion gibt es nicht. Weiter bachabwärts gesellen sich Kriebelmückenlarven der Gattung *Prosimulium* und wenige andere Chironomiden dazu. Dort kann sich auch der erste Algenaufwuchs ausbilden. Da in dieser Lebensgemeinschaft Primärproduzenten weitgehend und Sekundärkonsumenten ganz fehlen, gibt es nur eingliedrige Nahrungsketten. Die Biozönose ist, soweit bisher bekannt, sowohl im Hochgebirge als auch in der polaren Zone gleichartig aufgebaut (Steffan 1974).

Die geschilderten Zonierungskonzepte müssen aus biogeographischen Gründen für jede Region konkretisiert werden. Mit dem „**River-Continuum-Konzept**" entwickelten Vannote et al. (1980) ein Gliederungsverfahren, das die Ernährungstypen der Organismen und die Gewichtungen der trophischen Teilsysteme zugrunde legt und damit von den historisch entstandenen regionalen faunistisch-floristischen Eigentümlichkeiten unabhängig ist. Die Autoren sehen die Biota eines Fließgewässers als ein Kontinuum von Biozönosen, die an die Gradienten der physikalischen Variablen von den Quellbächen bis zur Mündung angepaßt sind. In der Waldzone der gemäßigten Breiten verändern sich die Anteile an der Produktion bzw. an den Nahrungsressourcen der Fauna in Abhängigkeit von der Größe des Gewässers und dem Einfluß des Gewässerumfelds (Abb. 5.25). Dem sich flußabwärts wandelnden Angebot an Nahrung entspricht die Veränderung im Spektrum der Ernährungstypen des Makrozoobenthos. Da im beschatteten Oberlauf der größte Teil der potentiellen Nahrung durch Laubfall als grobpartikuläres Material in das Gewässer gelangt, überwiegen die Zerkleinerer und Detritusfresser unter den Ernährungstypen, während weiter stromabwärts mit zunehmendem Lichteinfall die Weidegänger einen größeren Anteil am Umsatz erzielen. Im schwebstoff- und detritusreichen Unterlauf herrschen Filtrierer und Sedimentfresser vor. Wie Wallace et al. (1982) nachweisen konnten, wird das Schwebstoff(= Seston-)angebot wesentlich durch die Zerkleinerungsleistung des stromaufwärts lebenden Makrozoobenthos beeinflußt, denn nach der Vergiftung eines Bachs mit einem Insektizid ging die Sestonfracht stark zurück. Dies Ergebnis bestätigt das Modell der stromabwärts führenden Nahrungsspiralen für Fließgewässer und damit auch eine der Voraussetzungen für das River-Continuum-Konzept. Mit der Verschiebung der Anteile des organischen Kohlenstoffs aus allochthoner Herkunft oder autochthoner Primäproduktion verändert sich das Produktions/Konsumptionsverhältnis bzw. der Produktions/

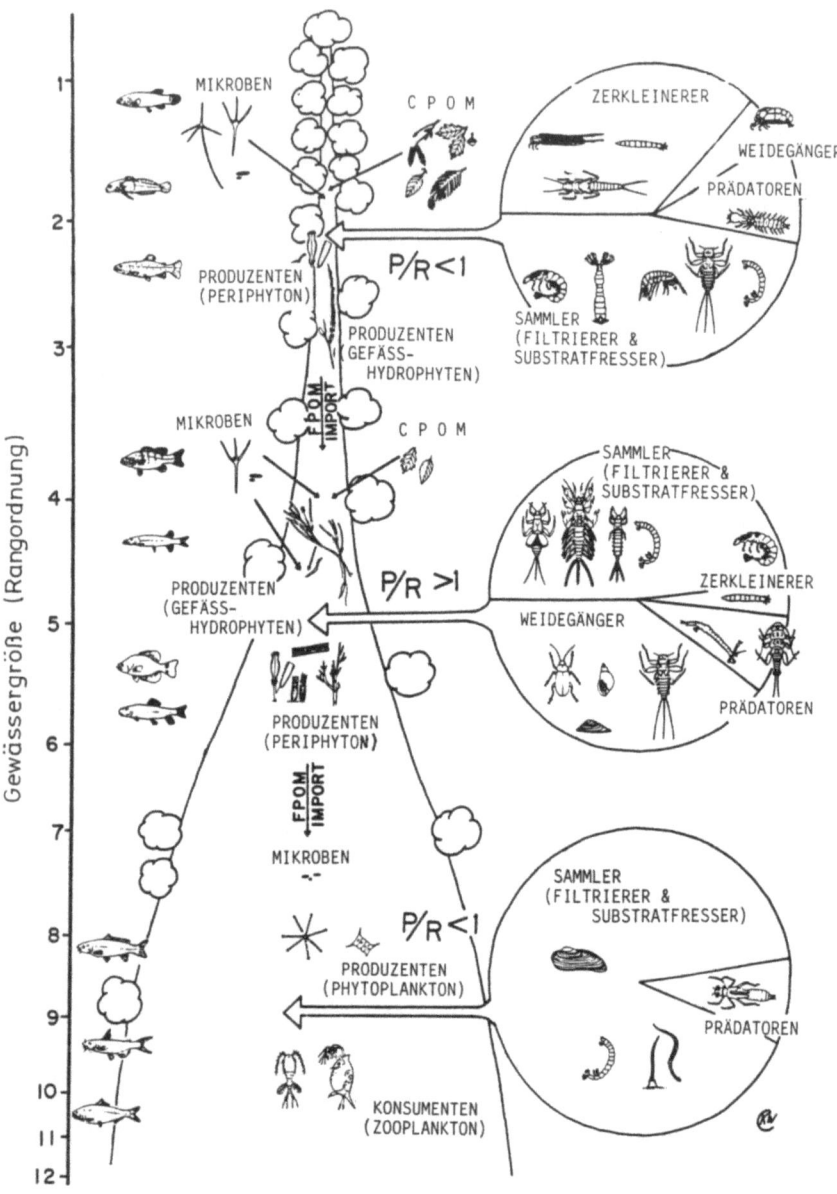

Respirationsquotient (P/R). Auch das River-Continuum-Konzept ist nicht global übertragbar, weil sich mit den Klima- und Vegetationsverhältnissen die Bedeutung der verschiedenen Ressourcen für den organischen Kohlenstoff verändert und damit auch die Abfolge der biozönotischen Typenspektren im Längsverlauf. Außerdem werden kontinuierliche Veränderungen der entscheidenden Parameter vorausgesetzt, doch sind Diskontinuitäten wie durchflossene Seen oder der mehrfache Wechsel gefällearmer und gefällereicher Abschnitte aufgrund der geologischen Situation (Statzner u. Higler 1985; Allanson et al. 1990) oft vorhanden. Die grundsätzliche Aussage, daß das Verhältnis der verschiedenen Produktionsformen und demgemäß die funktionelle Organisation der Biozönose jeweils spezifisch ist, bleibt davon unberührt. Wenn, wie auch in Mitteleuropa nicht selten, das Konzept angewendet werden darf, lassen sich Veränderungen des Stoffhaushalts durch Fremdeinflüsse, z.b. anthropogene Eutrophierung als Veränderung des Ernährungsspektrums und damit der Zusammensetzung der Biozönose registrieren.

5.3.3 Dynamik

Die stromabwärts gerichtete Wasserbewegung ist permanent mit dem Transport von Material und Organismen verbunden. Bezogen auf einen Abschnitt des Fließgewässers ergibt sich ein Import von stromaufwärts und ein Export stromabwärts bis zur Mündung in einen See oder das Meer. Der Lebensraum unterliegt damit stärker als in anderen Ökosyste-

---

Abb. 5.25. Veranschaulichung des Fließgewässerkontinuums nach dem „river continuum concept". Linke Skala: Gewässer 1, bis 12. Ordnung (orientiert am Mississippi, der im Mündungsbereich die Ordnungsziffer 12 erreicht). Kleine Gewässer sind heterotroph (P/R < 1) aufgrund der starken Beschattung durch die umgebende (Gehölz-)Vegetation, mittelgroße Gewässer sind autotroph (P/R > 1) aufgrund geringer Beschattung und meist klarem, relativ flachem Wasser. Im Unterlauf, mit tiefem, durch Schwebstoffe getrübtem Wasser, sinkt der P/R-Quotient wieder unter 1. Die Bedeutung des allochthonen Anteils an der Nahrung im Gewässer (CPOM = grobpartikuläres organisches Material) sinkt, der Anteil des FPOM (feinpartikluäres org. Mat.), das aus der Aufarbeitung des CPOM u.a. stammt, vom Fluß transportiert und im Unterlauf zunehmend sedimentiert wird, steigt. Dementsprechend ändert sich das Spektrum der Ernährungstypen [Zerkleinerer (= shredder), Weidegänger (= grazer), Sammler: Feinpartikelfresser (= collectors), Substratfresser und Seston-Filtrierer]. (Nach Cummins 1970, verändert)

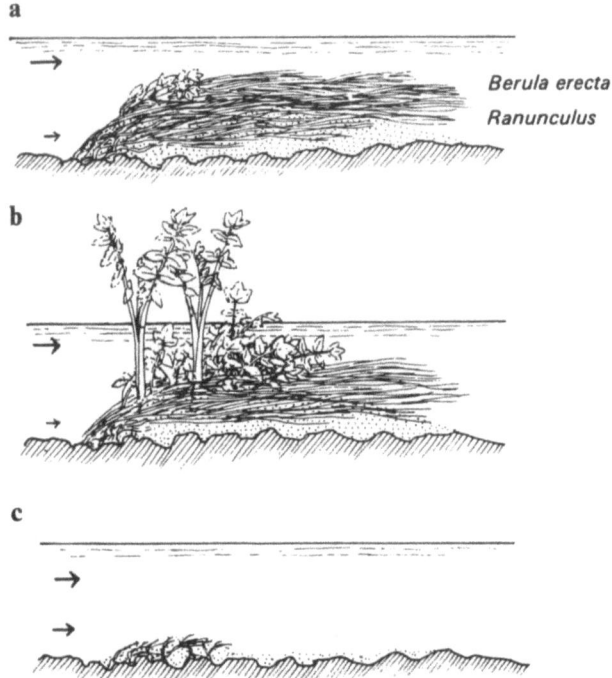

Abb. 5.26a–c. Veränderung des Makrophytenbestandes in einem Bach unter dem Einfluß von Strömung und Sedimentation. Die sekundär angesiedelte *Berula erecta* läßt den *Ranunculus*-Bestand durch Beschattung verkümmern (**a, b**). Durch den zunehmenden hydraulischen Widerstand des hochwachsenden Pflanzenbestandes setzt verstärkte Erosion ein. Pflanzen und zwischen ihnen angesammeltes Sediment werden weggespült. Die restlichen, tief wurzelnden Ranunculus-Sprosse treiben weiter aus (**c**). (Aus Haslam 1978, verändert)

men dauernder Veränderung, z.T. jahresperiodisch mit dem Wechsel der Klimafaktoren, nicht selten aber auch als zufälliges, nicht vorhersehbares Ereignis.

Sedimentation und Erosion beeinflussen die Verteilung der Makrophyten. Dabei verändern die Pflanzen ihrerseits die Strömung und damit die Sedimentverteilung. Infolgedessen ändert sich die Lage und Ausdehnung der Vegetationsinseln ständig (Abb. 5.26).

Die Drift

Auch bei Wasserführungen, bei denen das Substrat weitgehend stabil bleibt, werden lebende Organismen stromabwärts verfrachtet. In kleinen

Bächen driften regelmäßig benthische Diatomeen mit tagesperiodisch wechselnder Frequenz (Müller-Haeckel 1966). Sie stellen eine Nahrungsquelle für Filtrierer, aber auch ein Reservoir zur raschen Wiederbesiedlung nicht bewachsener Flächen dar. Die Drift vieler Vertreter des Makrozoobenthos, vor allem Gammariden, Ephemeropteren und andere Arthropoden, erreicht hohe Frequenzen (Müller 1966, 1974, Brittain u. Eikeland 1988). Der Driftvorgang entsteht bei verschiedenen Arten auf unterschiedliche Weise. *Baetis*-Larven (Ephemeroptera) suchen die Strömung aktiv auf (Kohler 1985). *Gammarus fossarum* kommt nachts in größerer Zahl aus den Verstecken, wandert auf dem Substrat umher und ist dort den hydraulischen Schleppkräften stärker ausgesetzt. Ein aktiver und ein passiver Anteil driftender Exemplare ist in diesem Fall nicht zu unterscheiden. Außerdem ist das Migrationsverhalten tags und nachts unterschiedlich und damit wahrscheinlich auch der Vorgang der Driftauslösung (Statzner u. Bittner 1983).

Die höchsten Driftraten treten in den Hauptwachstumsperioden der beteiligten Arten auf. Townsend u. Hildrew (1976) fanden in dem von ihnen untersuchten Bach, daß sich täglich ca. 2,6% der Benthoswirbellosen in die Drift begibt, mit erheblichen Unterschieden zwischen den Arten. Die zurückgelegten Strecken sind für den einzelnen Driftvorgang meist kurz, im Freiland in der Regel unter 2 m. Sie nehmen mit der Strömungsgeschwindigkeit zu. Eine hohe Abundanz ist nicht der eigentliche Auslöser für die Tiere, sich verstärkt der Strömung anzuvertrauen, sondern, zumindest bei manchen Ephemeropteren-Larven, Nahrungsmangel, der vermehrt lokomotorische Aktivität und auch Abschwimmen zur Folge hat. Die Drift ist demnach eine Form der Ausbreitung bei der Suche nach geeignetem Lebensraum. Sie enthält demgemäß auch den Produktionsüberschuß, der die Kapazität des Lebensraums übersteigt (Keller 1975, Bohle 1978, Kohler 1985). Erst wenn die Gewässersohle in Bewegung kommt, bei hohen Schleppkräften, erhöht sich der verdriftete Anteil der Organismen massiv aufgrund von „Unfällen". Auch ungewöhnlich niedrige Strömungsgeschwindigkeiten können erhöhte Aktivität einschließlich der Drift auslösen; wahrscheinlich ein Mechanismus, um lenitischen Bedingungen zu entkommen.

Der Driftverlauf zeigt fast immer einen tagesperiodischen Wechsel der Intensität, meist mit nächtlichem Maximum (Abb. 5.27). Dies könnte der Verringerung der Mortalität durch Fische dienen, weil diese ihre Beute optisch orten und sie ungeschützt, im freien Wasser treibend, leicht ergreifen können. In Europa sind es beispielsweise die Forellen, die diese Nahrungsquelle nutzen, mit maximalen Fangquoten in der Dämmerungsphase (Elliott 1973). Das Licht ist für die driftbereiten Insekten ein direkter Hemmfaktor, wie es die Wirkung von hellem

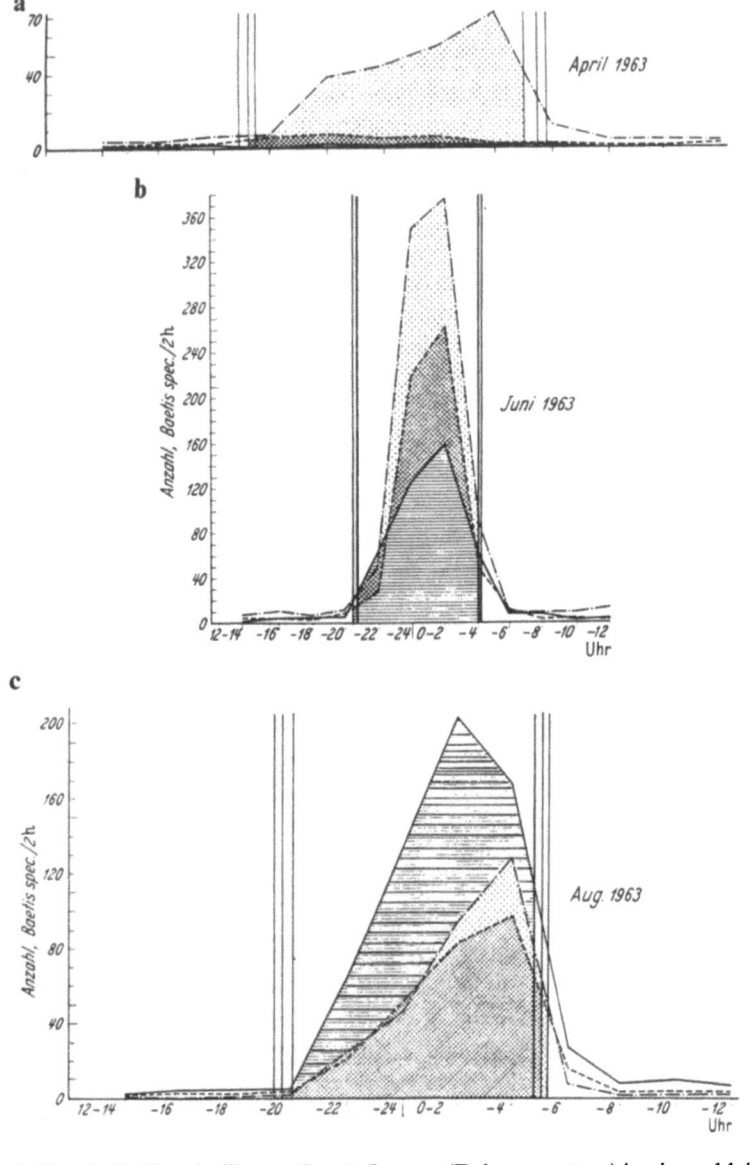

Abb. 5.27a–d. Driftperiodik von *Baetis*-Larven (Ephemeroptera) in einem kleinen Mittelgebirgsbach, jeweils für die 1. (durchgezogene Linie), 2. (kurz gestrichelte Linie) und 3. Dekade des Monats (lang gestrichelte Linie). Die senkrechten Linien markieren den mittleren Sonnenauf- bzw. Untergang der Dekade. (Aus Müller 1966)

Gliederung und Struktur der Fließgewässer

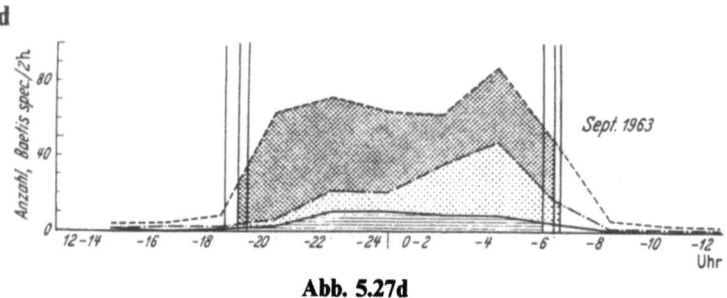

Abb. 5.27d

Mondlicht oder künstlicher Beleuchtung demonstriert. Beim Vergleich des Verhaltens von Ephemeropterenlarven südamerikanischer Bäche war das Driftminimum am Tage immer dann ausgeprägt, wenn driftfangende Fische dort lebten. Es fehlte in Bächen, in denen natürlicherweise diese Fischarten fehlten (Flecker 1992). Im Experiment beeinflußt bereits die Anwesenheit einer Koppe (*Cottus bairdi*) bei Tageslicht, nicht aber bei Dunkelheit das Verhalten von *Baetis*-Larven (Ephemeroptera) in typischer Weise, veranlaßt sie exponierte Substrate zu verlassen und Schlupfwinkel aufzusuchen (Kohler u. McPeek 1989). Ein derartiges Schutzverhalten wird in der Population am strengsten durch die großen Exemplare eingehalten, die auch am stärksten gefährdet sind, weil die Fische diese Nahrung größenselektiv erbeuten (Le Roy Poff et al. 1991).

Stromaufwärts gerichtete Verbreitung des Makrozoobenthos

Es wäre möglich, daß ein permanenter stromabwärts gerichteter Transport von Organismen zu einer nachhaltigen Ausdünnung stromaufwärts gelegener Populationen führt. Dies könnte, z.B. in Verbindung mit gelegentlichen lokalen Katastrophen, sogar zum Verschwinden von Arten aus Teilen ihres Siedlungsgebietes führen, wenn diese Verluste nicht ausgeglichen werden. Für die merolimnischen Insekten postulierte Müller (1982b) einen Ausgleich im Rahmen eines „Kolonisationszyklus" durch einen Rekolonisationsflug der Imagines zu den stromaufwärts gelegenen Zonen. Die dafür zu fordernde Präferenz der flußaufwarts gerichteten Ausbreitung flugaktiver Wasserinsekten ist vielfach nachgewiesen. Bei einigen Köcherfliegen sind es nur die zur Eiablage bereiten ♀, die über der Strommitte flußaufwärts fliegen, während ♂, unreife ♀ und ♀ nach der Eiablage keine bevorzugte Richtung erkennen lassen (Solem u. Bongard 1987). Für einige

Steinfliegenarten führte Zwick (1990) den Nachweis deutlich oberhalb des Schlüpfortes der Imagines gelegener bevorzugter Eiablageplätze. Dort fanden sich bei einigen Arten alle, bei anderen der überwiegende Teil der ablagebereiten ♀. Während sich bei den erwähnten Köcherfliegen, z.B. Arten der Gattung *Rhyacophila*, die Ausbreitung anscheinend unmittelbar am Gewässer orientiert, entfernen sich diese Plecopterenarten zunächst vom Schlüpfort und treffen nach einigen Wochen trotzdem am oberhalb gelegenen Eiablageplatz auf einem bisher unbekannten Weg ein. Einige von ihnen (*Leuctra prima, Siphonoperla torrentium*) nehmen in diesem Lebensabschnitt noch Nahrung auf und ermöglichen dadurch weitere Gewichtszunahme und die Gonadenreifung: Eine auf das Gewässer ausgerichtete Aktivität und ein Aufenthaltsort in seiner Nähe sind für diese Zeit daher nicht zu erwarten. In den Flußverlauf eingeschaltete Seen können die Wanderstrecke der Imagines unterbrechen. Am Seenausfluß entsteht ein Staueffekt, es bilden sich Ansammlungen von ♀ und es kommt zu vermehrter Eiablage und zu besonders hoher Larvendichte (Statzner 1978).

Auch die im Wasser lebenden Wirbellosen wandern stromaufwärts. Für hololimnische Arten, wie die Flohkrebse (*Gammarus*), die einzige Möglichkeit, stromaufwärts gelegene Abschnitte zu erreichen, ist diese Art der Ausbreitung aber auch bei Insektenlarven weit verbreitet. Für Ephemeropteren verschiedener Arten werden für das Freiland von Elliott (1971) Leistungen zwischen 0 und 6 m/Tag angegeben. Keller (1975) fand für *Ecdyonurus venosus* in einer Modellrinne mit einer Strömungsgeschwindigkeit von 30 bis 35 cm/s Maximalstrecken von – extrapoliert – 97 m in drei Stunden. Eine Abschätzung der Gesamtmenge ergab für einen Bach Maximalwerte von über 1600 wandernden Tieren pro Tag im April. Auf die Driftzahlen bezogen entsprach das für die verschiedenen Monate einem Anteil von 7 bis 38% (Elliott 1971). Die meisten Arten bevorzugen für die Aufwärtswanderung strömungsarme, häufig ufernahe Bereiche und die Nachtstunden (Söderström 1987). Mitteleuropäische *Gammarus fossarum* wandern ausschließlich zwischen Frühjahr und Herbst in der Zeit der Fortpflanzung und des stärksten Wachstums. Sie gleichen damit Verluste an besiedeltem Areal aus, die regelmäßig im Winter entstehen (Meijering 1980). Höhere Barrieren verhindern die Ausbreitung.

Die verschiedenen Ausbreitungsformen im und außerhalb des Wassers ergeben zusammen ein Potential, dessen Bedeutung bei der Wiederbesiedlung unbesiedelter Abschnitte erkennbar wird. Im Freiland können dies Rekolonisationen vorübergehend ausgetrockneter Teile sein, im Experiment künstlich ausgebrachte Substrate (Abb. 5.28). Im untersuchten

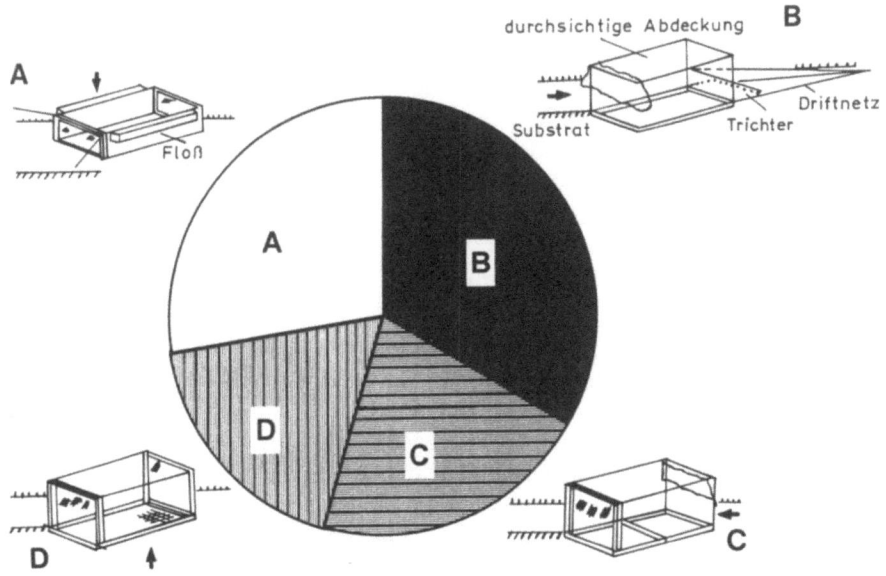

Abb. 5.28. Prozentualer Anteil bei der Kolonisation von im Bach exponierten Substratgefäßen: **A** aus der Luft (Anflug), **B** durch Drift, **C** durch Wanderung stromaufwärts, **D** von unten aus dem Substrat. (Aus Williams u. Hynes 1976, verändert)

Beispiel erweist sich die Drift als wichtigste Form der Wiederbesiedlung. In Bereichen ohne oberhalb gelegene Refugien, wie bei vorübergehend ausgetrockneten Quellbächen, treten die Aufwärtswanderung im Gewässer und die Begründung neuer Populationen aus dem terrestrischen Umfeld in den Vordergrund (Williams 1977). Für Gehäuse tragende Köcherfliegen ist die Aufwärtswanderung der wichtigste larvale Ausbreitungsmechanismus (Jone et al. 1977). Die Bedeutung der geschilderten Varianten der Ausbreitung im Lebensraum wechselt demnach je nach der ökologischen Situation und den jeweils betrachteten Organismen des Makrozoobenthos. Auch die Frage, ob der Kolonisationsflug der Wasserinsekten im Sinne des Müllerschen Modells zur Erhaltung der Populationen der jeweils oberhalb liegenden Gewässerabschnitte notwendig sei, ist nicht abschließend zu beantworten. Belegt ist z.b. für eine *Baëtis*-Population in einem arktischen Bach, daß ca. 30 bis 50% der im Oberlauf vorhandenen Tiere ausdriften, über eine Entfernung von mindestens 2 km für die Saison, daß aber andererseits die Aufwärtswanderung, vor allem durch die Imagines, dieselbe Größenordnung erreicht (Hershey et al. 1993). Unbekannt bleibt aber, wie groß die Zahl der Gelege sein muß, um den Bestand der Art im Herkunftsgebiet der driftenden Tiere langfristig zu sichern. Um sie abzuschätzen, wäre die wahrscheinlich hohe Mortalität während der Larven- und der Imaginalphase zu berücksichtigen. Im Falle zweier *Baëtis*-Arten Mitteleuropas liegt sie für jeden dieser Lebensabschnitte zwischen 91 und 99% (Wernecke u. Zwick 1992).

Der Einfluß wechselnder Wasserführung

Stärker als andere Lebensräume sind Fließgewässer durch wechselnde Intensität in der Wirkung abiotischer Faktoren geprägt. Es ist vor allem der Wechsel der Wasserführung der regelmäßig, jahresperiodisch, aber häufig auch zu einem unvorhersehbaren Zeitpunkt auftritt und durch direkte oder indirekte Auswirkungen die Fließgewässerökosysteme tiefgreifend beeinflußt. Die daraus resultierende Instabilität der Lebensbedingungen gehört zu den typischen Systemeigenschaften.

Wenn die Wasserführung erheblich unter Mittelwasserniveau abfällt, verändern sich einige Eigenschaften des Lebensraumes: Mit sinkendem Wasserstand verkleinert sich der benetzte zu Gunsten des emersen Anteils des Gewässerbetts. Im submersen Bereich dehnen sich lenitische auf Kosten von lotischen Zonen aus, die Schleppkraft des Wassers sinkt, so daß zunehmend Feinsubstrate sedimentieren, die vorhandene Lückensysteme abdichten. In den stagnierenden Restpfützen steigt die Temperaturamplitude und mit einer zunehmenden Algenentwicklung möglicherweise die Schwankung des Sauerstoffangebots. In einem reich strukturierten Flußbett bleibt in Kolken allerdings auch bei sinkendem Wasserstand noch lange ein Rückzugsraum ausreichender Wassertiefe, der z.B. von Fischen genutzt wird. Ungünstiger entwickelt sich die Situation für rheophile Tiere, denn die Ausdehnung kräftig überströmter Areale nimmt rasch ab: Dies trifft insbesondere das Makrozoobenthos, in dessen Biozönose euryöke Arten mit rascher Generationsfolge, wie manche Chironomiden, sich ausdehnen.

Anpassungen der limnischen Fauna an die Lebensbedingungen bei geringer Wasserführung gibt es in der Form aktiven Überlebens in stagnierenden Restgewässern oder auch durch das Überdauern ungünstiger Perioden im inaktiven Zustand. Zur ersten Gruppe gehören die Larven der Ephemeropterengattung *Siphlonurus*, die für die Entwicklung älterer Stadien Resttümpel im Mittelwasserbereich und ähnliche lenitische Biotope bevorzugen. Den Schwierigkeiten bei der Atemwasserversorgung tragen sie durch aktive Ventilation der auffallend großen Kiemenblätter

Rechnung (Eriksen u. Moeur 1990). Eine Strategie zum inaktiven Überdauern besitzen die Larven von *Hydropsyche contubernalis* (Trichoptera). Geraten sie in Bereiche oberhalb des Wasserspiegels, ziehen sie sich in feuchte Höhlungen zurück, wo sie bei Lufttemperaturen bis über 30 °C bis zu vier Wochen überleben (Becker 1987).

Periodisch trocken fallende Fließgewässer treten immer dann auf, wenn eine permanente Schüttung durch das Grundwasserangebot nicht möglich ist. In der gemäßigten Klimazone mit Regen zu allen Jahreszeiten entsteht diese Situation vor allem im Sommer, wenn auf Grund der erhöhten Evapotranspiration die Grundwasserneubildung weitgehend ausfällt, besonders häufig dort, wo ausreichender unterirdischer Abfluß besteht, wie im Karst. Verbreitet sind solche intermittierenden Fließgewässer naturgemäß in ariden Klimaten. Die Besiedlung dieser Lebensräume während der limnischen Phase führt Organismen unterschiedlicher Anpassungsformen zusammen. Einige typische Beispiele zeigt Abb. 5.29. In der Regel geht der Phase vollständiger Austrocknung eine Situation voraus, in der statt lotischer lenitische Bedingungen herrschen: Das Gewässer ist für einige Wochen auf einige Kolke und Pfützen reduziert. Aus diesem Grund gehören Stillwasser bevorzugende oder tolerierende Tiere zur typischen Fauna (Williams u. Hynes 1977). Die Wiederbesiedlung nach der Beendigung der Austrocknung kann auf verschiedenen Wegen geschehen, wobei sich die Schwergewichte je nach der klimatischen Situation unterschiedlich ausbilden: In warmen, ariden Gebieten scheint die Wiederbesiedlung auf dem Luftweg vorzuherrschen (Harrison 1966, zit. nach Hynes 1970) (vgl. S. 212). Im Klima mittlerer Breiten, wo bei wiedereinsetzender Wasserführung im Spätherbst niedrige Temperaturen die Ausbreitungsflüge der Insekten stark einschränken, erscheinen zunächst Arten, die am Ort in Ruhestadien überdauerten. Der Unsicherheit wechselnder winterlicher Wasserführung kann durch eine zeitlich gestreckte Schlüpfperiode der Eilarven begegnet werden, wie bei Siphlonurus-Arten (Ephemeroptera), deren Schlüpfzeit vom Herbst bis zum Frühjahr dauert. Die Larven überleben eine Austrocknung nicht (Bretschko 1990). Während der Fließwasserphase im Frühjahr können zusätzlich manche Opportunisten mit rascher Entwicklung, insbesondere manche Dipteren, Larvenpopulationen aufbauen (Williams 1987). Zu den Opportunisten gehören auch Wasserkäfer, deren Imagines die stagnierenden Restgewässer zum Nahrungserwerb aufsuchen, sie jedoch nicht als Brutgewässer nutzen.

Die wechselnde Wasserführung läßt auch in permanent fließenden Gewässern Uferbereiche, Kies- und Sandbänke regelmäßig und über längere Zeit trocken fallen. Sie bilden in schotterreichen Flüssen, z.B. des Voralpenlandes, ausgedehnte, meist vegetationslose oder nur schütter

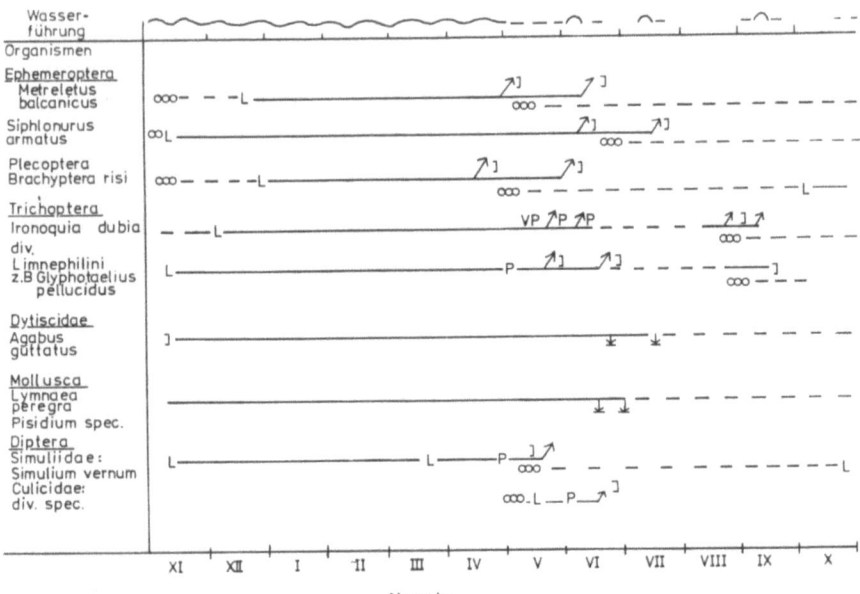

Abb. 5.29. Anpassungen der Entwicklungszyklen an die Lebensbedingungen sommertrockener Bäche in Mitteleuropa. Geschlängelte Linie: permanente Wasserführung; gestrichelte Linie: Unterbrechung der Wasserführung. I, Imagines; VP, Vorpuppe; P, Puppe; L, Larve. Kreise: Eiablage, ↗ Verlassen des Wassers, ↓ Vergraben im Bachsubstrat. Zur Darstellung des Entwicklungszyklus: durchgezogene Linie: aktive Stadien, gestrichelte Linie: Dormanzstadien (Bohle et al., unveröffentlicht; Timm 1993)

bewachsene Flächen. Dort siedelt sich in der Überwasserphase eine artenreiche terrestrische Fauna an, deren Lebensablauf stark vom Gewässer beeinflußt wird. Da in diesen Lebensräumen die autochthone Primärproduktion ohne Bedeutung bleibt, lebt dort eine (fast) reine Konsumentengesellschaft, die das organische Material umsetzt, das aus dem terrestrischen Umfeld eingetragen oder mit den Überschwemmungen abgelagert wird und aus der Emergenz der limnischen Fauna stammen kann. Die Lage über dem Wasserspiegel verbessert die Belüftung in dem lückenreichen Substrat gegenüber der submersen Situation, andererseits ist eine ausreichende kapillare Wasserversorgung im Untergrund immer vorhanden. Aufgrund der geringen Vegetationsbedeckung treten mit intensiver Sonneneinstrahlung zeitweilig relativ hohe Temperaturen an der Substratoberfläche auf, die die Ansiedlung wärmeliebender Faunenelemente ermöglichen, wie die Heuschrecke *Bryodema tuberculata*, deren

Hauptverbreitungsgebiet in den kontinentalen Steppen Osteuropas liegt (Reich 1991). Die Primärkonsumenten sind durch Oligochaeten, Collembolen, Milben, diverse Dipterenlarven und andere Insekten, die Carnivoren vor allem durch Laufkäfer (Carabidae), Ameisen und Spinnen vertreten. Viele der terrestrischen Bewohner überdauern die Überschwemmungsphasen im Lückensystem. Andere weichen aus und verlassen- nötigenfalls das Gebiet, vor allem zur Überwinterung, wie nachweislich mindestens der größte Teil der Carabiden. Über die ökologische Rolle dieser Biozönosen des Wasserwechselbereichs als Teil des Gewässerökosystems, über die Leistungen im Rahmen des Stoffhaushalts sowie über die Autökologie der beteiligten Organismen ist bisher wenig bekannt (Bohle u. Engel-Methfessel 1993).

Die Auswirkungen von Hochwässern

Mit zunehmender Wasserführung steigt die Belastung im Benthal sowohl durch die direkte Wirkung der hydraulischen Kräfte als auch indirekt durch den vermehrten Sedimenttransport. So lange die Sohle nicht umgelagert wird, tritt nur eine begrenzte Verdriftung des Makrozoobenthos auf. Die Intensität der Drift der Organismen sinkt mit dem Angebot geeigneter Refugien. In Experimenten erwiesen sich sowohl Lückenräume im Kiessubstrat als auch zwischen Holzstücken als geeignet, mindestens für die untersuchten Arten, *Gammarus pulex* (Amphipoda) und *Ephemerella ignita* (Ephemeroptera) (Borchardt 1993). Die Ablagerung von Feinsediment kann die Kapazität des Lückensystems erheblich verringern. Gewöhnlich strömungsexponiert lebende Tiere erreichen die Refugien durch – manchmal verlustreichen – Ortswechsel, wie die Larven der Glossosomatiden (Trichoptera), die oft in großer Dichte den Algenaufwuchs von Steinen abweiden. Bei Hochwasser weichen sie in strömungsärmere, leewärts oder ufernah gelegene Bereiche aus, lange bevor eine strömungsbedingte Verlagerung ihrer Siedlungssubstrate beginnt. Nach dem Abklingen der Streßsituation werden die verlassenen Steine rasch wiederbesiedelt, jedoch ohne die vorherige Abundanz wieder zu erreichen. Auch Jones et al. (1977) fanden für mehrere Köcherfliegenarten nachhaltige Populationseinbrüche nach einem Hochwasser.

Tiefgreifende Veränderungen entstehen, wenn die Sohlsubstrate umfassend umgelagert werden. Die Folgen zeigen sich in der Veränderung der Habitatsruktur, der Abschwemmung der Detritusammlungen, dem Abtrag des Aufwuchses und einer starken Dezimierung des Makrozoobenthos und häufig auch der Fische.

Die Hochwasseranpassungen bei Fischen mag ein Beispiel aus einem extremen Lebensraum illustrieren. In ariden Gebieten der Subtropen und Tropen fallen die Niederschläge oft in Form relativ kurzer aber heftiger Schauer, die rasch ansteigende, hohe Flutwellen entstehen lassen. Die Erosion im Gewässer und die Denudation der spärlich bewachsenen umgebenden Sandflächen führen zu einer hohen Sedimentfracht des Stroms und zu intensiver Trübung des Wassers und zur Zerstörung der vorher vorhandenen Habitatstrukturen. Die Trübung des Wassers führt zu Orientierungsschwierigkeiten, die hohe hydraulische Belastung verbunden mit der mechanischen, reibenden Wirkung der mitgeführten Sandkörner erhöht den Streß. Die Fische solcher Flüsse in den Trockengebieten des westlichen Nordamerika besitzen häufig einen spindelförmigen Körper mit einem schlanken, verlängerten Schwanzbereich und erbringen hohe Schwimmleistungen. Wegen der Seltenheit stabiler Substrate fehlen Organe zum Festhalten oder Festsaugen. Stattdessen ist der Körper bei manchen Arten ventral abgeplattet, der Kopf breit; die Brustflossen sind groß und werden horizontal ausgebreitet, so daß ihr Träger von der Strömung nach unten gedrückt wird. Manche Cypriniden besitzen frei driftende Eier (z.B. *Notropis girardi*), die der Gefahr entgehen, im treibenden Sand begraben zu werden. Sie entwickeln sich rasch, innerhalb von 3 bis 4 Tagen, so daß sie trotz dieser für Fließgewässerbewohner ungewöhnlichen Form der Eideposition nicht übermäßig in ungünstige Flußabschnitte verdriftet werden. Für die Orientierung im trüben Milieu sind besonders leistungsfähige Tastorgane auf Barteln, Lippen und Brustflossen ausgebildet. Die Augen spielen nachweislich bei der Nahrungssuche keine Rolle und sind oft klein und wenig differenziert. Gegen den Abrieb durch driftende Partikel wird die Haut dick und ledrig, die Schuppen sind oft reduziert. Strömungsexponierte Körperteile sind besonders robust ausgebildet. Die Fischbiozönosen dieser Flüsse sind reich an Endemiten beispielsweise im Colorado-Flußsystem der USA. Die Anpassungstypen gibt es inverschiedenen Verwandschaftsgruppen, unter konvergenter Ausbildung sehr ähnlicher Formen. Andererseits entstanden in einer Gruppe nahe verwandter Arten wie der Cyprinidengattung *Gila* unterschiedliche Gestalt- und Anpassungsformen (Deacon u. Minckley 1974).

Die Wiederbesiedlung nach Störungen

Die durch Hochwässer ausgeräumten Bereiche werden in der Regel rasch wieder besiedelt. Die Verbreitung durch die Drift, die ein fast permanent vorhandenes Besiedlerpotential heranbringt, aber auch die Zuwanderung aus Refugien innerhalb oder unterhalb des gestörten Gewässerabschnitts oder bei Insekten über den Luftweg ermöglichen dies. Im ungestörten Lebensraum scheint natürlicherweise ein großes Potential für die Wiederbesiedlung zu existieren. So fanden Townsend und Hildrew (1977), daß die Abundanz der Beutetiere der carnivoren Köcherfliege *Plectrocnemia conspersa* nicht abnahm, obgleich ein Vielfaches des jeweils nachweisbaren Bestandes gefressen wurde. Nach starken Dezimierungen der Besiedlungsdichte bzw. erheblichen Veränderungen der Bettstruktur durch Hochwasser oder ähnlich wirksame, katastrophenartige Ereignisse unterscheidet sich die nachfolgende Biozönose aber meist deutlich, weil das Besiedlerpotential verändert wurde. Am Anfang der dann beginnenden Sukzession stehen beispielsweise Insektenarten die zu dem Zeitpunkt als Imagines die Erstbesiedlergeneration begründen können. Bevorzugt sind es Taxa mit hohen Vermehrungsraten und kurzer Generationszeit, wie manche Chironomiden (Zwick 1992). Auch nachhaltig, über mehrere Jahre wirksame Veränderungen der Struktur der Biozönose sind beobachtet worden, wie nach einer Folge mehrerer sommerlicher Hochwässer (Giller et al. 1991): Es veränderte sich langfristig vor allem das Dominanz-, nicht das Artenspektrum, die Detritusfresser und Zerkleinerer als typische Besiedler lenitischer Habitate hatten die stärksten Bestandseinbußen. Ursache der lang anhaltenden Veränderungen könnten Zerstörungen der Mikrohabitatstruktur und eine verringerte Rückhaltekapazität für das partikuläre organische Material sein.

Die Bedeutung der verschiedenen im Gewässer gelegenen Refugien für die Wiederbesiedlung ist bisher nicht abzuschätzen. In grobklückigen Substraten dürfte das hyporheische Interstitial als Rückzugsraum für das Benthos und als Reservoir für die Wiederbesiedlung nach Katastrophen wichtig sein. Besonders im Einstrombereich des Oberflächenwassers dringen Benthosorganismen relativ weit und regelmäßig ein. Auch läßt sich bei Hochwasser das Vordringen von Tieren der Gewässersohle und das Zurückweichen von Grundwassertieren im Interstitial beobachten (Marmonier u. Creuzé des Chatelliers 1991; Dole-Olivier u. Marmonier 1992). In feinkörnigen Substraten scheint es dagegen diesen Rückzugsweg nicht zu geben, denn nicht einmal für Kleinformen wie Copepoden und Ostracoden ließ sich bei Hochwasser eine vertikale Ausweichbewegung nachweisen. Die Tiere wurden verdriftet (Palmer et al. 1992).

Interaktionen zwischen den Arten

Obgleich die abiotischen Faktoren in Fließgewässern besonders intensiv die ökologische Situation beeinflussen, sind die Auswirkungen von Konkurrenz, Räuber-Beute-Beziehungen und anderen Formen der Interaktion zwischen Organismen deutlich im Ökosystem erkennbar. Um Konkurrenzausschluß handelt es sich wahrscheinlich bei der Abfolge von Arten desselben Lebensformtyps in Sukzessionen. So fanden Ladle et al. (1985), daß künstliche Freilandgerinne rasch von der Chironomide *Orthocladus calvus* besiedelt wurden, einer Art, die im Untersuchungsgebiet bis dahin unbekannt war. Nach ca. 20 Tagen folgten die üblichen Chironomidenarten eines nahe gelegenen Baches und verdrängten den Erstbesiedler. Fische als Konkurrenten sind häufig den Wirbellosen des gleichen Ernährungstyps überlegen: Der nordamerikanische Algenfresser *Campostoma anomalum* (Cyprinidae) monopolisiert diese Ressource und verringert die Populationsstärke des Flußkrebses *Orconectes virilis*. Er stellt gleichzeitig ein Beispiel für die indirekte Förderung eines anderen Algenfressers, der Schnecke *Physella virgata*, deren spezifische Weidegründe durch den Fisch frei gelegt werden (Vaughn et al. 1993).

Räuber als Spitzen-Konsumenten der Nahrungspyramide beeinflussen die Struktur der Biozönose vielfältig durch direkte und indirekte Wirkungen. Wenn Fische fehlen, können wirbellose Prädatoren dominant werden, wie die Larven der netzbauenden Köcherfliege *Plectrocnemia* in Quellbächen: In Zonen, wo Forellen eindringen, wird ihre Population durch Fraß stark dezimiert und das Beutespektrum weitgehend übernommen (Schofield et al. 1988). Das Vorhandensein der Fische im Lebensraum veranlaßt Wirbellose zu Verhaltensänderungen, die primär der Gefahrenminderung dienen, aber zusätzlich die Möglichkeit zu anderen Aktivitäten verringern (Peckarsky 1980). So vermuten Kohler u. McPeek (1989), daß die häufige Störung des Weidegangs von Baetis-Larven durch Koppen (*Cottus*, Cottidae) die Weidezeit erheblich einschränkt und dadurch den Konkurrenten, die Larven der Köcherfliege *Glossosoma nigrior*, indirekt fördert, weil diese die Nahrungsaufnahme auch bei Anwesenheit der Fische nicht einstellen. Ein deutlicher Einfluß auf die Populationsstruktur konnte für die Plecoptere *Paragnetina media* (Perlidae) nachgewiesen werden: Unter dem Einfluß von Regenbogenforellen wird nicht nur die Abundanz der Steinfliege reduziert, sondern die verbleibenden Larven sind kleiner und von schlechterer Kondition (Verhältnis Gewicht/Kopfbreite). Die Veränderungen erklären sich nur zum Teil als direkte Folge der Predation unter Bevorzugung großer Beutetiere, denn die Anwesenheit der Räuber erhöht zusätzlich die lokomotorische Aktivität mit der Tendenz zu vermehrter Abwanderung und verringert die Möglichkeit zu ungestörter Nahrungsaufnahme. Die resultierende schlechte Kondition der erwachsenen Larven vermindert die Fertilität der ♀ um ca. ein Drittel (Feldmate u. Williams 1991).

Auch manche Räuber-Beute-Beziehungen unter Insekten haben, wie mehrfach gezeigt wurde, Auswirkungen auf den unteren trophischen Niveaus. Man darf daher annehmen, daß die Effizienz des Nahrungserwerbs von Primärkonsumenten durch solche „Top-down"-Effekte vielfach beeinflußt wird, sei es durch Dezimierung des Bestandes, sei es durch Veränderung der Habitatstruktur (z.B. Malmquist 1993; Englund 1993).

Modellkonzepte über Fließgewässerökosysteme

Das „River Continuum Concept" (vgl. S. 87) beschreibt die Fließgewässer als Ökosysteme, die sich stromabwärts sowohl biozönotisch als auch im Stoffhaushalt kontinuierlich verändern. In ihm leisten die Benthosorganismen als Akteure verhältnismäßig ortsfest ihren Beitrag. Die vorhergehenden Ausführungen lassen erkennen, daß das fließende Wasser nicht nur als Transportmedium für Stoffe und Organismen dient, sondern regelmäßig und zum Teil unperiodisch den Lebensraum tiefgreifend umformt.

Diskontinuitäten, Unterbrechungen des gleichförmigen Ablaufs der Entwicklung zu einem klimaxartigen Endstadium, sind die Voraussetzung für eine hohe Dynamik im Ökosystem. Bei einem Vorherrschen derartiger exogener „Störungen" des kontinuierlichen Ablaufs werden die Prozesse im Ökosystem wesentlich von außen gesteuert, endogene Vorgänge, entstanden aus Interaktionen zwischen den Organismen der Biozönose haben einen geringeren Rang. Die Störung („disturbance") wird von Townsend (1989) definiert als „any relative discrete event in time that removes organisms and opens up space which can be colonized by individuals of the same or different species". Die Störung eröffnet die Möglichkeit einer neuen Entwicklung mit möglicherweise anderem Verlauf. Ihre Bedeutung wird durch das folgende Zitat charakterisiert: „Relative infrequent events have a large role in shaping community structure – particularly when establishment of new individuals is rare relative to life span of dominant organisms" (Pickett u. White 1985). Für die Auswirkung der Störung spielt ihre Frequenz im Verhältnis zu der Dauer des Entwicklungsablaufs der Organismen sowie der Zeitpunkt im Rahmen des Entwicklungszyklus eine Rolle (Resh et al. 1988; Connell 1978).

Störungen verändern das Mosaik der Teillebensräume, es entstehen Einbrüche in das System der räumlichen Heterogenität. Das „Patch dynamic concept" (Pickett u. White 1985; Townsend 1989) betrachtet das Fließgewässer als ein Mosaik unterschiedlich strukturierter Teilbereiche mit ihren spezifischen Organismengemeinschaften, das räumlich-zeitlichen Veränderungen unterworfen ist und dadurch eine Vielfalt an Habitaten

Tabelle 5.5. Prozentuale Zusammensetzung der Invertebratenfauna des oberen River Derwent (England) im Frühling neun aufeinander folgender Jahre. Berücksichtigt wurden nur Taxa, die wenigstens einmal über 10% erreichten. (Nach Daten aus Hynes 1970)

	1955	1956	1957	1958	1959	1960	1961	1962	1963
Plecoptera									
Amphinemura sulcicollis	11,1	24,3	17,9	19,2	3,8	9,6	0,2	0,1	9,6
Ephemeroptera									
Rhithrogena semicolorata	34,5	21,8	15,8	40,1	7,0	13,7	+[a]	0,1	0,2
Baetis 2 spp.	7,8	5,1	35,6	5,6	13,8	3,9	84,0	65,7	44,3
Coleoptera									
Esolus parallelopipedus	11,8	2,4	3,3	1,5	12,3	14,1	9,1	17,8	10,7
Diptera									
Orthocladiinae spp.	15,6	14,8	3,4	6,3	25,7	10,9	0,5	2,7	9,7
Trichoptera									
Hydropsyche, 2 spp.	0	0,8	3,6	9,6	7,1	17,3	0	0	0,6
Gesamtzahl der Tiere	2154	2264	3239	1034	2901	1167	5295	1974	1245

[a] + = < 0,05%

immer neu entstehen läßt. Daraus ergibt sich die Offenheit für häufige Wiederbesiedlungen mit darauf folgenden mehr oder weniger weit fortschreitenden Sukzessionen in den entstehenden Biozönosen, Grundlage einer hohen Organismendiversität. Da die Störungen langfristig regelhaft auftreten, bleibt die Zusammensetzung der Biozönosen in größeren Gewässerabschnitten und über den Zeitraum mehrerer Jahre betrachtet weitgehend gleich. Von Jahr zu Jahr treten dagegen in der Regel erhebliche Veränderungen auf, vor allem in den Dominanzspektren der Arten (Tabelle 5.5). Nur aufgrund der langfristig wenig veränderlichen Zusammensetzung der für das jeweilige Gewässer spezifischen Lebensgemeinschaft ist eine faunistisch oder floristisch begründete Typisierung möglich. So konnten Armitage et al. (1987) nach umfangreichen Erhebungen in britischen Bächen ein System erarbeiten, das mit Hilfe von fünf abiotischen Parametern eine relativ genaue Prognose der zu erwartenden Fauna gestattet.

Die Bedeutung räumlicher Diskontinuitäten in der Form permanenter Unterbrechungen des Längsverlaufs durch Querriegel wird durch das „Serial discontinuity concept" hervorgehoben. Durch die Unterbrechung der lotischen Bedingungen im Rückstaubereich von Dämmen, Felsriegeln oder dergleichen entstehen Veränderungen des Ökosystems, die sich auch unterhalb des Riegels im wieder frei strömenden Wasser auswirken. Folgen derartige Stauzonen zu nahe aufeinander, können sich die typischen lotischen Organismengemeinschaften nicht dauerhaft etablieren, die Diskontinuitätsdistanz ist zu kurz (Ward u. Stanford 1983). Dies Konzept bekommt vor allem im Zusammenhang mit künstlichen Stauhaltungen seine Bedeutung. Allerdings fehlen noch ausreichend konkrete Daten, um die Länge der Diskontinuitätsdistanzen abschätzen und das Konzept umsetzen zu können.

5.3.4 Die Flußauen

Im Gebiet der Talsohle bildet sich die Aue im Bereich der regelmäßigen Überschwemmungen und der damit verbundenen Sedimentation des Flusses. Sie ist im natürlichen Zustand ein Lebensraum, der neben dem Hauptstrom Altwässer und in der Aue austretende, grundwassergespeiste Bäche, die „Gießen", enthält. Ursprüngliche Vegetationsform sind die Auwälder, soweit die Strömungs- und Substratverhältnisse die Waldbildung zulassen. Das Ausmaß der Sedimentation hat unter dem Einfluß der Waldrodung des Menschen stark zugenommen und die Zusammensetzung der Sedimente veränderte sich. Im Einzugsgebiet des Potamac (USA) hat eine Reduktion des Waldanteils von 80 auf ca. 20% der Landfläche zu einer Vermehrung der Sedimentmenge um den Faktor 8 geführt (Keller 1963, zit. n. Junk u. Welcomme 1990). In Mitteleuropa verstärkte sich der Anteil der Feinsedimente seit dem Beginn der mittelalterlichen Siedlungserweiterung so stark, daß damit die verbreitete Auelehmbildung einsetzte (Ellenberg 1986). Die Ausdehnung und Struktur der Aue wechselt je nach Art der Talbildung, dem Gefälle und der Wasserführung. Die Verteilung der Baumarten in den Auwäldern ist vor allem von der Überschwemmungsdauer abhängig (Abb. 5.30a, b).

Den Wasserstandsschwankungen im Strom folgen die Nebengewässer, eventuell zeitlich verzögert oder mit geringerer Amplitude. Bei Hochwasser werden auch diejenigen durchspült, die keine offene Verbindung zum Strom besitzen. Die Besiedler der Auengewässer müssen diesem Wechsel der Lebensbedingungen angepaßt sein. Die Stechmücken der Gattung Aedes legen die Eier im Schlamm oberhalb der Wasserlinie ab. Die Larven schlüpfen nach Benetzung, wenn der Wasserstand dies zuläßt, und entwickeln sich innerhalb weniger Tage bis zur Imago. Kurze Entwicklungszeiten sind in diesem Lebensraum auch für viele andere Insektenarten charakteristisch. Die Wirbeltiere der heimischen Auengewässer leben alle auch in anderen Kleingewässern. Ob die Auen ihnen besonders günstige Entwicklungsbedingungen boten, ist heute kaum noch zu rekonstruieren. Unter den Amphibien gehören die Kreuzkröte, ein Spezialist für astatische Kleingewässer, und wohl auch der Laubfrosch in diese Gruppe (Gerken 1988), unter den Fischen Bitterling (Rhodeus amara) und Moderlieschen (Leucaspius delineatus). Hinzu kommen Fischarten, die verhältnismäßig austrocknungsresistent sind und zeitweiligen Sauerstoffmangel des Wassers tolerieren können: Die Karausche (Carassius carassius) und der Schlammpeitzger (Misgurnus fossilis). Sie bevorzugen dementsprechend die schlammigen Bereiche (Lauterborn 1916, 1917, 1918).

Die Wechselbeziehungen zwischen der Aue und dem Strom haben eine große Bedeutung für die Ökologie großer Flüsse (Fittkau u. Reiss 1983). In den ausgedehnten Auen der Ströme der gemäßigten Klimazone lagen

---

Abb. 5.30a–d. Überschwemmungsbereiche großer Ströme. **a** Verteilung von Pflanzengesellschaften in einer mitteleuropäischen Stromaue, darüber die mittlere Überschwemmungsdauer. **b** Überflutungstoleranz einiger Baumarten für den Sommer (So), ganzjährig (**a**) maximal (Max). (Aus Gerken, 1988, verändert.) Überschwemmungsbereiche des Amazonas. **c** Fläche des Überschwemmungsgebietes. (Aus Petrere 1983). **d** Querprofil des Überschwemmungsgebietes. Die horizontalen Linien zeigen die Amplitude der Wasserstandsschwankung. (Nach Sioli 1964, verändert)

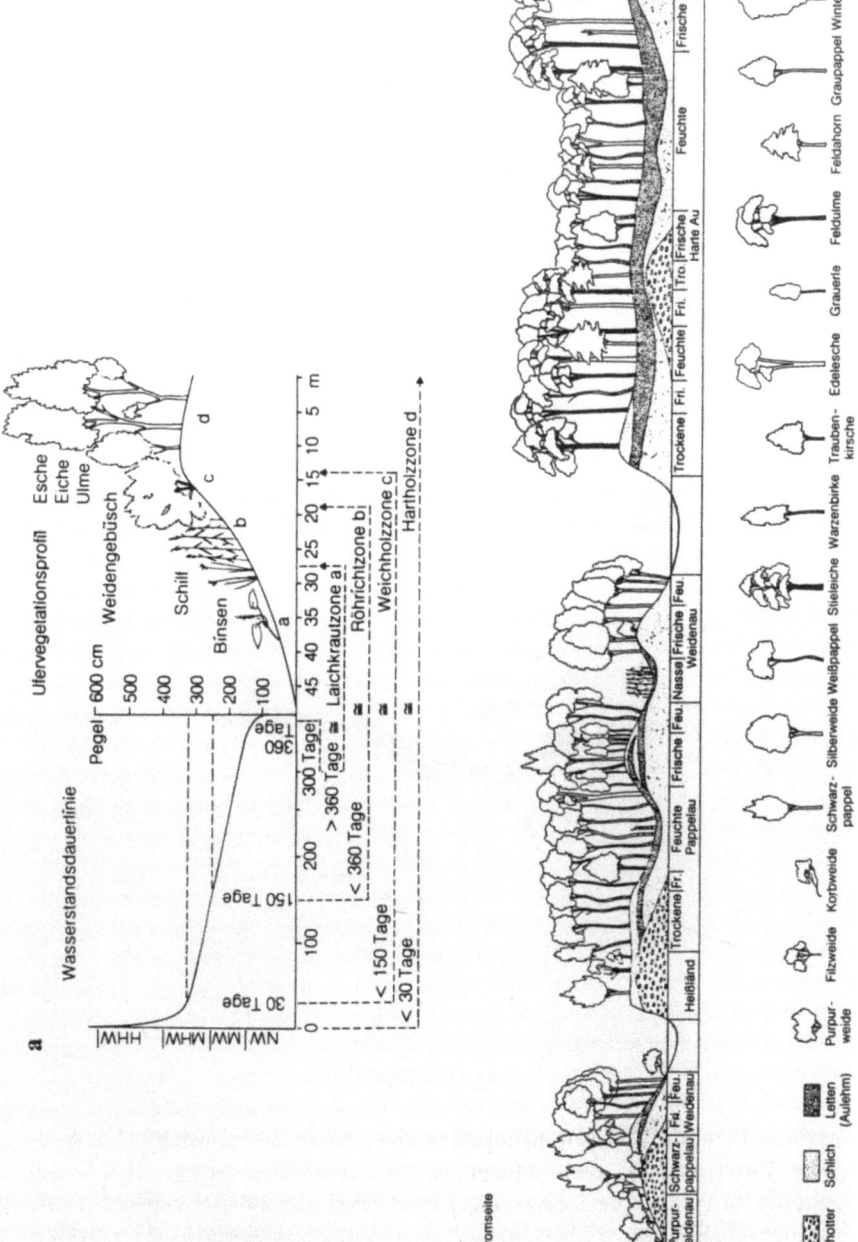

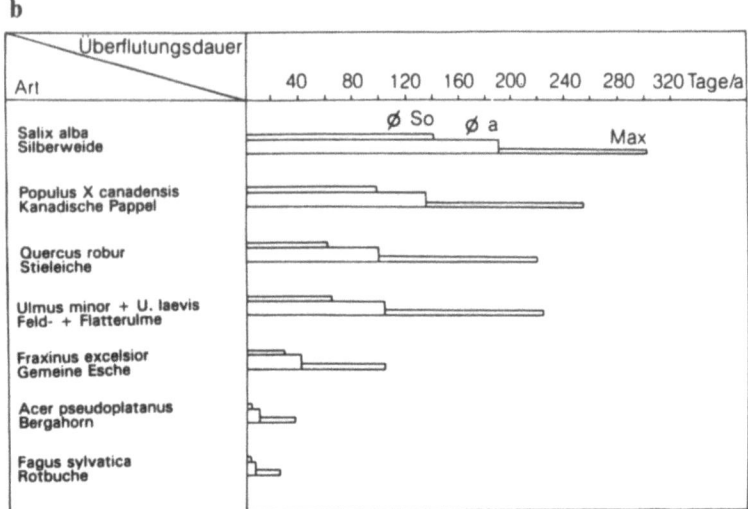

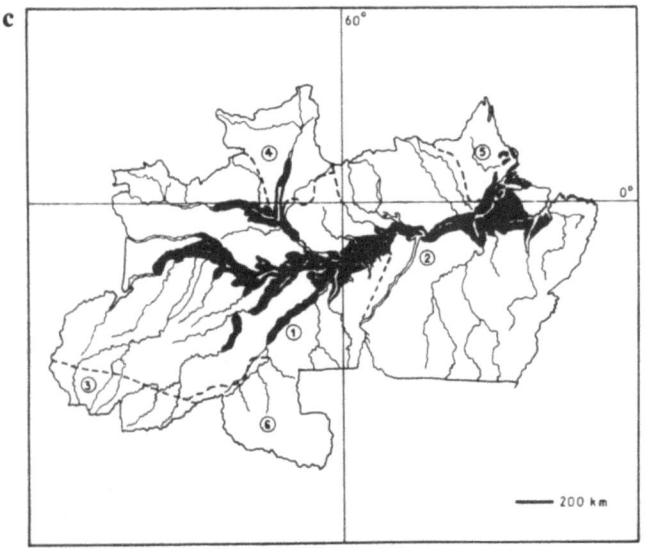

Abb. 5.30b, c

ursprünglich die Hauptnahrungsbereiche zahlreicher -Fische. Heute ist diese Situation nur noch schwer zu rekonstruieren. Antipa (1925) beschreibt für die untere Donau die Einwanderung großer Fischschwärme mit den Hochwasserschüben in die Aue. Darunter befanden sich wirtschaft-

Gliederung und Struktur der Fließgewässer

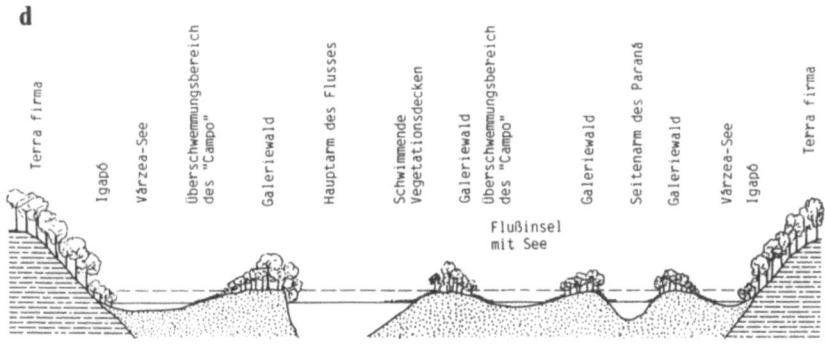

Abb. 5.30d

lich wichtige Arten wie der Karpfen. Nur das reiche Nahrungsangebot in den Überschwemmungsgebieten einschließlich der Altwässer ermöglichte ein rasches Wachstum. Auch die hohen Fischerträge früherer Zeiten in Mitteleuropa sind, soweit sie nicht die anadromen Arten betreffen, wahrscheinlich Ausdruck der hohen Produktivität des Auen-Stromverbundes. Für die Weser schätzen Schuchhard et al. (1985) den Fischertrag für die Zeit vor dem Flußausbau auf 200 kg/ha. Heute dürfte der Ertrag bei 50 kg/ha liegen. Für den Rhein gibt es ähnliche Schätzwerte. Der Reproduktionserfolg und das Wachstum der Fischarten sind in der gemäßigten Klimazone vom Zeitpunkt und der Dauer der Überschwemmung abhängig, die je nach Witterung von Jahr zu Jahr unterschiedlich sein können. Sowohl das Nahrungsangebot für die laichreifen Tiere und die Jungfische als auch das Potential an Laichplätzen zur artspezifischen Laichzeit und die ausreichende Dauer der Überschwemmung bis zur Rückwanderung der Jungfische in den Strom beeinflussen das Ergebnis (Finger et al. 1987). Überschwemmungen im Winter, bei uns im Mittelgebirge und Tiefland nicht selten, können wegen der niedrigen Temperaturen von den Fischen kaum genutzt werden.

Unter den europäischen Süßwasserfischen bevorzugt der Hecht die vom Frühjahrshochwasser überschwemmten Gebiete zum Laichen. Die klebrigen Eier haften an Pflanzen, z.B. an Gräsern auf den überschwemmten Wiesen. Die nach 10 bis 30 Tagen schlüpfenden Larven befestigen sich mit Hilfe eKines Klebsekrets der Kopfdrüsen und zehren in den folgenden 10 bis 20 Tagen den Dottervorrat auf, bis Mund- und Kiemenöffnung ausgebildet sind und der aktive Nahrungserwerb beginnen kann. Die erste Nahrung besteht aus Zooplankton, das sich in den flachgründigen stagnierenden Überschwemmungsgebieten reich entwickelt. Entscheidend für den Bruterfolg ist eine ausreichende Dauer des Hochwassers, denn Eier und Larven sind nicht austrocknungsresistent. Die besten Voraussetzungen dafür ergeben sich in weiten Tälern mit geringem Gefälle, in denen Hochwässer langsam abfließen.

Da das Wasser sich auf den überschwemmten Flächen rascher erwärmt als im Fluß, bieten sich dort im Frühjahr besonders günstige Entwicklungsmöglichkeiten für die aquatischen Organismen, zumal eine reiche Nahrungsgrundlage auf der Basis abgestorbener Pflanzenreste vorhanden ist. Die Nutzung dieser Ressourcen durch Wirbellose aus der Fließgewässerfauna ist durch wenige Beispiele belegt, in denen ein auffallendes Verhalten damit verbunden ist. In Nordeuropa wandern die Larven der Eintagsfliege *Parameletus chelifer* zur Zeit der Schneeschmelze im Mai in großer Zahl zunächst in den Bächen stromaufwärts, um sich schließlich in den überschwemmten Wiesen auszubreiten. Sie wachsen dort schnell heran, so daß sie gewöhnlich vor dem Rückzug des Wassers geschlüpft sind. Gegenüber den im Bach verbliebenen Teilen der Population erhöht sich aufgrund des geringeren Räuberdrucks in den flachen, stagnierenden Gewässern zusätzlich die Überlebenschance (Olsson u. Söderström 1978). Aus Nordamerika berichten Hayden u. Clifford (1974) über das gleiche Verhalten für die Eintagsfliege *Leptophlebia cupida*.

Die relative Bedeutung der Überschwemmungsgebiete für das Fließgewässerökosystem hängt von mehreren Faktoren ab. Regelmäßig auftretende Überschwemmungsphasen ausreichender Dauer in günstigen klimatischen Bedingungen bieten die besten Voraussetzungen. Diese Kombination der Faktoren ist besonders an großen Tieflandsflüssen der Tropen und Subtropen verwirklicht. Dort hat auch die Evolution eine besonders große Vielfalt in Flora und Fauna entstehen lassen, mit zahlreichen Anpassungsformen an die spezifischen Lebensbedingungen. Flüsse mit kleinem Einzugsgebiet sind zu stark von lokalen Witterungsereignissen geprägt, als daß eine ausreichend gleichmäßige Hochwasserperiodik gewährleistet wäre (Junk u. Welcomme 1990). Junk et al. (1989) betonen in ihrem „Flood pulse concept", daß es in solchen Ökosystemen nicht sinnvoll sei, die Flußufer als räumliche Grenze anzusetzen, sondern man müsse den gesamten Einflußbereich der Hochwasserphase als integrierten Teil einbeziehen und erhalte damit einen Lebensraum mit wandernden Grenzen. Der Bereich des Flußbettes ist in der Niedrigwasserphase nicht viel mehr als ein Refugium zur Überdauerung ungünstiger Zeiten, denn der überwiegende Anteil der Ressourcen entstammt dem amphibischen Bereich.

Tropische Überschwemmungsgebiete

Die **Flüsse des Amazonastieflandes** bedecken mit ihren Überschwemmungsgebieten etwa 300000 km^2 (Abb. 5.30c), davon sind 30% von überflutungstoleranten Wäldern bedeckt. Es handelt sich um das größte zusammenhängende Flußüberschwemmungsgebiet der Erde. Die jährlichen Wasserstandsschwankungen erreichen 30 m. Während die aus den Anden stammenden Zuflüsse als Weißwasserflüsse durch reichlich mitgeführte mineralische Trübstoffe gekennzeichnet sind, enthält das Wasser aus dem übrigen Einzugsbereich nur wenig suspendiertes Material und erscheint klar. Im Falle hoher Gehalte an Humusstoffen – in den Schwarzwasserflüssen – erscheint das Wasser dunkel gefärbt. In den Klarwasserflüssen dagegen fehlt die starke Braunfärbung. Die höchsten Nährstoffgehalte haben die Weißwasserflüsse, die niedrigsten die Schwarzwasserflüsse, die außerdem mit pH-Werten um 4 sauer sind. Die Sedimentfracht der Weißwasserflüsse wird in den Überschwemmungswäldern oder in Form von Landzungen als Uferbank abgelagert, so daß eine reich gegliederte, amphibische Landschaft aus Lagunen, Altwässern, verschleppten Mündungen und Seitenflüssen entsteht (Abb. 5.30d). Der Überschwemmungswald im Einflußbereich der Weißwasserflüsse wird als „Várzea", jener der Klarwasserflüsse als „Igápo" bezeichnet. Die Artenzusammensetzung der Wälder und der Ablauf ihrer Vegetationsperiodik wird, ähnlich wie in Auen anderer Klimagebiete, wesentlich durch die Überflutungsdauer bestimmt (Junk 1989). Während der submersen Phase sind die Lebensbedingungen aufgrund des Sauerstoffmangels für Bäume ungünstig. Meist wird der Stoffwechsel stark reduziert, so daß die Hauptwachstumsphase mit Beginn des terrestrischen Abschnitts einsetzt. Analog zum Jahreszeitenwechsel der gemäßigten Klimazone sind Jahres- (= Überflutungs-)Ringbildungen des Holzes verbreitet. Auch Laubfall während der Überflutungsphase tritt bei manchen Arten auf. Die Zuwachsraten sind vielfach umgekehrt proportional zur Überschwemmungsdauer (Worbes 1986). Fruchtreifung findet bei vielen Arten allerdings während der Überschwemmung statt. Die Samenausbreitung durch fruchtfressende Fische (Ichthyochorie) ist verbreitet und zeigt Merkmale langer Koevolution. Sie belegt auf diese Weise das hohe Alter dieses Ökosystems (Gottsberger 1978; Grabert 1991). Längs der Ufer der fließenden und stehenden Gewässer breiten sich in der Varzéa Säume krautiger Vegetation aus, schwimmende Vegetationsdecken, an deren Bildung Gräser (*Paspalum*, *Echinochloa*) stark beteiligt sind. Die Wurzelbereiche dieser Bestände wirken als Sedimentfallen. In der Uferzone der

Flüsse stirbt diese Vegetation bei Niedrigwasser ab, während sie an den Varzéa-Seen überdauern kann. Unter diesen schwimmenden Decken entwickelt sich eine reiche Fauna (Junk 1973). Auf trocken fallenden Flächen sterben die Hydrophyten rasch ab und eine krautige, terrestrische Vegetation breitet sich an ihrer Stelle aus, die ihrerseits während der nachfolgenden Überschwemmung wieder abgebaut wird.

Der stetige Wechsel terrestrischer und limnischer Phasen führt zu hoher organischer Produktion und zu hohen Stoffumsätzen, besonders in warmen Klimaten. Daraus entsteht ein hohes Nahrungsangebot für Konsumenten sowohl im Überschwemmungsgebiet als auch durch Austrag in den Flußbetten. Der Anteil der Primärproduktion im Fluß fällt bei der Gesamtbilanz nicht ins Gewicht (Tabelle 5.6). Dasselbe gilt auch für die freigesetzten anorganischen Substanzen, insbesondere für N, P und K (Furch u. Junk 1992). Einen Überblick über die trophischen Beziehungen gibt Abb. 5.31. Die tierischen Besiedler dieser Zone haben sowohl für den terrestrischen als auch für den limnischen Abschnitt einige Überlebensstrategien entwickelt:

1. Die r-Strategie mit hoher Reproduktion, geringer Entwicklungsdauer und geringer Überlebensrate. Meist handelt es sich um wenig spezialisierte Arten.
2. Eine Überdauerung der emersen Phase im inaktiven Zustand. So

Tabelle 5.6. Schätzwerte der Primär- und Fischproduktion in einem Várzea-Gebiet Zentralamazoniens, für 187 km Flußlänge am Rio Solimoes mit maximal 5330 km² Überschwemmungsgebiet. (Aus Bayley 1989)

Produzenten	Produktion		
	organisches C [Tonnen/km² u. Jahr]	organisches C [Tonnen auf der Gesamtfläche]	% der gesamten Primärproduktion
Phytoplankton	290	191 000	5,4
Periphyton	280	52 000	1,5
Aquat. Makrophyten	2000	818 000	22,9
Terr. Makrophyten	2000	1 638 000	45,9
Bestandsabfall Bäume d. Várzea	500	870 000	24,4
Jährliche Primärproduktion Gesamt		3 569 000	100
Fische		36 000	1,03

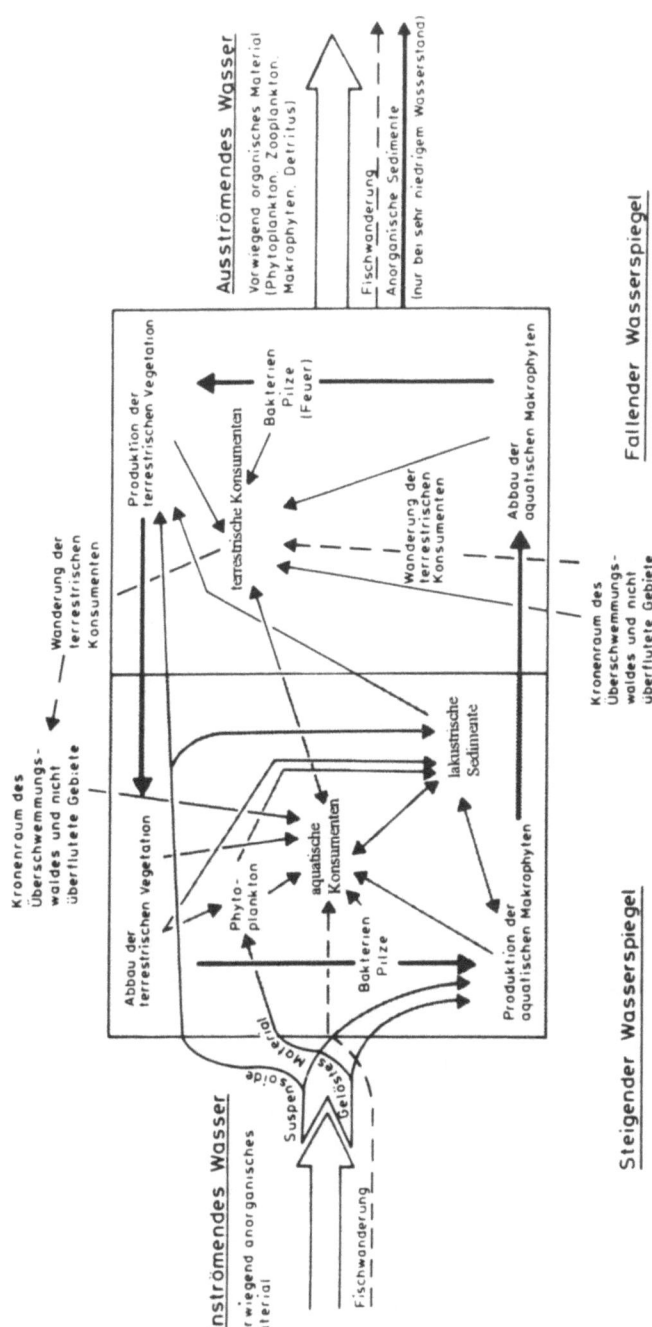

Abb. 5.31. Schematische Darstellung des Nährstoffkreislaufs und der Nahrungsnetze während der Hoch- und Niedrigwasserphase in der Várzea des mittleren Amazonas. (Aus Junk 1980)

hängen die Klumpen ausgetrockneter Schwämme bei Niedrigwasser hoch in den Bäumen, angefüllt mit den Gemmulae als Ruhestadien. Manche Fischarten überleben eingegraben im Schlamm, z.b. einige Arten der Kiemenschlitzaale (Synbranchidae) und die Lungenfische der Gattung *Protopterus* (Afrika) oder *Lepidosiren* (Südamerika). Unter den eierlegenden Zahnkarpfen (Cyprinodontidae) überleben manche Arten mit diapausierenden Eiern (vgl. S. 214).
3. Durch Wanderungen, wie bei vielen Arthropoden, die vor dem Wasser in die Baumkronen ausweichen, oder mit dem Wasser einwandernd, wie zahlreiche Fische, aber auch Kaimane (*Melanosuchus, Caiman, Paleosuchus*), Seekühe (*Trichechus inunguis*) und die Amazonasdelphine (*Inia geoffrensis*).
4. Eine amphibische Lebensweise kommt z.B. bei baumbewohnenden Wirbeltieren vor, wie dem Dreizehenfaultier (*Bradypus tridactylus*) oder dem Grünen Leguan (*Iguana iguana*). Diese Tiere schwimmen, um von einer Baumkrone zur anderen zu gelangen (Irmler 1981; Best 1984).

Besonders verbreitet und vielfältig ist die Nutzung der Überschwemmungswälder durch einwandernde Fische. Durch den Abbau des Bestandsabfalls der terrestrischen Phase kann sich ein reiches Plankton entwickeln, das zahlreiche Jungfische ernährt, so daß für viele Arten die Hochwasserzeit Fortpflanzungszeit ist. Im Gebiet des Rio Madeira, einem Nebenfluß des Amazonas, wandern fast alle größeren Salmler. Vom Anfang der Hochwasserphase bis etwa zu ihrem Maximum ziehen sie den Rio Machado, einen Klarwasserfluß, hinunter in den Rio Madeira, einen Weißwasserfluß, um dort zu laichen. Die abgelaichten Fische wandern denselben Weg zurück in die mittlerweile überschwemmten Wälder, um dort einige Monate lang zu fressen. Sie erreichen in dieser Phase die höchsten Zuwachsraten. In diesen Wäldern, die auf sehr nährstoffarmen Böden stocken, werden die Früchte und Samen der Bäume für die meisten Arten zur Hauptnahrung. Typische Samenfresser besitzen Gebisse mit kräftigen, kegelförmigen Zähnen zum Knacken der oft sehr harten Samenschalen. Im Gebiet des Rio Machado sind 18 große Fischarten vorwiegend Frucht- und Samenfresser, neben Vertretern der Salmler (Characoidea) auch einige Welse (Siluroidea). Die Nahrungsspender gehören einer großen Zahl von Arten aus verschiedenen Pflanzenfamilien an (Goulding 1980).

Neben diesen Enährungstypen spielen Detritus-, Blattfresser und Carnivore eine gewisse Rolle. Die Phytophagen und Detritusfresser nehmen in der Niedrigwasserzeit kaum Nahrung auf. Selbst Carnivore stellen bei länger andauernder Trockenzeit ihre Nahrungsaufnahme ein (Goulding 1980). In anderen Bereichen tropischer Überschwemmungswälder, insbesondere in Várzea-Seen, können Detritivore quantitativ von großer Bedeutung sein. Solche Arten, für die dieser Nahrungstyp die dominante Ernährungsgrundlage darstellt, benötigen spezifische Anpassungen, um dieses feinpartikuläre Material geringer Qualität effektiv aufnehmen zu können. Sie besitzen feine Kiemenreusen, um den aufgewirbelten Detritus zu filtrieren und einen morphologisch und physiologisch differenzierten Verdauungstrakt. In Südamerika gehören die Curimatiden und Prochilodontiden (Characoidea) diesem Typ an (Bowen 1984).

Wie die Samenfresser sind auch die Insektenfresser unter den Fischen häufig zur Wasseroberfläche orientiert, um dort von den Bäumen heruntergefallene Beute aufzunehmen oder auch über der Wasseroberfläche zu jagen, wie die Beilbauchfische (Gasteropelecidae) Südamerikas oder der Schmetterlingsfisch (*Pantodon buchholtzi*, Pantodontidae) Afrikas. Die Beilbauchfische können auf der Flucht mit aktiv schwirrenden Brustflossen über der Wasseroberfläche ihren Feinden entkommen. Der Gabelbart (*Osteoglossum bicirrhosum*, Osteoglossidae) ein Fisch von schlanker Gestalt mit gerader Rückenlinie und schräg aufwärts gerichtetem Maul lauert unter der Wasseroberfläche und holt sich seine Beute von den Ästen der Bäume durch fast senkrechte, hoch reichende Luftsprünge.

Die Frage der Stoffbilanzen zwischen Fluß und Überschwemmungsgebiet ist anscheinend nicht generalisierend zu beantworten. Die Bedeutung der Sedimentation für das überflutete Gebiet steht außer Frage, doch können Menge und Zusammensetzung der Sedimente stark wechseln, wie es der Vergleich der Weiß- und Schwarzwassergebiete des Amazonas vor Augen führt. Mehrfach ist die Akkumulation von Nährstoffen in Auwäldern belegt, doch können Ein- und Austräge mancherorts auch ausgeglichen sein. Eine Sonderstellung nehmen die anorganischen Stickstoffverbindungen ein, weil in den wassergesättigten Auenböden die Denitrifikation hohe Raten erreicht und die Bindung des freien Stickstoffs erheblich übertsteigt (Lowrance et al. 1984). In den wechselwarmen Klimaten hat für den Stoffhaushalt auch der saisonale Wechsel der Wachstumsintensität der Vegetation einen Einflluß (Klopatek 1978, zit. nach Junk u. Welcomme 1990).

5.4 Aspekte einer globalen Typisierung der Fließgewässer

Aufgrund fischökologischer Untersuchungen versuchen Welcomme et al. (1989) eine regionale Typisierung der Fließgewässer. Die rhithralen Bereiche werden weltweit erheblich von den lokalen klimatischen und geologischen Bedingungen geprägt und sind daher für einen globalen

Vergleich wenig geeignet. Im Potamal sind dagegen die Lebensbedingungen wegen der Größe der Einzugsgebiete ausgeglichener und der Einfluß der semiterrestrischen Überschwemmungsgebiete ist allgemein groß. Der „River morphoedaphic index", $RMEI = XEN$, soll diese Beziehung in vorläufiger Formulierung verdeutlichen. X steht für die Fläche des Überschwemmungsgebietes bei Hochwasser, E ist ein Koeffizient der geographischen Breite, der den Energie-input von der Sonne repräsentiert und N der Faktor für die Konzentration des limitierenden Nährstoffs, z.b. das Phosphat. In arktischen Breiten wirkt der Energie-input limitierend für die Produktivität. Das Nährstoffangebot – oder an seiner Stelle der Leitwert für die Summe der Ionen – ist ebenfalls niedrig. Die geringe autochthone Produktivität wird z.T. durch den hohen Anteil anadromer Fische an der Biomasse ausgeglichen. Produktionsbiologisch bewirkt ihre Einwanderung einen Eintrag ozeanischer Herkunft in die Flüsse. In den niedrigen Breiten, den Tropen und Subtropen sind die meist streng saisonal auftretenden Abflußschwankungen nach Amplitude und Länge der Phasen der wichtigste steuernde Faktor. Wenn trotz des geringen Nährstoffangebots relativ hohe Fischerträge typisch sind, beruht dies in dem temperaturbedingt raschen Stoffumsatz und der effektiven Nutzung des Nahrungsangebots, das überwiegend in den Überschwemmungsgebieten lokalisiert ist. Darin ist terrestrisch produzierte Nahrung in erheblichem Anteil enthalten. In der humiden, gemäßigten Zone sind die Abflußverhältnisse wie die Niederschlagsverteilung unregelmäßiger, die trophische Bedeutung der Überschwemmungsgebiete ist möglicherweise geringer, mindestens aber variabler als in den Tropen. Allerdings ist die Rekonstruktion der natürlichen Verhältnisse wegen der tiefgreifenden anthropogenen Veränderungen gerade in dieser Klimazone schwierig. Anadrome Fische stellen auch hier teilweise einen erheblichen Anteil der Biomasse. Allgemein steigen Artendiversität und Biomasse der Fische mit der Ausdehnung des Einzugsgebietes der Flüsse, bei annähernd gleich großen Einzugsgebieten mit abnehmender geographischer Breite.

6 Stehende Gewässer

Stehende Gewässer gibt es in einer Fülle von Erscheinungsformen. Das Spektrum reicht von der Pfütze, die sich nach dem Regen vorübergehend bildet, oder der wassergefüllten Kannenpflanze (*Nepenthes*) über Teiche und Weiher unterschiedlicher Ausbildung bis zu großen landschaftsprägenden Seen. Die Seen werden wegen ihrer landschaftsökologischen Bedeutung im Vordergrund der nachfolgenden Betrachtung stehen. Sie waren auf lange Zeit bevorzugter Gegenstand limnologischer Forschung und die frühesten Objekte für die Untersuchung ökosystemarer Fragestellungen (Steleanu 1989). Diesen Rang erhielten die Seen, weil sie ein Modell für ein fast geschlossenes und übersichtliches Ökosystem darzustellen schienen, in dem die Stoffkreisläufe in allen Abschnitten zu verfolgen waren: „Das stehende Gewässer ist ein in sich abgeschlossener, ein fast autarkischer Lebensraum" (Hesse 1924). Forbes (1887) bezeichnete den See als einen Mikrokosmos. Aus diesen Gründen wissen wir relativ umfassend über das Ökosystem See Bescheid, insbesondere für die gemäßigten Breiten der Erde, denn dort lag bis in die jüngste Zeit der Schwerpunkt limnologischer Forschung.

6.1 Die Seen

Seen sind nach Thienemann (1925) aufgrund einer Definition Forels (1901) „eine allseitig geschlossene, in einer Vertiefung des Bodens ··· befindliche, mit dem Meere nicht in direkter Kommunikation stehende stagnierende Wassermasse". Ein See läßt im Gegensatz zum Teich oder Weiher eine deutliche Gliederung in Litoral- und Profundalregion erkennen. Aufgrund der relativ großen Tiefe ist das Profundal frei von Wasserpflanzen. Mit der zunehmenden Wassermenge der Gewässer ergibt sich für die abiotischen Faktoren eine Tendenz zu gleichförmigen Bedingungen. „Je mehr man in der Reihe See, Weiher, Sumpf, Moor, Tümpel, Kleingewässer nach der Seeseite geht, um so mehr erhält man statt astatischer eustatische

Milieubedingungen, sowohl was die zyklischen, rhythmischen oder reversiblen wie auch die säkularen oder irreversiblen Veränderungen anlangt" (Thienemann 1925, S. 84 f.). Binnengewässer, speziell die Seen, sind demnach nicht durch ihre Süßwasserqualität charakterisiert (vgl. S. 220).

6.1.1 Morphologie und Entstehung der Seen

Die Gestalt des Seebeckens und seines Einzugsgebietes sowie die geologische Situation haben erheblichen Einfluß auf die biologischen Prozesse im See: Fläche und Tiefe des Sees und damit Volumen und Ausdehnung des Wasserkörpers bestimmen wesentlich seine Eigenschaften, seine ökologische Individualität. So verlanden flache Seen unter sonst gleichen Voraussetzungen rascher als tiefe und auch das Verhältnis von Produktion zum Abbau der organischen Substanzen ist abhängig vom Oberflächen-Tiefenverhältnis des Wasserkörpers. Die geologische Situation im Einzugsgebiet beeinflußt zusammen mit klimatischen Faktoren den Chemismus und aufgrund der unterschiedlichen Härte und der Art der Verwitterung des Gesteins, das Profil der Landschaft und des Seebeckens.

Seen erreichen, in geologischen Dimensionen betrachtet, ein geringes Alter. Unter den rezenten stammen die ältesten, wie der Baikalsee aus dem mittleren Tertiär. Tertiären Alters sind auch viele andere Seen tektonischer Entstehung, wie die meisten ostafrikanischen oder in Europa Ochrid- und Prespasee im westlichen Balkan. Die geringe Lebensdauer veranschaulicht das Beispiel der Abb. 6.1, das einen kräftigen Rückgang der Seenfläche im Einzugsgebiet des Alpenrheins in weniger als 10000 Jahren seit dem Ende der letzten Eiszeit erkennen läßt.

Nach ihrer Entstehungsweise unterscheidet man mehrere Seentypen. Tektonisch entstandene geschlossene Senken, die sich entweder durch absinkende Schollen, wie in Grabenbrüchen, oder durch Aufwölben von Schollenrändern als flache Mulden bilden (Abb. 6.2). Seen in Grabenbruchzonen sind meist langgestreckt und häufig sehr tief und haben steile Ufer. In diese Gruppe gehören der Baikalsee mit einer maximalen Tiefe (Z_m, vgl. Tabelle 6.1) von 1637 m und viele der Seen der ostafrikanischen Gräben. Europäisches Beispiel ist der Ochridsee. Seine Uferböschung ist stellenweise so steil, daß bereits in 300 m Entfernung vom Ufer eine Tiefe von 230 m erreicht wird, bei einer maximalen Tiefe von 286 m. Der Viktoriasee dagegen, in einer tektonischen Mulde gelegen, hat

Die Seen 119

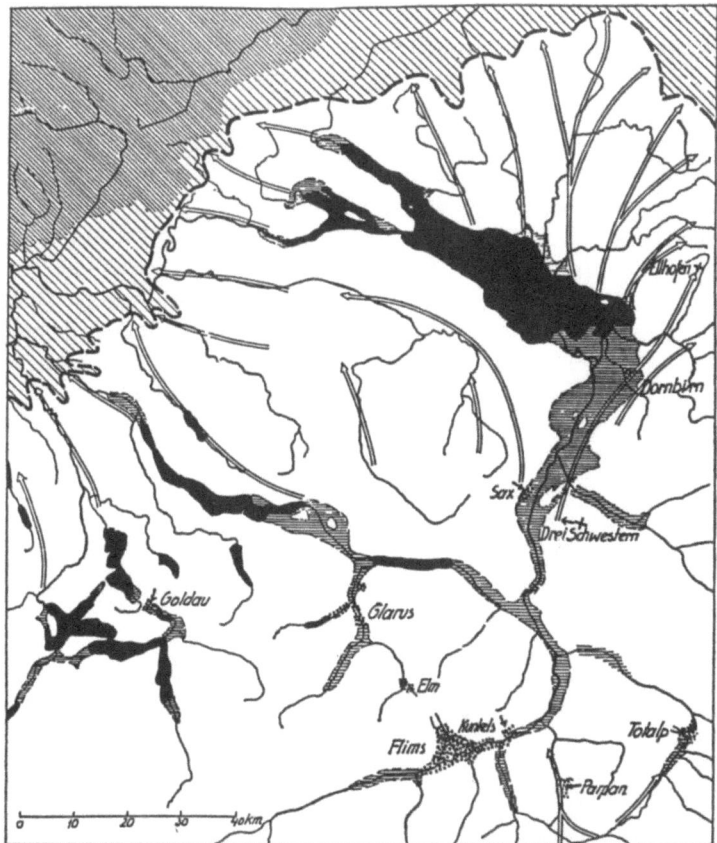

Abb. 6.1. Veränderung der Ausdehnung der Seen im Einzugsgebiet des Rheins in der Nacheiszeit. Schwarz: heutige Seeflächen; waagerecht schraffiert: postglazial verlandete Seen; punktiert, mit kleinen Pfeilen: Bergstürze; schrägschraffiert: nicht vereistes Gebiet, weite Schraffur: nur während der letzten Eiszeit ohne Gletscher; offene Pfeile: Hauptstromlinien des Rheingletschers während der letzten Eiszeit. (Nach Gg. Wagner, aus Kiefer 1972)

einen rundlichen Umriß und eine Tiefe von nur 80 m. Reste eines tertiären Meeres, der Parathetys, sind Aral- und Kaspisee.

Vulkanischen Ursprungs sind die wassergefüllten **Krater** und die **Maare**. Während Krater durch Anhäufung von Auswurfmaterial um den Schlot entstehen, bilden sich Maare durch Explosionen, die durch das unterirdische Zusammentreffen von Wasser und heißem Magma ausgelöst werden. Auch sie sind, wie die Krater, annähernd kreisrund. Die entstehenden Vertiefungen sind jedoch in die vorher vorhandene Landoberfläche eingesenkt (Abb. 6.2d). Auch diese Hohlformen können verhältnismäßig tief und steilufrig sein, bleiben aber, wie die Krater, klein. Das größte der Eifeler Maare, das Pulvermaar, hat eine Oberfläche von 335000 m^2, bei einer maximalen Tiefe von 70 m.

Bei den **Dammseen** (oder Abdämmungsseen) werden Täler durch Moränen oder Bergsturz abgeschlossen, so daß sich ein natürlicher Stausee bildet. In Landschaften, die während des Pleistozäns vom Eis überformt wurden, ist dieser Typus verbreitet: Sowohl die meisten Seen des baltischen Höhenrückens als auch jene im Innern und im Umfeld der Alpen gehören hierher, ebenso wie viele in den Moränengebieten Nordamerikas. Erhalten blieben bis zur Gegenwart allerdings nur diejenigen, die sich beim Rückgang der Gletscher der letzten Vereisung bildeten. Die Abdämmungen, vom Gletscher zusammengeschobenes Material, sind leicht erodierbar. Aus diesem Grund werden sie nicht selten von dem Wasser des Abflusses innerhalb weniger Jahrhunderte oder Jahrtausende durchschnitten, so daß das Becken trockenfällt. Die nacheiszeitliche Entwicklung der Alpen enthält zahlreiche Beispiele dafür.

Abb. 6.2a-d. Typen der Seenentstehung. Tektonische Entstehung in der ostafrikanischen Grabenbruchzone: **a** Lage der Seen, Übersicht. Die Grabenbruchzonen sind mit gestrichelten Linien umgrenzt. Der Viktoria-See liegt auf dem Plateau zwischen beiden Gräben (= rift valleys). **b** Vereinfachtes Querprofil durch dasselbe Gebiet: Der westliche Graben reicht sehr tief (bis unter den Meeresspiegel); tiefe, steilufrige Seenbecken. Der östliche Graben ist, wie seine Seen, flacher. Der Viktoria See ist durch Aufwölbung der Ränder des Hochplateaus entstanden. **c** Glaziale Seenbildung: Entstehung des Seebeckens durch Abdämmung mit einer Stirn(End-)moräne. Das Seebecken wurde durch den Gletscher zusätzlich eingetieft. Vor der Rückzugsfront bleiben im Moränen-Geschiebe isolierte Eisblöcke zurück. Bei ihrem Abschmelzen entstehen geschlossene Hohlformen. Sind sie mit Wasser gefüllt, werden sie als Toteisseen bezeichnet. **d** Schematisches Querprofil durch das Mosenberg-Meerfeld-Vulkansystem in der Eifel. 1-5 Lavafontänen und Ablagerung der Schlacken unter Bildung eines Kraters auf der vorhandenen Erdoberfläche. Das Meerfelder Maar entstand durch phreatomagmatische Explosionen: Aufgrund des Kontaktes zwischen aufsteigendem Magma und Grundwasser kam es zu zahlreichen Explosionen mit Auswurf von Aschen und Gesteinsmaterial. Es entstand eine Explosionskammer, deren Wände und Dach einstürzten, so daß die Maarform entstand. Der zunächst gebildete abflußlose See wurde durch den wiederentstandenen Meerbach von der Südseite während der Nacheiszeit teilweise zugeschüttet. Gleichzeitig dürfte sich sein Abfluß zunehmend eingetieft haben, so daß der Seespiegel sich senkte. Entstehung des Maares vor ca. 29 000 Jahren. (**a-c** Aus Burgis u. Morris 1987; **d** aus Irion u. Negendank 1984, verändert)

Die Seen

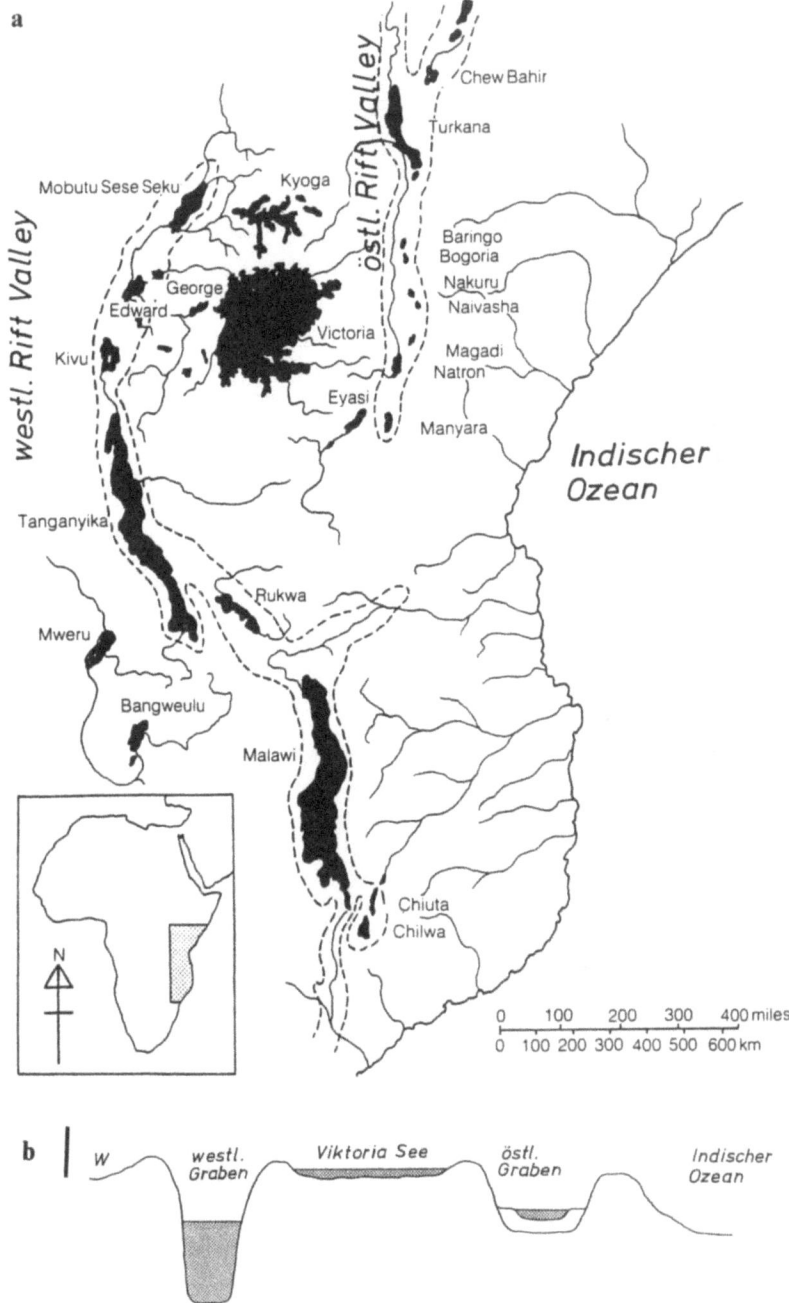

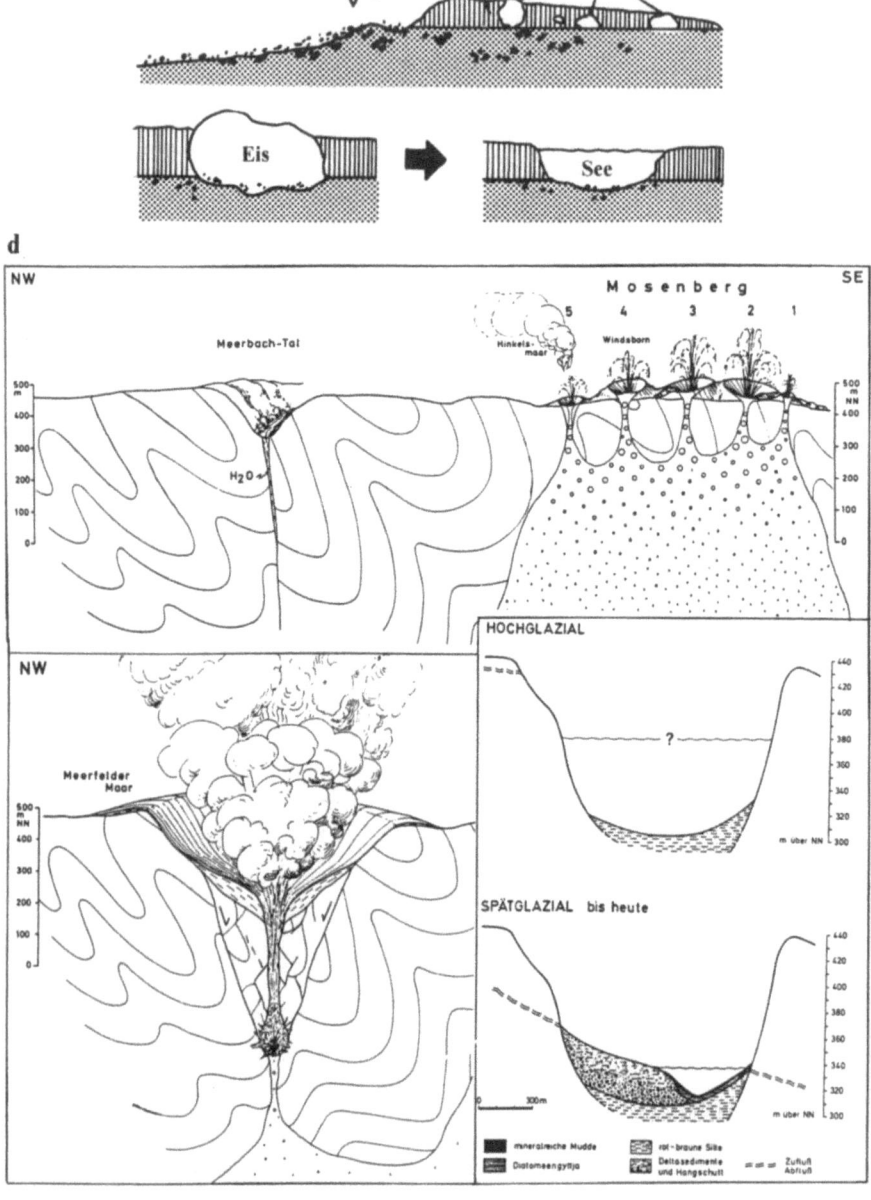

Abb. 6.2c,d

Die Dammseen haben, wie die Täler oder die Gletscherzungenbecken, in denen sie entstanden, eine meist langgestreckte Gestalt und können eine große Tiefe erreichen (z.B. Bodensee u. Königssee, Abb. 6.4). Andere Bildungen des Gletschereises, die Kar- und Toteisseen, haben meist einen rundlichen Umriß und sind vergleichsweise klein. Ein fossiler Karsee aus dem Pleistozän ist der Feldsee unter dem Feldberg im Schwarzwald, denn auch die höheren Mittelgebirge Mitteleuropas waren zum Teil vergletschert. Toteisseen entstanden durch das Abschmelzen im Moränenschutt eingeschlossener Eisreste. Sie bildeten sich häufig beim Zerfall von Eisresten vor dem zurückweichenden Gletscher in der Grundmoräne, oft in Gruppen, zusammen mit wasserlosen Becken unterschiedlicher Größe. Viele dieser Becken sind abflußlos und liegen abseits der großen Täler.

Prinzipiell ähnlicher Entstehung sind **Einbruchsbecken**, die sich aufgrund von Lösungsvorgängen im Untergrund bilden. In unterirdischen Salz-, Gips- und – der häufigste Fall – Kalklagern bilden sich Einsturzmulden, in Karstgebieten als Dolinen bezeichnet, die sich teilweise mit Wasser füllen. Die Wasserstände in solchen Becken sind oft sehr variabel, wie es für die Karsthydrographie typisch ist. Langfristig können sich durch fortgesetzte Lösungsvorgänge in dem über Höhlen und weiträumig ausgedehnte Grundwasserleiter verbundenen System stufenweise Absenkungen des Wasserspiegels ergeben, was nicht selten zum Trockenfallen ursprünglicher Gewässer führt.

Zur Charakterisierung der Morphologie des Seebeckens nutzt man in der Regel die in Tabelle 6.1 zusammengestellten Parameter. Die Größe der

Tabelle 6.1. Morphometrische und hydrographische Kenndaten der Seen

A_0	Fläche in Höhe des Wasserspiegels
V	Volumen
Z_m	Maximale Tiefe des Sees
Z	Mittlere Tiefe V/A_0
Z_r	Relative Tiefe: maximale Tiefe als Prozent des mittleren Durchmessers
L	Länge der Uferlinie
D_L	Uferentwicklung: Verhältnis der Uferlinie zum Umfang eines flächengleichen Kreises
F_N	Einzugsgebiet
f_u	Umgebungsfaktor: Verhältnis der Fläche des Einzugsgebietes zur Seeoberfläche
Q	Abfluß
MQ	Mittlerer Abfluß, m^3/s
Q_J	Jahresabfluß
T_W	Theoretische Wassererneuerungszeit V/Q_J

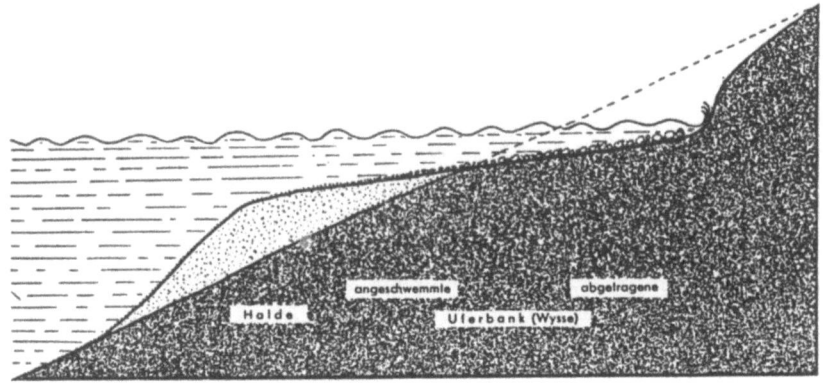

Abb. 6.3. Entstehung des Profils der Uferzone durch Erosion und Ablagerung. (Aus Kiefer 1972)

Oberfläche bestimmt, zusammen mit der Exposition zur Hauptwindrichtung, die Stärke der oberflächlich erzeugten Wasserbewegung, die von Bedeutung für die vertikalen Austauschprozesse im Wasserkörper ist. Das Verhältnis von Oberfläche zu Tiefe hat wesentlichen Einfluß auf die Produktivität und die Stoffaustauschraten im gesamten Wasserkörper (vgl. S. 132, 170) und wird durch die relative Tiefe Z_r gekennzeichnet. Sie ist ein Wert, der auch das Verhältnis von trophogener zu tropholytischer Zone bestimmt und gibt damit Auskunft über die morphologische Voraussetzung für die trophische Situation. Die Uferentwicklung ist ein Index für die Verzahnung des Gewässers mit seinem Umland, was zusammen mit anderen Faktoren die Intensität des Umlandeinflusses charakterisieren kann.

Das bewegte Wasser des Sees verändert die Morphologie des Beckens, insbesondere wenn im Uferbereich weiche Gesteine vorhanden sind. Vor allem an den in der Hauptwindrichtung gelegenen Ufern wird durch die Brandung Material abgetragen und in den See hineintransportiert. Es entsteht im Laufe der Zeit das in Abb. 6.3 dargestellte typische Profil mit dem Strand, der flachen Uferbank und der steil abfallenden Halde in dem Bereich, wohin das abgeschwemmte Material in die Tiefe absinkt.

6.1.2 Die Beziehung des Sees zu seinem Umland

Anders als es die Idealvorstellung vom See als „autarkem" Ökosystem vermuten läßt, ist die engere und vielfach auch die weitere Umgebung in die abiotischen und die biotischen Prozesse des Sees einbezogen. Die Größe und der Aufbau sowie die klimatischen Verhältnisse des Einzugsgebietes beeinflussen erheblich Qualität und Menge des Wassers sowie das Ausmaß der Sedimentation. Unter natürlichen Bedingungen spiegelt sich im Gehalt an gelösten anorganischen Substanzen die geologische Situation im Einzugsgebiet (Tabelle 3.1). Niedriger Leitwert bzw. geringer Gehalt an Ionen in Urgesteinsgebieten hat eine geringe Pufferkapazität zur Folge und führt nicht selten, z.B. bei erhöhter Protonenzufuhr aus Niederschlägen, zu einem sauren Milieu. Kommen Vermoorungen hinzu, steigt der Gehalt an Humussubstanz unter Braunfärbung des Wassers. Bei Kalkgesteinen im Herkunftsgebiet ergeben sich erhöhte Konzentrationen an Ca^{2+}- und HCO_3^--Ionen im Wasser und eine hohe Pufferkapazität. Die Humussubstanzen, falls vorher vorhanden, werden mit den Kalziumionen ausgefällt, das Wasser erhält eine blaugrüne Farbe. Mit dem größeren Einzugsgebiet steigt die Menge des dem See zugeführten und in Regel auch des abfließenden und damit der Anteil des ausgetauschten Wassers. Wasserführung und Schleppspannung (vgl. S. 25) sowie die Intensität von Denudation und Erosion im Einzugsgebiet entscheiden auch über die Menge des eingetragenen Sediments. Das Seebecken ist Sedimentfalle und Akkumulationsort, letztendlich bis zur vollständigen Verlandung.

Einige Beispiele aus Mitteleuropa mögen das Spektrum der Seeformen erläutern (Abb. 6.4). Der Bodensee hat ein Einzugsgebiet von 10900 km^2 mit dem Alpenrhein als bedeutendem Zufluß mit einem Einzugsgebiet von ca. 6560 km^2. Er bringt dem Bodensee im Februar zur Zeit des Minimums ca. 70 m^3/s und im Juni bei mittlerem Hochstand über 500 mit Spitzen über 2000 m^3/s. Insgesamt trägt er ca. 73% zum gesamten Zufluß bei. Mit der Zu- bzw. Abnahme des Zuflusses steigt bzw. fällt der Seespiegel im langjährigen Mittel um 160 cm. Der Alpenrhein lädt derzeit jährlich etwa 2,4 Mill. m^3 Sediment vor der Mündung in den See ab unter Bildung eines Deltas. Die übrigen Zuflüsse beteiligen sich an der Sedimentation mit erheblich geringeren Anteilen. Beim Verlassen des Bodensees ist der „Seerhein" fast frei von Geschiebe (Kiefer 1972): Man hat berechnet, daß bei Fortsetzung des derzeitigen Eintrags dieser See in ca. 12500 Jahren ausgefüllt sein würde (Thienemann 1925). In flacheren Teilen beschleunigt sich die Verlandung unter dem Einfluß der Litoralvegetation.

Die abseits größerer Täler oder am Talanfang entstandenen Seen verlanden aufgrund der geringen Fläche ihrer Einzugsgebiete meist langsam. Typische Beispiele sind in Deutschland einige Maare der Eifel, die trotz ihres spättertiären oder pleistozänen Alters und ihrer geringen Größe bis heute überdauert haben oder unter den Dammseen der Königssee bei Berchtesgaden, der nahe dem oberen Ende eines ehemals gletschererfüllten

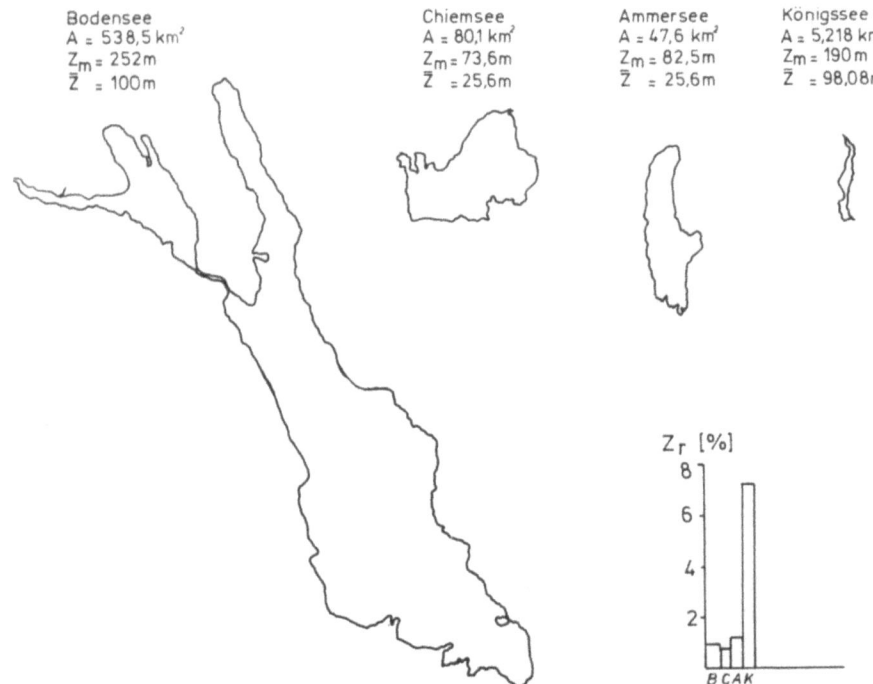

Abb. 6.4. Vergleich morphometrischer Merkmale süddeutscher Seen. Als See mit der kleinsten Oberfläche erreicht der Königssee fast die mittlere Tiefe des Bodensees, das ist der Maximalwert der relativen Tiefe (Z_r) unter den dargestellten Seen. Der Bodensee hat unter diesen nach dem Chiemsee das geringste Z_r trotz einer mittleren Tiefe ($\bar{Z}$) von 100 m, weil seine Oberfläche relativ groß ist. Z_m, maximale Tiefe; B, Bodensee; C, Chiemsee; A, Ammersee; K, Königssee. (Nach Siebeck 1982, verändert)

Tales liegt. Die Wasserspende aller oberirdischen Zuflüsse des Königssees beträgt pro Jahr etwa 214×10^6 m^3. Das Pulvermaar in der Eifel hat keinen oberirdischen Zufluß.

6.1.3 Der See als Lebensraum

Am Beipiel von Seen der gemäßigten Klimazonen mit ausgeprägten Jahreszeiten sollen im folgenden die Grundlagen der Struktur dieses Lebensraumes dargestellt werden. Die räumliche Gliederung unterscheidet die Teillebensräume des Litorals, des Pelagials und des Profundals aufgrund ihrer Bindung an den ufernahen Flachwasserbereich

Die Seen

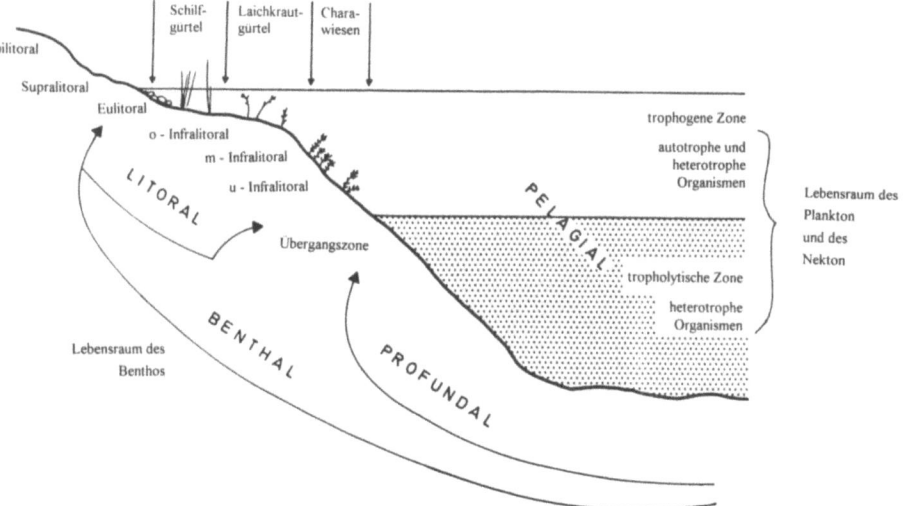

Abb. 6.5. Lebensräume eines Sees. (Nach Siebeck 1982)

bzw. die freie Wasser- und Tiefenzone. Der substratgebundene Bereich ist das Benthal (Abb. 6.5). Die Eigenschaften dieser Bereiche werden durch die Qualität, insbesondere den Chemismus des Wassers sowie die Licht- und Temperaturverhältnisse determiniert.

6.1.3.1 Physikalische Faktoren

Gemäß der Strahlungsbilanzformel $Q_B = Q_S + Q_H + Q_A - Q_R - Q_U - Q_W$ ergibt sich der Nettostrahlungsgewinn während des Tages durch die direkte Sonneneinstrahlung (Q_S), die Himmelsstrahlung (Q_H), die langwellige Wärmestrahlung (Q_A) auf der Gewinnseite und der Reflektion (Q_R), der aus dem Wasser austretenden Streustrahlung (Q_U) und der aus dem Wasser abgegebenen Wärmestrahlung (Q_W) auf der Verlustseite. Meist wird weniger als 1% der Strahlungsenergie durch Photosynthese in chemische Energie umgewandelt. Die eingestrahlte Energiemenge hängt, wenn man von Einflüssen wie Bewölkung absieht, von der Tageslänge und der Höhe des Sonnenstandes ab, so daß sich für verschiedene geographische Breiten und Jahreszeiten unterschiedliche Werte ergeben. Die spektrale Zusammensetzung hängt von der Wassertiefe und -farbe ab (Abb. 6.6). Reines Wasser hat im langwelligen Bereich die stärkste Extinktion; die Wärmestrahlung wird also schon in den obersten Dezimetern zu fast 100% absorbiert. Die Farbe des Wassers wird vor

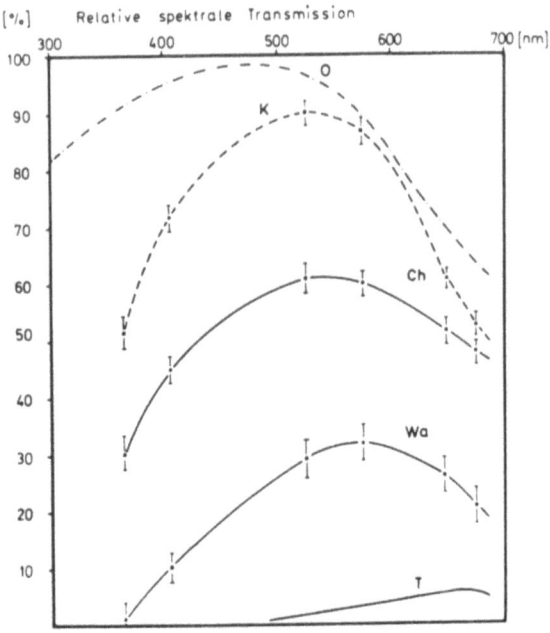

Abb. 6.6. Relative spektrale Transmission in Abhängigkeit von der Wasserqualität verschiedener Seen. O, reinstes Ozeanwasser, zum Vergleich; K, Königssee, Ch, Chiemsee; WA, Waginger See; T, Torftümpel bei Seeon. (Aus Siebeck 1982)

allem durch gelöste Huminstoffe hervorgerufen, die am stärksten im kurzwelligen Bereich (< 500 nm) absorbieren. Dementsprechend zeigen Torfwässer diesen Effekt am deutlichsten. Reinstes Wasser von ausreichender Schichtdicke erscheint blau, mit der Zunahme der Konzentration an Huminstoffen wandelt sich die Farbe über blaugrün, grün, olivgrün nach braun.

Aufgrund des geringen Eindringvermögens der Lichtstrahlen erwärmen sich nur die obersten Wasserschichten direkt durch Absorption. Durch Konvektionsströmung und vor allem durch windinduzierte Umlagerung des Wasserkörpers kommt es zur Ausbreitung der Wärme in größere Tiefen. Das Ergebnis ist eine jahreszeitlich wechselnde Situation mit Stagnationsphasen im Sommer und Winter und dazwischenliegenden Zirkulationsphasen. Bei Seen ausreichender Tiefe erhält das Tiefenwasser des Hypolimnions ganzjährig mit ca. 4 °C die Temperatur der größten Dichte des Wassers. Der darüber lagernde Wasserkörper geringerer Dichte, das Epilimnion, besitzt in der Stagnation des Winters eine

Die Seen

niedrigere, in der des Sommers eine höhere Temperatur. Während Epi- und Hypolimnion kaum eine vertikale Temperaturveränderung zeigen, ist das zwischen ihnen liegende Metalimnion, die Sprungschicht, durch einen steilen Temperaturgradienten gekennzeichnet (Abb. 6.7). Die Stabilität der spätsommerlichen Schichtung wird am besten durch den relativen

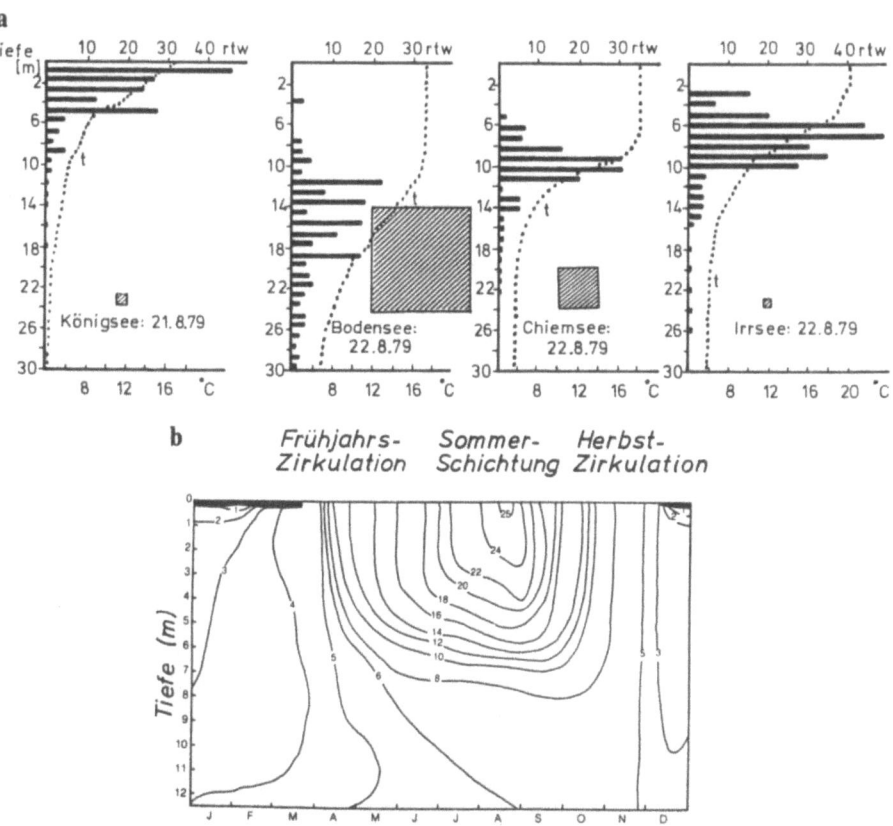

Abb. 6.7a, b. Temperaturverteilung in Seen. a Vertikalverteilung in süddeutschen Seen (gestrichelte Kurve). Horizontale Balken: Relativer thermischer Widerstand der jeweiligen Wasserschicht (rtw; obere Abszisse, eine Einheit entspricht der Dichtedifferenz zwischen 5 und 4 °C). Die Quadrate repräsentieren die Größe der Seenoberfläche. Es ist zu erkennen, daß die Sprungschicht (= Metalimnion) bei großen Seen tiefer als bei klienen liegt (aus Siebeck 1982, verändert). b Isothermen-Diagramm der räumlich-jahreszeitlichen Veränderung der Temperatur (schwarze Balken auf oberem Rand): Eisbedeckung im Lawrence Lake (Michigan, USA). (Nach Wetzel et al., aus Burgis u. Morris 1987, verändert)

thermischen Widerstand gekennzeichnet, der aufgrund der Temperaturunterschiede und der sich daraus ergebenden Dichtedifferenzen entsteht. Beim Königssee liegen die höchsten Werte unter der Wasseroberfläche: Das Metalimnion erreicht die Seenoberfläche, ein eigentliches Epilimnion fehlt. Diese Situation dürfte durch die vergleichsweise geringe Windtätigkeit bedingt sein, verbunden mit der relativ geringen Oberfläche als Angriffsfläche des Windes und durch die besonders windgeschützte Lage in einem tiefen Taleinschnitt zwischen hohen Gebirgszügen (Siebeck 1982).

Die Frage wann und wie oft der Wasserkörper eines Sees durch Vollzirkulation durchmischt wird, hängt vor allem von der geographischen Lage und den sich daraus ergebenden klimatischen Bedingungen der Region ab (Abb. 6.8). Die Zone des dimiktischen Sees erstreckt sich z.B. in Europa von Südskandinavien bis Mittelitalien und verschiebt sich in höheren Lagen äquatorwärts.

Die vertikale Wasserzirkulation innerhalb der jeweiligen Schicht kommt vor allem durch lange, stehende Wellen, die Seiches, zustande, bei

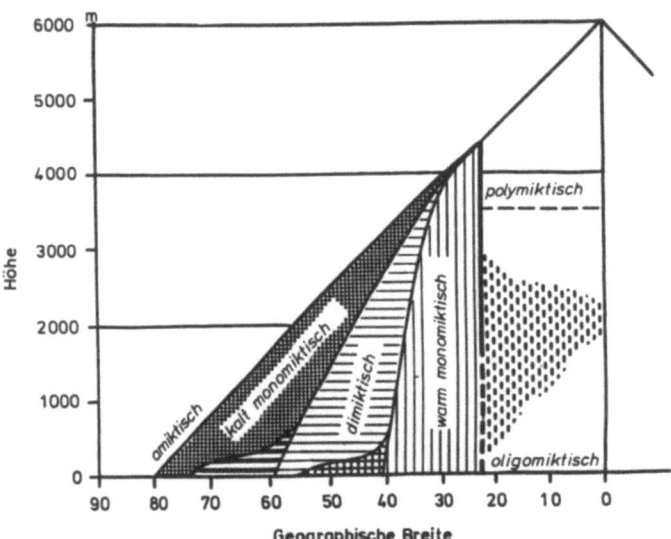

Abb. 6.8. Schematische Darstellung der Verteilung der thermischen Seentypen nach geographischer Breite und Höhe. Die Bereiche an der Basis des Diagramms (horizontale, dicke und Kreuzschraffur) sind Übergangszonen. Eine Übergangszone zwischen oligo- und polymiktisch stellt der gestrichelte Bereich in niedrigen Breiten dar: Hier treten vor allem Varianten des warmmonomiktischen Typs auf. (Nach Hutchinson u. Löffler, aus Wetzel 1983, verändert)

Die Seen 131

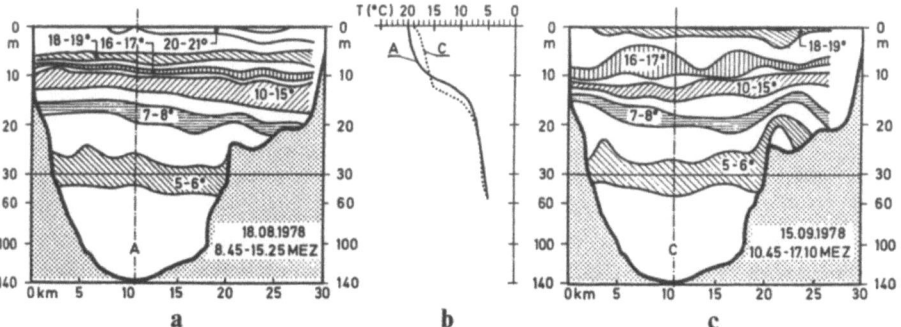

Abb. 6.9a-c. Isothermenbild für einen Längsschnit durch den Zürichsee für zwei siebenstündige Episoden im August bzw. September **a** während einer relativ windarmen Zeit, **c** drei Tage nach Aussetzen eines starken Weststurms: Es entsteht eine größere Welligkeit der Isothermen vor allem im Epi- und Metalimnion. **b** Vertikale Temperaturprofile für die in **a** und **c** bezeichneten Schnitte. (Aus Hutter 1983)

denen der Wasserkörper großräumig im Seebecken um einen Knoten oszilliert. Am wichtigsten sind interne Seiches (Abb. 6.9), die eine relativ große Amplitude erreichen und am besten durch die Bewegung des Metalimnions darstellbar sind. Sie bewirken eine Durchmischung sowohl im Epi- als auch im Hypolimnion und einen begrenzten Austausch zwischen den Schichten. So treten auch in tiefen Seen während der Sommerstagnation über Grund Wasserbewegungen auf: Im Michigan-See z.B. wurden in 100 m Tiefe und 1 m über dem Substrat Strömungen von einer Geschwindigkeit um 13 cm/s gemessen (Eade et al. 1990). Zur Durchmischung des Wasserkörpers trägt auch einströmendes Wasser, z.B. aus oberirdischen Zuflüssen, bei. Seine Wirkung hängt von der Menge und der Temperaturdifferenz ab. So sinkt im Sommer das kühle Wasser des Alpenrheins aufgrund seiner höheren Dichte im Bodensee um 5 bis 30 m ab (Kiefer 1972).

In Seen relativ großer Tiefe bzw. auch hoher Dichteunterschiede zwischen Epi- und Hypolimnion entsteht häufig eine Unterschicht, die nicht in die Vollzirkulation einbezogen wird, das Monimolimnion. Der Vorgang wird als Meromixie bezeichnet. Meromiktisch sind viele Seen der Tropen (s. S. 186). Eine Erhöhung der Dichte des Wassers durch die Anreicherung gelöster Substanzen kann diese Situation ebenfalls entstehen lassen. So sind während der letzten Jahrzehnte einige Maare der Eifel meromiktisch geworden, weil durch anthropogene Euthrophierung anaerobe Bedingungen und damit erhöhte Konzentrationen gelöster Salze im unteren Hypolimnion auftraten (Scharf 1991).

6.1.3.2 Chemismus

Die im Wasser gelösten Pflanzennährstoffe gehören nach Wetzel (1983) zwei Gruppen an. Zu den „konservativen" Substanzen, die von den Organismen gar nicht oder nur in relativ geringer Menge im Vergleich zum Angebot benötigt werden, rechnet man jene, deren Konzentration vom Stoffwechselgeschehen wenig beeinflußt werden. Zu ihnen zählen Na^+, K^+, Mg^{2+} und Cl^-. Die „dynamischen" Substanzen werden vom Stoffwechselgeschehen stark beeinflußt. Hierher gehören der Sauerstoff, die anorganischen Kohlenstoff- und Stickstoffverbindungen, das Phosphat und die Kieselsäure. Das Kalzium gehört als wichtigstes Kation für den anorganischen Kohlenstoffhaushalt ebenfalls zur zweiten Gruppe. Aus der stöchiometrischen Photosyntheseformel

$$106\,CO_2 + 16\,NO_3 + 90\,H_2O + PO_4 + \text{Spurenstoffe} + \text{Energie}$$

$$\underset{\text{Respiration}}{\overset{\text{Photosynthese}}{\rightleftharpoons}} \text{org. Substanz (106 C, 180 H, 16 N, 1 P)} + 154\,O_2$$

ergibt sich der relativ hohe Bedarf an C, O, H, N und P. Dem steht ein Angebot gegenüber, das in der Regel P, seltener N oder C zum Minimumfaktor macht.

Die Stagnation tiefer Seen während des Sommers hemmt den Stoffaustausch zwischen Epi- und Hypolimnion gerade in der produktiven Jahreszeit. Aufgrund der beschränkten Eindringtiefe der für die Photosynthese wirksamen Strahlung sind tiefe stehende Gewässer, anders als flache Gewässer, in eine trophogene und eine tropholytische Zone gegliedert. In der trophogenen Zone überwiegt der Aufbau organischer Substanzen den Abbau, in der tropholytischen Zone herrscht Abbau vor. Getrennt werden beide durch die Kompensationsebene, die bei ca. 1% der Strahlungsintensität liegt. Die Kombination des mangelnden vertikalen Stoffaustausches und der Beschränkung der Produktion auf die oberflächennahe Zone beeinflußt entscheidend die vertikale Verteilung der chemischen Substanzen und der darauf aufbauenden biologischen Prozesse. Zentraler Faktor ist dabei der Sauerstoff, dessen Produktion durch die Photosynthese auf die trophogene Zone und die Zeitabschnitte ausreichenden Lichtangebots beschränkt ist, während in der tropholytischen Zone durch aeroben Abbau der organischen Substanzen ausschließlich Sauerstoffzehrung stattfindet. Ein weiterer wichtiger Faktorenkomplex in diesem Zusammenhang ist die Höhe des Nährstoffangebots, der Grad der Trophie, der die Höhe der Produktion wesentlich bestimmt. Dies sei anhand einiger schematischer Diagramme für die Zeit der sommerlichen Temeraturschichtung erläutert (Abb. 6.10). Im oligotrophen See sind die vertikalen Unterschiede in der Konzentration der gelösten chemischen Substanzen allgemein gering, weil weder die O_2-Produktion oder der Verbrauch an anorganischem Kohlenstoff in der trophogenen Zone noch die Zehrung bzw. CO_2-Produktion in der tropholytischen Zone erheblich sind. Der Sauerstoffbedarf in der tropholytischen Zone muß überwiegend aus dem während der Frühjahrsvollzirkulation entstandenen Reservoir bestritten werden. Von den anorganischen Stickstoffverbindungen liegt aufgrund des oxidativen Milieus überwiegend das Nitrat vor. Im Fall hoher Produktion im eutrophen See kann es im oberen Epilimnion zu Sauerstoffübersättigungen kommen, weil der Ausgleich mit der Atmosphäre bei zu geringer Wasserbewegung stark verzögert wird. In der lichtlosen Tiefe sinkt der Gehalt rasch ab, so daß im Laufe der Sommerstagnation häufig anaeorobe Bedingungen entstehen. Dementsprechend herrscht als anorganische Stickstoffverbindung das Amonium vor. Sulfat wird zunehmend zu Sulfid reduziert, schwerlösliches Fe^{III} zu leicht löslichem Fe^{II}, mit dem das Phosphat in Lösung geht. Durch Anreicherung des beim Abbau freigesetzten CO_2 sinkt der pH-Wert, und Kalzium aus dem partikulären Calziumcarbonat geht in Lösung. Die erhöhte Ionenkonzentration läßt sich durch einen erhöhten Leitwert messen. Das Silikat wird vorwiegend von den Diatomeen für den Aufbau der Schale benötigt. Bei hoher Produktion der planktischen Arten kommt es daher im Epilimnion zur Verarmung. Eine realistischere Vorstellung von den Konzentrationsveränderungen in einem mesotrophen See im Laufe des Jahres vermittelt Abb. 6.11.

Der natürliche, überwiegend geogene Gehalt des Oberflächenwassers an Nährstoffen wird durch die menschliche Bewirtschaftung des Einzugsgebietes verändert. Ältere, extensive Formen der Landwirtschaft, bei denen über lange Zeit der Nährstoffentzug nicht durch Düngung ausgeglichen wurde, führten zur Ausmagerung der genutzten Flächen und hatten eventuell eine anthropogene Oligotrophierung auch der Gewässer zur Folge. Dies wird für einige der relativ kleinen Eifelmaare angenommen, in deren Einzugsgebiet früher Schafweide vorherrschte (von Haaren 1988). Ob dies Prinzip großräumig wirksam wurde, ist anscheinend unbekannt. Die modernen Formen intensiver Bewirtschaftung bergen dagegen die Gefahr zunehmender Eutrophierung, z.T.

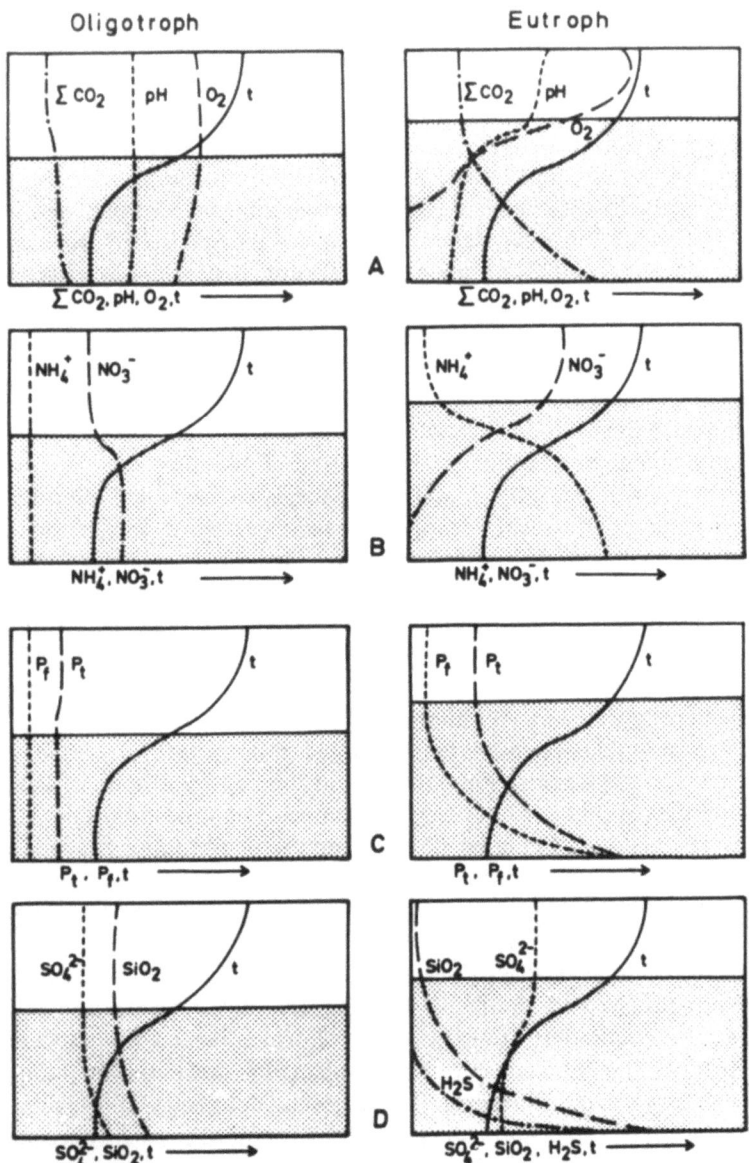

Abb. 6.10. Schematische Darstellung der Vertikalverteilung einiger chemischer Größen zur Zeit der sommerlichen Temperaturschichtung [t = Temperaturverteilung in der trophogenen (weiß) und tropholytischen (punktiert) Zone], zur Charakterisierung oligo- und eutropher Seen; P_f, lösliches; P_t, Gesamtphosphat. (Aus Siebeck 1982)

Die Seen

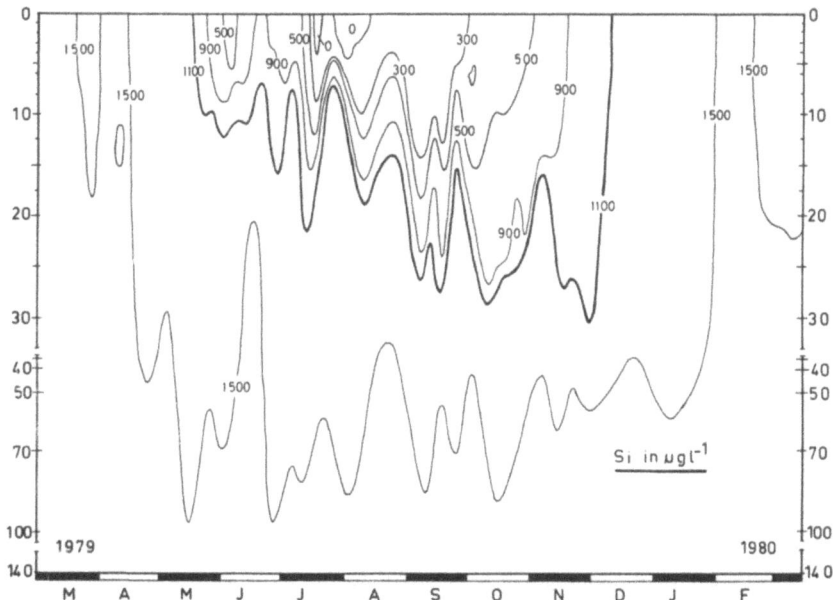

Abb. 6.11. Isophlethendarstellung des Siliciumgehaltes im Überlinger See (Bodensee). Die starken Schwankungen folgen etwa den Temperaturisoplethen (nicht abgebildet) und dürften vorwiegend durch interne Seiches induziert sein. Nach annähernd homogener Verteilung mit hohen Konzentrationen im Frühjahr als Folge der Vollzirkulation setzt mit einer Diatomeenblüte im Mai die Abnahme der oberflächennahen Silikatkonzentration ein. Anfang Juni (Klarwasserstadium) erhöht sie sich noch einmal unter Ausbildung einer zweiten Diatomeenblüte. Ende Juni verschwinden Kieselsäure und Kieselalgen fast gänzlich aus der euphotischen Zone, bereits bei < 500 µg/l ist die Diatomeenentwicklung stark eingeschränkt. Die biogene Si-Abnahme ist meist auf die oberen 10 bis 15 m beschränkt. Ordinate = Wassertiefe(m). (Aus Stabel u. Tilzer 1981)

durch Ableitung der Abfälle über die Fließgewässer, z.T. über die Atmosphäre. Besonders auffällig wurde die rasche Nährstoffanreicherung in vielen Industrieländern seit ca. 1950. Die Folge der daraus resultierenden erhöhten Produktivität waren veränderte Sauerstoffverteilungen (Abb. 6.12): Die Konzentrationen in der Tiefe sanken, während im Epilimnion zwischen 1974 und 1985 hohe Sättigungskonzentrationen auftraten, ein Anzeichen für die hohe planktische Primärproduktion.

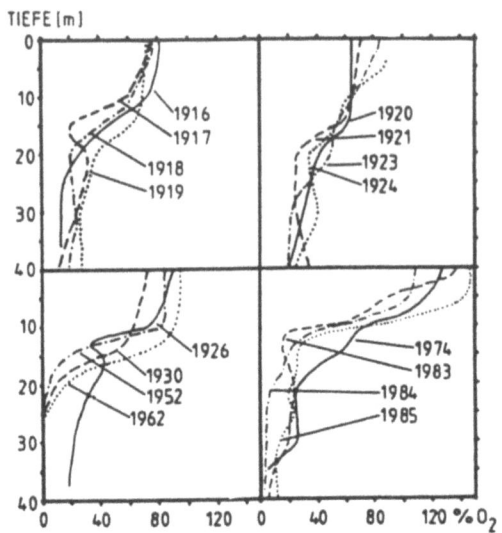

Abb. 6.12. Veränderung der Sauerstoffvertikalprofile (August) des Großen Plöner Sees zwischen 1916 und 1986. (Aus Schuchhardt u. Schirmer 1986)

6.1.3.3 Das Pelagial

Photoautotrophe Planktonorganismen und die Primärproduktion

Zu den photoautotrophen Planktonorganismen gehören neben den artenreichen eukaryonten Algen die Cyanobakterien (= Cyanophyten), gewöhnlich als Blaualgen bezeichent, und einige weitere photoautotrophe Bakterien. Meist handelt es sich bei letzteren um anaerobe Schwefelbakterien, die H_2S oder andere reduzierte Schwefelverbindungen als Elektronendonatoren nutzen. Dabei entstehen Schwefel oder Schwefeloxide. Hierher gehören die grünen Schwefelbakterien (Chlorobiaceae) und die Purpurbakterien (Chromatiaceae). Die meisten Algengattungen sind weltweit verbreitet, biogeographische Unterschiede spielen daher für die vorgefundenen Artenspektren eine geringe Rolle (Sommer 1989). Allerdings gibt es typische Dominanzspektren für die globalen Klimazonen: Während in den warmen Gebieten niedriger geographischer Breite Chlorophyta und Cyanophyta ganzjährig dominieren, beherrschen Diatomeen und Chrysophyta das Plankton großer Seen polarer und subpolarer Breiten. In den gemäßigten Zonen macht sich ein jahreszeitlicher Aspektwechsel bemerkbar, bei dem die

Diatomeen mehr der kälteren, Chlorophyta, Cryptophyta, Chrysophyta, Dinophyta und Cyanophyta der wärmeren Jahreszeit angehören (Pollingher 1990).

Das spezifische Gewicht der meisten Planktonalgen ist höher als das ihres Mediums, des Wassers. Die Dichtedifferenz hat in der Regel den Faktor 1,01 bis 1,03 (Wetzel 1983). Diese Algen sinken in unbewegtem Wasser kontinuierlich, bis zur Sedimentation auf dem Substrat. Nur die Bewegung des Wassers verbreitet sie passiv, begünstigt durch ihre häufig sperrige Gestalt, die als Angriffsfläche der Strömungen des Mediums dienen und gleichzeitig den Sinkwiderstand erhöht. Nur relativ wenige begeißelte Arten sind aktiv beweglich, andere erzeugen Auftrieb durch ölgefüllte Vakuolen, z.B. die Grünalge *Botryococcus* oder durch Gasvakuolen wie manche Blaualgen.

Phytoplanktonsukzessionen, Verlauf und Entstehung

Das Pelagial als Lebensraum erscheint zwar sehr homogen, doch gibt es trotzdem eine große Artenzahl planktischer Algen und zahlreiche räumlich-zeitliche Muster ihrer Verteilung. Allerdings findet man in der Regel zu einem Zeitpunkt, in einem Gewässer nur eine oder wenige dominante Arten, die aber einer jahreszeitlichen Sukzession unterliegen. Diese kann über viele Jahre gleichförmig verlaufen. Die Grundzüge des jahreszeitlichen Ablaufs der Sukzession mag ein einfaches Beispiel eines **mesotrophen Sees mittlerer Tiefe** verdeutlichen. Das winterliche Minimum der Phytoplanktondichte entsteht in den gemäßigten Breiten meist durch Lichtlimitierung, die durch Eis- und Schneedecken verstärkt sein kann. Die Frühjahrsvollzirkulation bewirkt eine Nährstoffanreicherung in den oberen Wasserschichten. Gleichzeitig wird durch die starke vertikale Bewegungskomponente ein großer Teil der Algen aus der oberflächennahen Schicht in lichtarme Tiefen verlagert. Wenn sich die Wasserschichtung zu stabilisieren beginnt, entsteht für die Algen ein günstigeres Licht- und Nährstoffangebot, so daß eine intensive Vermehrung einsetzt, hier durch Diatomeen (= Bacillariophyceae) dominiert. Am Anfang werden Arten mit niedrigen Lichtansprüchen gefördert, wie *Asterionella formosa* und *Fragillaria crotonensis*. Einige Zeit nach der Etablierung der Schichtung wird die Silikatlimitierung wirksam, indem zunächst Arten mit niedrigerem Bedarf nachfolgen, wie *Tabellaria flocculosa*, und danach Nicht-Diatomeen sich durchsetzen. Da das Silikat überwiegend in Form der Diatomeenschalen partikulär vorliegt, sedimentiert es relativ schnell, ein rasches Recycling ist nicht möglich. Die weitere Entwicklung wird uneinheitlicher: Je nach dem N/P-Verhältnis können Cyanobakterien oder Grünalgen oder auch Dinoflagellaten (Dinophyta) vorherrschen. Die Limitierung bei Phosphor und Stickstoff ist in der Regel weniger klar ausgeprägt als beim Silikat. Diese Unterschiede erklären sich aus einer andersartigen Dynamik. Phosphat kann in den Zellen gespeichert und in Mangelphasen verwendet werden. Stickstoff- und Phosphorverbindungen werden außerdem beim Abbau organischer Substanz durch Mikroorganismen rasch in löslicher Form für das Phytoplankton verfügbar. Heterotrophe Bakterien konkurrrieren allerdings erfolgreich mit den planktischen Algen um denselben Pool des Phosphats (Sommer 1989; Güde 1989).

Dinoflagellaten und die in Frage kommenden Arten der Cyanobakterien haben die Möglichkeit zur Vertikalwanderung zwischen nährstoffreicher Tiefen- und gut durchlichteter Oberflächenzone. Bei planktischen Blaualgen kommen darüber hinaus zwei weitere Eigenschaften vor, die sie zu sehr erfolgreichen Konkurrenten machen: Die Fähigkeit zur N_2-Fixierung bei Arten mit Heterocysten, die den eukaryonten Algen fehlt, und zur Bildung und Sekretion von Toxinen. Als Ergebnis enstehen vor allem in eutrophen Seen regelmäßig auffallende Blaualgen-Blüten, während derer bei windarmem Wetter dichte Algenteppiche an der Wasseroberfläche entstehen können. Sie treten in den gemäßigten Klimaten besonders im Spätsommer auf. Meist wird die jeweilige Algenblüte von einer Art beherrscht.

Bei der Vertikalwanderung der Blaualgen bilden sich Gasvakuolen, die zum Aufsteigen führen. Nahe der Wasseroberfläche bei hoher Lichtintensität kollabieren sie aufgrund des zunehmenden Turgors, und die Zellen sinken wieder ab. Aus der Möglichkeit zur Stickstoffixierung resultiert die Unabhängigkeit vom Stickstoffangebot im Milieu. Aus diesem Grunde ist die optimale Entwicklung dieser Arten eng an einen niedrigen N/P-Quotienten gebunden. Generell beginnt für Algen bei einem N/P-Wert unter 12 der Bereich, in dem N zum limitierenden Faktor wird, unter 5 ist dies immer der Fall (Forsberg 1979).

Die von den Blaualgen sezernierten Toxine sollen teilweise durch Allelopathie die Entwicklung anderer Algen hemmen und dadurch die Dominanz einer Blaualgenart hervorrufen (Keating 1977, 1978). Die Existenz dieser Allelopathie und ihre Bedeutung in der Sukzession des Phytoplanktons ist allerdings umstritten (Sommer 1989). Im Jahresverlauf wechselnde aktivierende und hemmende Wirkungen verschiedener gelöster organischer Stoffe auf die Entwicklung verschiedener Algenarten eines eutrophen Flachsees fanden auch Jüttner u. Paul (1984). Sicher nachgewiesen ist die toxische Wirkung mancher Blaualgen auf das herbivore Zooplankton. Bei *Daphnia pulicaria* nimmt im Experiment die Mortalität mit steigendem Anteil von *Microcystis* rasch zu (Lampert 1981). Der Grad der Toxizität variiert: In der Regel sind die Populationen von *M. aeruginosa* zu Beginn der Saison nicht giftig und werden von Daphnia ohne Schädigung filtriert. Mit fortschreitendem Fraß steigt die Giftigkeit. Es wird vermutet, daß dem eine Anreicherung unbekömmlicher Stämme zugrunde liegt (Benndorf u. Hennig 1989).

Die Phytoplanktonentwicklung in Seen verschiedenen Typs

In tiefen Seen reicht die vertikale Umwälzung des Wasserkörpers im Frühjahr so tief, daß sich auch Diatomeen während dieser Zeit aufgrund des ungünstigen Lichtklimas nicht ausreichend vermehren können und die Phytoplanktonentwicklung verzögert nach der Stabilisierung der Schichtung einsetzt. Je nach Nährstoffangebot und der Ausgangssituation des Inoculums (der zu Beginn der Entwicklung in ausreichender Zahl vorhandenen überwinternden Algen) beginnt die Entwicklung unterschiedlich: Im Bodensee erscheinen zunächst einige Flagellaten und die Grünalge *Pandorina* in größerer Zahl, ohne Nährstofflimitation. Das folgende Klarwasserstadium ist durch Fraß des Zooplanktons zu erklären (vgl. S. 155). Erst danach kommt es zu einer stärkeren Diatomeenentwicklung und zur Phosphat- und Silikatlimitation. Der weitere Verlauf erklärt sich zum Teil aus der selektierenden Wirksamkeit des Zooplanktons.

In oligotrophen Seen dominieren meist Arten des Nanoplanktons, die aufgrund eines hohen Oberflächen-Volumen-Verhältnisses geringe Nährstoffkonzentrationen besser ausnutzen können. Unter ihnen ist der Anteil aktiv beweglicher Flagellaten hoch. In den Hochlagen der Alpen erhält dieser Seentyp eine besondere Ausprägung. Der in Tirol in 2240 m NN gelegene Vordere Finstertaler See soll hier als Beispiel dienen. Von den im See vorhandenen 83 voll planktischen Algenarten sind 12 quantitativ wichtig. Unter ihnen sind 2 unbegeißelt. Aufgrund der aktiven Schwimmbewegung der begeißelten Formen wird der Diffusionshof um die Zelle laufend abgebaut. Verbunden mit der geringen Größe führt dies zu besonders günstigen Stoffaufnahme- und hohen Wachstumsraten (Abb. 6.13a) (Sommer 1989; Lund 1965). Darüber hinaus ergibt sich die Möglichkeit, aktiv die Zone optimaler Lichtintensität aufzusuchen. Diese Algen sind überwiegend schwachlicht-adaptiert und halten sich während der siebenmonatigen Eisbedeckung oberflächennah, im Sommer in größerer Tiefe auf. Die Photosynthese erzielt daher auch unter Eis noch eine relativ hohe Lichtausbeute, steigert sich dennoch zum Sommer zu höherer Produktion, obgleich die höchste Algendichte nach der Schneehmelze auf 20 bis 28 m Tiefe absinkt und später immer noch bei 12 m liegt. Das ist erheblich tiefer als in Tieflandseen. Die Algenbiomasse ändert sich kaum, weil die Verluste den sommerlichen Produktionsüberschuß weitgehend aufwiegen (Abb. 6.13) (Tilzer 1973; Pechlaner et al. 1973). Ein ähnlich hoher Anteil Flagellaten charakterisiert das Phytoplankton kleiner Waldseen Finnlands, deren Wasserkörper auch im Sommer eine sehr geringe Turbulenz hat. Die Vertikalwanderungen scheinen dort ebenfalls der optimalen Nutzung des Lichts im Winter, der höheren Nährstoffkonzentration in größerer Tiefe im Sommer und, durch die Einschichtung in der Tiefenzone, gleichzeitig der Vermeidung von Ausschwemmungen aus dem See zu dienen (Jones 1991).

Die photosynthetisch aktiven Schwefelbakterien treten auf, wenn das Hypolimnion anaerob und reich an H_2S ist und die Obergrenze dieser Zone im euphotischen Bereich liegt. Auch diese Bakterien können elementaren Stickstoff fixieren (Abb. 6.14). Die N_2-Fixierung steigt mit der Produktivität des Gewässers. Der Anteil am Stickstoffbudget des Sees beträgt im mesotrophen Lake Windermere unter 1%, in eutrophen Seen können 50%, in einigen Fällen bis zu 80% erreicht werden (Steinberg u.

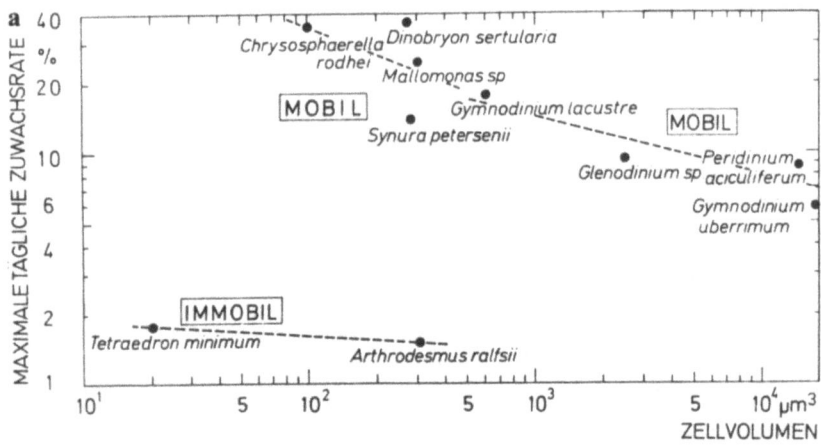

Abb. 6.13a–c. Das Phytoplankton des Vorderen Finstertaler Sees. **a** Maximale tägliche Zuwachsraten, Zellvolumen und Bewegungstyp: aktiv, mit Geißeln (MOBIL); passiv, ohne Geißeln (IMMOBIL) der wichtigsten Arten. Räumlichzeitliche Verteilung **b** einer begeißelten, **c** einer unbegeißelten Art. Isoplethen: mg Frischgewicht/m³. (Aus Tilzer 1973, verändert)

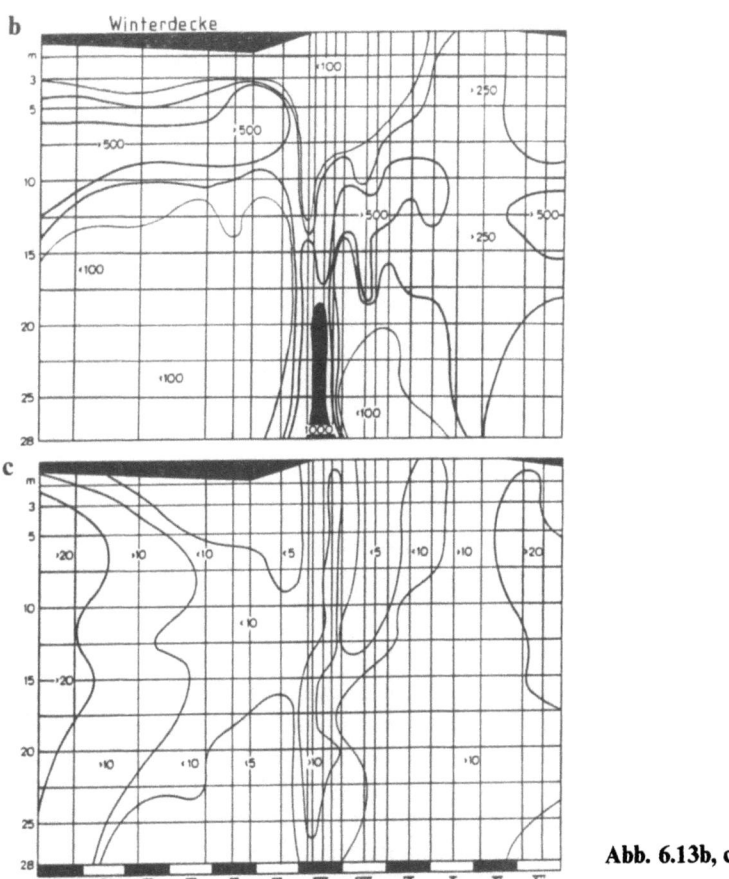

Abb. 6.13b, c

Melzer 1984). Besonders hoch ist die bakterielle N_2-Fixierung naturgemäß in meromiktischen Seen.

Die Koexistenz der Arten des Phytoplanktons

Die Frage, ob die Konkurrenz um die Resourcen Nährstoffe und Licht die unterschiedlichen räumlich-zeitlichen Muster der Arten- und Dominanzspektren der Algen im Pelagial erklären können, war lange Zeit umstritten. Experimentelle Untersuchungen, Modellberechnungen und die Analyse von Phytoplanktonsukzessionen in Seen belegen dies mittlerweile hinreichend (Sommer 1989). Danach ist die Koexistenz

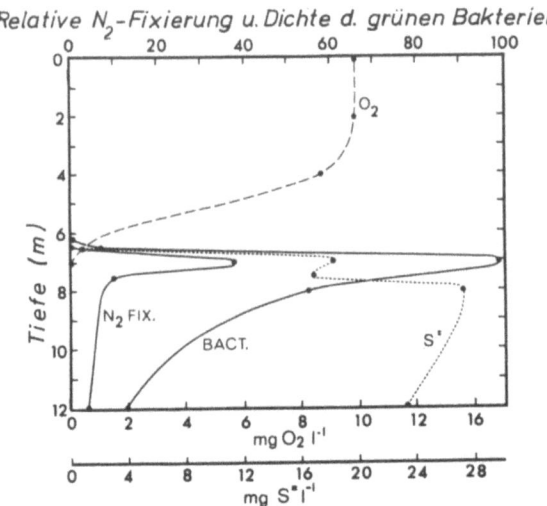

Abb. 6.14. Stickstoffixierung in einem meromiktischen, norwegischen See im Juni in Beziehung zur Verteilung grüner, photoautotropher Bakterien (überwiegend *Pelodictyon*). (Aus Wetzel 1983, verändert)

mehrerer, konkurrierender Arten möglich, wenn sie für unterschiedliche Ressourcen der jeweils überlegene Konkurrent sind. Bei zwei limitierenden Ressourcen können zwei Arten koexistieren, wenn das Angebot beider Stoffe in einem spezifischen, günstigen Mengenverhältnis vorliegt (Tilman et al. 1982). Wenn unter Freilandverhältnissen trotzdem oft weitaus mehr Arten nebeneinander existieren als limitierende Faktoren vorhanden sind („Hutchinsons Planktonparadox", Hutchinson 1961) müssen weitere Faktoren wirksam sein: Räumliche Heterogenität im scheinbar so homogenen Lebensraum des Pelagials dürfte von Bedeutung sein. Eine oberflächennahe ungleichmäßige Verteilung des gesamten Planktons kann sich passiv als Folge sogenannter Langmuir-Strömungen ausbilden. Es handelt sich um spiralige Wasserbewegungen um Achsen, die parallel zur Oberfläche und zur Windrichtung verlaufen. Sie entstehen als Teil der windinduzierten Wellen und verlaufen in Streifen parallel zueinander. Wo die Spiralströmung benachbarter Streifen divergiert sammeln sich Partikel, unter anderem auch Planktonorganismen. Das ungleichmäßig verteilte Zooplankton könnte seinerseits sowohl durch Fraß als auch durch Freisetzung von Nährstoffen dazu beitragen, mosaikartige Verteilungsmuster zu erzeugen. In Experimenten in sehr vereinfachten Systemen wurde eine erhöhte Nährstoffaufnahme durch Algen in der

Nähe von Zooplanktern nachgewiesen (Lehman u. Scavia 1982). Ob diese Ergebnisse auf natürliche Verhältnisse übertragbar sind, bleibt vorerst offen. Plausibel ist auch der Einfluß von Störungen („disturbance"), periodisch oder nicht periodisch auftretender Veränderungen der abiotischen Bedingungen, die den kontinuierlichen Ablauf der Sukzession unterbrechen (Sommer 1991; „intermediate disturbance hypothesis", Connell 1978). Belegt sind z.b. die Wirkungen starker Winde während der Sommerstagnation oder die jahreszeitlich auftretenden Zirkulationserscheinungen des Wasserkörpers. Lang andauernde stabile Umweltbedingungen führen tatsächlich in einer Sukzession zu einer artenarmen Endgesellschaft des Phytoplankton (Pickett u. White 1985).

Wie groß die Zahl der koexistierenden Arten sein kann, zeigt das Beispiel des oligotrophen Königssees (Abb. 6.15). Neben kleinen Diatomeen-Arten wie *Cyclotella comta* sind viele aktiv bewegliche Arten beteiligt. Typische Arten eutropher Seen wie *Ceratium hirundinella* unter den Dinophyceen, die Diatomeen der Gattungen *Fragilaria* und *Tabellaria*, sowie die Grün-und Blaualgen spielen eine geringe Rolle. Statt dessen dominieren Arten wie die Kieselalge *Cyclotella bodanica* sowie die Chrysophyceen *Dinobryon cylindricum* und *Uroglena americana*, die Indikatoren für oligotrophe Verhältnisse sind (Siebeck 1982).

Primärproduktion und Trophie

Auch für die Höhe der Primärproduktion im Pelagial ergeben sich vertikale Gradienten, abhängig von der vertikalen Verteilung der Produzenten, des Lichtes und der Nährstoffe. Sie sind für die verschiedenen Seentypen und die saisonalen Ausprägungen der relevanten Milieubedingungen jeweils charakteristisch. Die Produktion verringert sich mit der vertikal abnehmenden Strahlungsenergie. Nur in einer Zone nahe der Wasseroberfläche entsteht bei hoher Strahlungsintensität durch Lichthemmung eine verminderte Photosyntheseleistung. Das Zusammenwirken der verschiedenen Variablen: Licht, Temperatur, Nährstoffangebot und Mortalität führt auch in demselben Gewässer zu erheblichen Produktionsdifferenzen (Abb. 6.16a). Die mit zunehmender Trophie steigende Algendichte vermindert die Eindringtiefe des Lichtes. Daraus ergeben sich trophietypische Vertikalverteilungen der Primärproduktion, wie sie ähnlich auch im Laufe einer Vegetationsperiode phasenweise in einem See auftreten können (Abb. 6.16b).

Zivilisationsbedingte Umweltveränderungen haben die Nährstoffeinträge in die Gewässer in den letzten Jahrzehnten rasch ansteigen

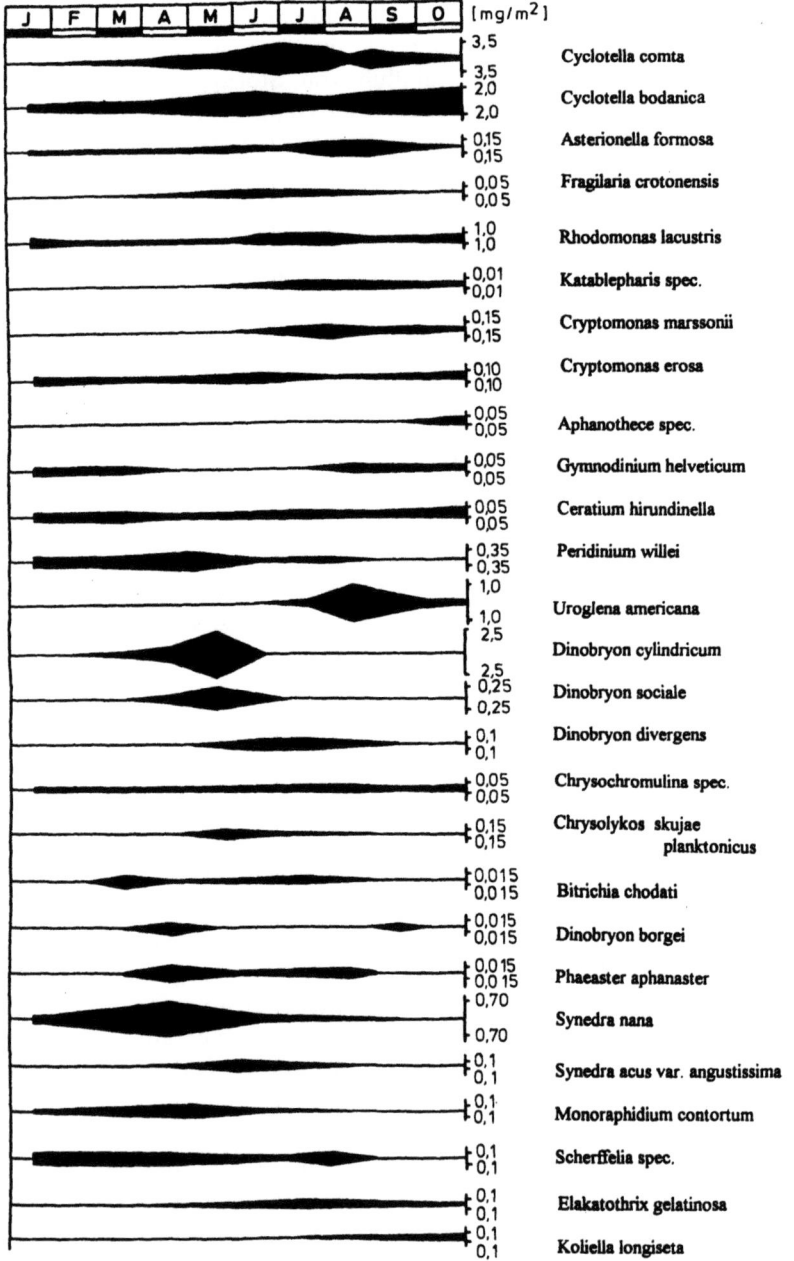

Abb. 6.15. Das jahreszeitliche Auftreten der Phytoplanktonarten im Königssee (1980). (Aus Siebeck 1982, verändert)

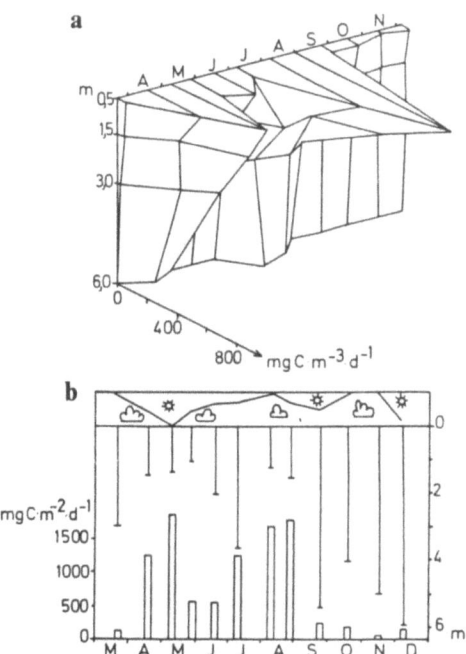

Abb. 6.16. a Primärproduktion im Jahreslauf in dem künstlich angelegten Bostalsee (Saarland) (Ordinate: Wassertiefe), **b** ihre Beziehung zur Sichttiefe (rechte Ordinate), mit Angabe des geschätzten Bewölkungsanteils. (Aus Zaiß 1981)

lassen. Geschichtete Seen reagieren unter anderem durch eine Verringerung des Sauerstoffgehalts im Hypolimnion und einer Tendenz zu Übersättigung in den oberen Wasserschichten, aber auch Flachseen können sich durch besonders hohe Produktivität auffallend verändern (vgl. S. 202). Die unerwünschten Folgeerscheinungen der Seeneutrophierung haben früzeitig zu einem intensiven Studium dieser Vorgänge geführt. Für eine Bewertung des Gütezustandes sind mehrere Konzepte entwickelt worden. Das aus einem internationalen Programm hervorgegangene Vollenweider-Konzept (Vollenweider 1976) berücksichtigt das Phosphat als in der Regel produktionslimitierenden Nährstoff. Die Wasser- und damit die Stoffaustauschraten werden durch das Verhältnis von mittlerer Wassertiefe und Wassererneuerung einbezogen (Abb. 6.17). Die Beziehung zur Algemenge, als Chlorophyllgehalt gemessen, dient der Kontrolle der Trophieauswirkung auf die Biomasse der Primärproduzenten.

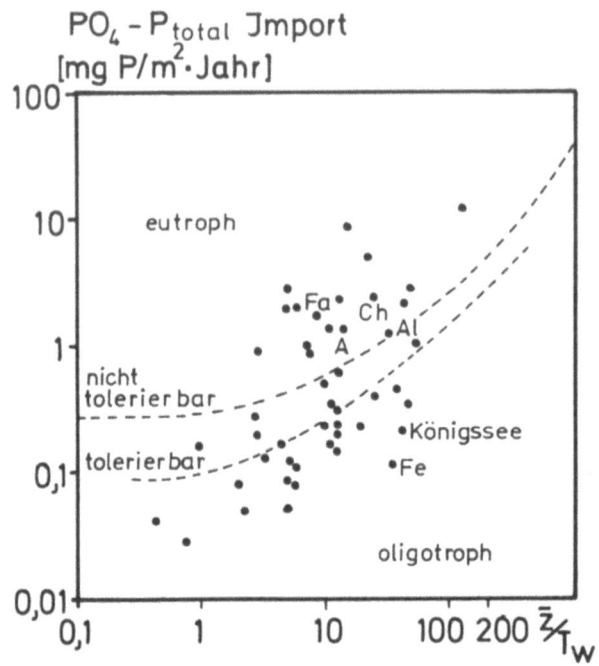

Abb. 6.17. Vollenweider-Diagramm zur Beziehung zwischen Phosphor-Importen und Trophie in Abhängigkeit von der mittleren Tiefe [$\bar{Z}$] und der Wassererneuerungszeit [T_w]. Neben den durch • • • bezeichneten Seen sind die folgenden gesondert gekennzeichnet: A, Ammersee; Al, Großer Alpsee; Ch, Chiemsee; Fa, Fasaneriesee; Fe, Feldsee (Schwarzwald). Der Wirkungsgrad der Phosphorimporte wird beeinflußt durch $\bar{Z}$ (je tiefer der See, desto stärker die Verdünnung), T_w (je kürzer die Wassererneuerungszeit, desto größer ist der Auswascheffekt), durch die Nährstoffretention und Sedimentation: Je mehr Nährstoffe durch Sedimentation vom Export ausgeschlossen bleiben, desto größer ist die interne Düngung, d.h. die Rückführung von Nährstoffen aus der periodisch anoxischen Tiefenzone in die trophogene Zone. (Aus Siebeck 1982)

Das Zooplankton

Das Zooplankton der Binnengewässer wird unter den Metazoen durch die Rotatorien (Rädertiere) und die Kleinkrebsgruppen der Cladoceren (Wasserflöhe) und der Copepoden (Ruderflußkrebse) dominiert. Großformen fehlen weitgehend. Die in den Meeren verbreiteten Medusen

(Hydrozoa) und Garnelen (Mysidacea und Decapoda) sind nur lokal und mit wenigen Arten vertreten. Auch die im Benthos so reich differenziert auftretenden Insekten, haben nur wenige planktische Formen hervorgebracht. Zu nennen sind vor allem die carnivoren Larven von *Chaoborus* (Diptera), die mit Hilfe luftgefüllter Tracheenblasen im Wasser schweben und die Einstandstiefe regulieren können. Wichtige pelagische Protisten finden sich vor allem unter den Ciliaten und den Flagellaten. Zu der letztgenannten Gruppe gehören auch photoautotrophe Arten der Gattungen *Cryptomonas, Gymnodinium, Dinobryon* und anderer, die alternativ partikuläre Nahrung phagocytieren (mixotrophe Arten).

Die Rotatoria, die kleinsten Metazoen, sind überwiegend Süßwassertiere. Es gibt ca. 100 rein planktische Arten (Abb. 6.18). In der Mehrzahl filtrieren sie mit Hilfe ihres bewimperten Räderorgans Seston als Nahrung. Gilbert u. Bogdan (1984) unterscheiden bezüglich des Nahrungsspektrums Generalisten wie *Keratella*, die Partikel zwischen Bakterien- und *Cryptomonas*- Größe verwerten, während es bei Spezialisten wie *Polyarthra* überwiegend größere Partikel sind. Einige größere Arten z.B. der Gattung *Asplanchna* sind Räuber, die sich vor allem von Protozoen und anderen Rotatorien ernähren. Heterogonie in der Fortpflanzung ermöglicht den Rädertieren über eine Folge parthenogenetischer Generationen ein rasches Populationswachstum.

Die Cladocera (Abb. 6.18c, d) schwimmen mit Hilfe ihrer zweiten Antennen. Die Fortpflanzung, ebenfalls mit Heterogonie, verbunden mit Brutpflege, ermöglicht eine rasche Generationsfolge und hohe Vermehrungsraten, wie sie für r-Strategen typisch sind. Nach der Befruchtung werden bei manchen Arten Dauereier mit Entwicklungsdormanz gebildet, die oft in Eibehältern, den Ephippien, verpackt sind. Die Ephippien von *Daphnia* bilden Schwimmkörper. Die Primärkonsumenten unter den pelagischen Cladoceren filtrieren mit Hilfe kammartig angeordneter Borstenfilter der Thoraxextremitäten. Die Maschenweite der Filterborstengitter bestimmt die minimale Partikelgröße. Gitter mit großen Maschenweiten, wie bei *Holopedium gibberum*, filtrieren überwiegend mittelgroße Algen. Die Feinfilter-Arten wie *Daphnia cucullata* und *Diaphanosoma brachyurum* können den feinpartikulären Anteil, insbesondere auch Bakterien nutzen (Abb. 6.19). Die Größenselektion aufgrund der Maschenweiten ließ sich auch mit genormten Latexkugeln anstelle natürlicher Partikel nachweisen (Geller u. Müller 1981; Gophen u. Geller 1984; Hessen 1985). Strukturbedingt ist der Nahrungserwerb bei Cladoceren nur größenselektiv: Alle ausgesiebten Partikel gelangen zwangsläufig in die Futterrinne. Ungeeignete Nahrung

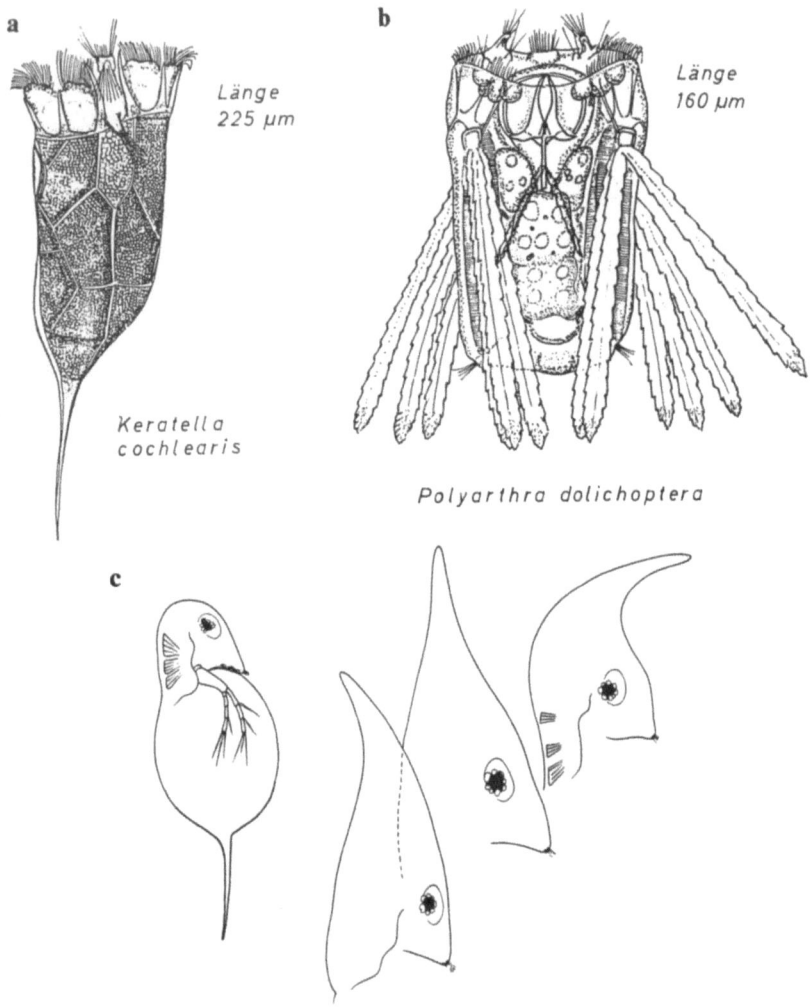

Abb. 6.18a–f. Formen des Zooplanktons. Rotatoria: fußlose, holopelagische Arten: **a** *Keratella cochlearis*, mit Panzer, der lange Stacheln trägt, wahrscheinlich als Schutz gegen wirbellose Räuber, **b** *Polyarthra dolichoptera*, mit 4 Gruppen ruderartiger beweglicher Anhänge, sehr wendige Schwimmer (vgl. Stemberger 1984). Cladocera: **c** *Daphnia cucullata*, Kopfformen bei sommerlicher Cyclomorphose; **d** Spektrum verschiedener Arten: *Polyphemus pediculus*, *Leptodora kindti* und *Bythotrephes* ernähren sich carnivor, die Beine sind als Greiforgane geformt, der Carapax umschließt nur die Brutkammer; die übrigen Arten sind Filtrierer, der Carapax umschließt auch die Filterkammer mit den Beinen. Copepoda: **e** Naupliuslarve, **f** adultes ♀ (mit Eisack). (**c–e** Aus Margalef 1983; **a**, **b**, **f** aus Fryer u. Murphy 1991, verändert)

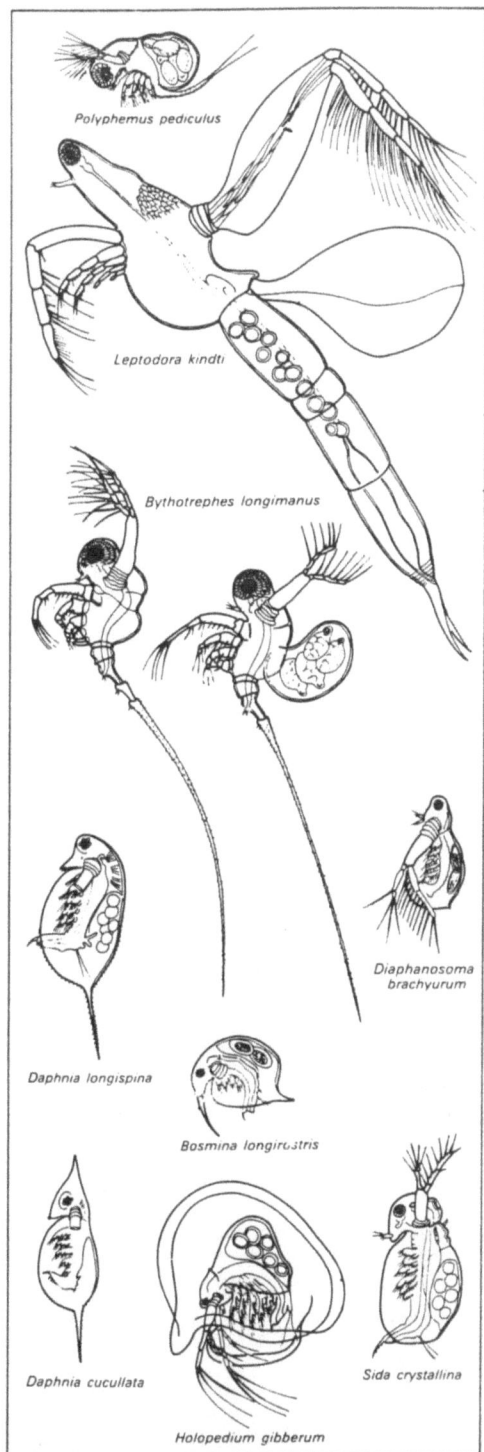

Abb. 6.18d

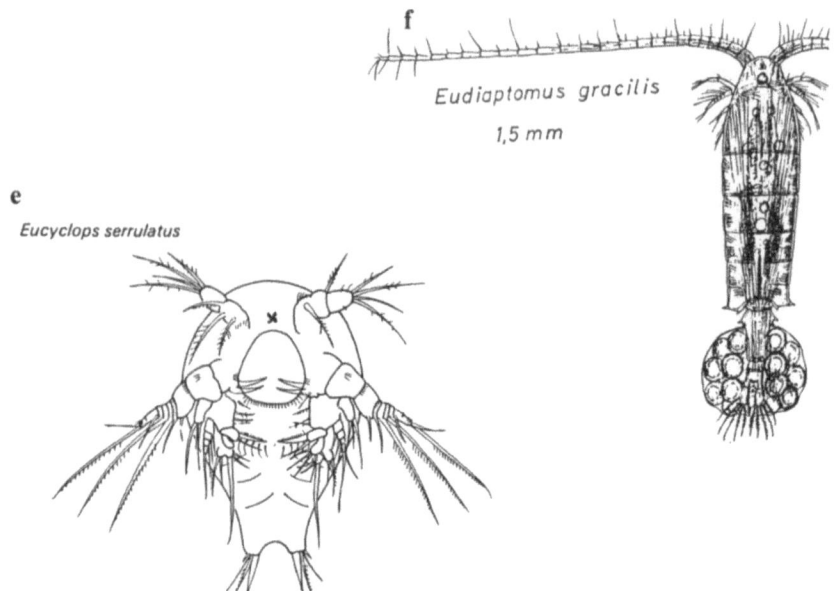

Abb. 6.18e, f

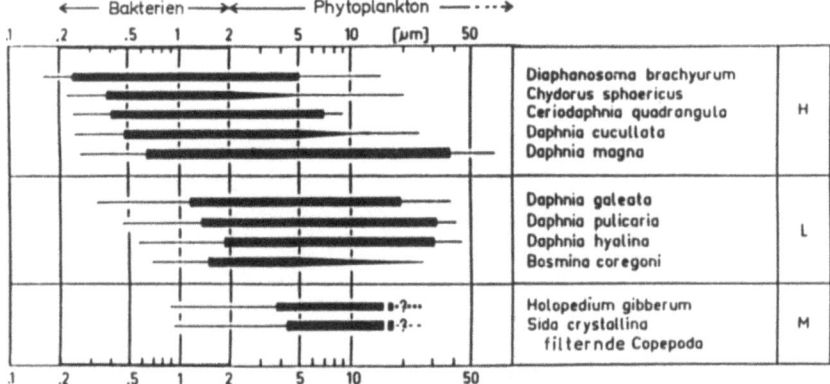

Abb. 6.19. Größenspektren filtrierter Nahrung verschiedener Cladocera. Bereich hoher Filtriereffektivität durch dicke, Übergangsbereich mit geringer Effektivität durch schmale Balken gekennzeichnet. Den Größenspektren der filtrierten Partikel entsprechen die Maschenweiten der Beinfilter. H, hoch, L, wenig effektive Bakterienfiltrierer; M, Makrofiltrierer. (Nach Geller u. Müller, 1981, verändert)

kann allenfalls unselektiert wieder ausgeworfen werden. Sperrige, z.B. lange, fädige Algen können durch Einengung der Spaltbreite der Carapaxklappen zurückgehalten werden. Dieser Mechanismus wird nur eingesetzt, wenn die zurückzuhaltenden Algen häufig sind (Gliwicz u. Siedlar 1980). Neben dem Verfahren der größenselektiven Filtration gibt es bei den Bosminiden noch eine andere Form des Nahrungserwerbs: Mit den zwei vorderen Beinpaaren werden große Algenzellen einzeln ergriffen, während die Beinpaare drei bis fünf dem Aussieben kleinerer Partikel dienen (Bleiwas u. Stokes 1985). Manche Algen mit Gallertscheide überdauern die Darmpassage unverdaut und vital und bleiben auf diese Weise ihrer Population erhalten. Das Spektrum der aufgenommenen Partikel umfaßt vor allem Größen zwischen 3 und 20 μm, gelegentlich bis ca. 40 μm (Burns 1968), wenn sie ohne dornenartige Fortsätze und ohne schützende Gallerthülle sind. Die Arten der Gattung *Daphnia* erreichen unter allen herbivoren Zooplanktern der Binnengewässer die höchsten Aufnahmeraten beim Nahrungserwerb (Sterner 1989).

Von den Copepoden (Abb. 6.18e, f) spielen im Plankton die Calanoidea und die Cyclopoida eine wichtige Rolle. Die Fortpflanzung der Copepoden ist bisexuell ohne Generationswechsel. Die Entwicklung beginnt mit Naupliuslarven und setzt sich über Copepoditstadien zum Adultus fort. Bei den Calanoiden werden neben Subitan- auch Diapauseeier gebildet, die in der Regel im Sediment überdauern. Bei den Cyclopoiden gibt es Dormanz im Copepoditstadium. Die Larvenstadien sind herbivore Filtrierer. Unter den adulten Cyclopoiden, seltener bei den Calanoiden, ist Carnivorie verbreitet. Die im Filtrationswasserstrom herbeigeschleuderten Nahrungspartikel werden mit den Mundwerkzeugen ergriffen und bewertet: Sowohl nach der Größe als auch aufgrund des chemischen „Make up" wird selektiert. So werden lebende Algenzellen gefressen, dieselben aber abgelehnt, wenn sie durch Hitzeschock getötet wurden und äußerlich unverändert erscheinen. Die Filtrierleistung ist deutlich geringer als bei etwa gleich großen Daphnien (Sterner 1989). Meist haben Copepoden auch eine längere Generationszeit als die Cladoceren.

Die Verbreitung des Zooplanktons in seinem Lebensraum

In der Freiwasserzone eines Sees sind die Zooplankter nicht homogen verteilt. Großräumige Unterschiede sind am deutlichsten in großen Seen zu erkennen: Im Ontariosee (Nordamerika) ist die sommerliche Dichte des

Crustaceen-Planktons im Ostteil zehn- bis hundertfach höher als im Westen. Die Ursache liegt im Vorherrschen westlicher Winde, die die Mächtigkeit des Epilimnions von ca. 10 m im Westen auf 20 m am Ostende des Sees ansteigen lassen. Damit ist eine erhebliche Temperaturdifferenz des Oberflächenwassers verbunden mit 8 bis 12 °C im Westen und 16 bis 20 °C im Osten für die oberen 25 m der Wassersäule (Patalas 1990).

Unter den Zooplanktern größerer Seen gibt es pelagische und litorale Arten sowohl unter den Rotatorien als auch den Cladoceren und Copepoden (Abb. 6.20). Die Planktonkrebse orientieren sich optisch. Die pelagischen Arten vermeiden den Uferbereich durch Uferflucht und bestimmen ihren Aufenthaltsort durch Registrierung der Höhe des dunklen Horizontes gegenüber dem Himmel. Für die aus dem Wasser hinausschauenden Tiere erscheint das über dem Wasser gelegene Umfeld innerhalb eines runden Fensters, in dem der dunkle Horizont die Peripherie bildet. Die uferferne Zone ist erreicht, wenn die Höhe des dunklen Horizontes ringsherum ausgeglichen erscheint. Dieser Orien-

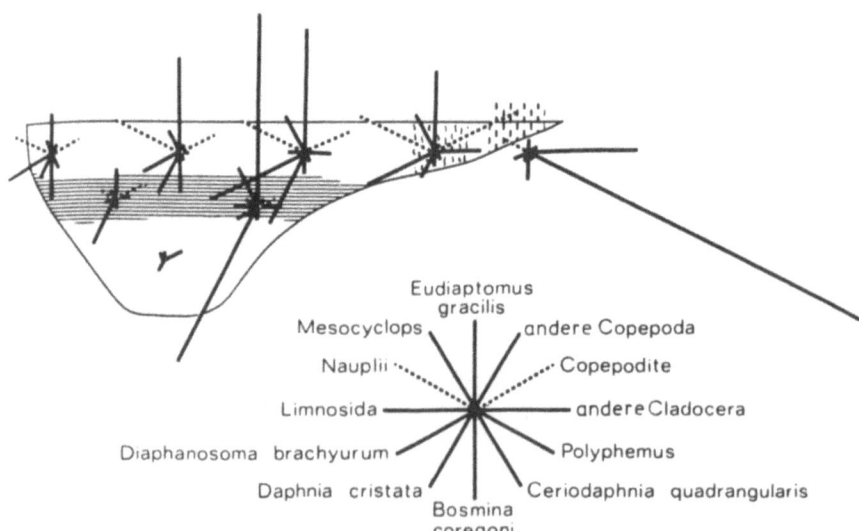

Abb. 6.20. Räumliche Verteilung des Crustaceen-Planktons in einem schwedischen See, Anfang August, nachmittags. Rechts im Bild das Litoral. Querschraffur Metalimnion; die Länge der Linien kennzeichnet die relative Häufigkeit; gestrichelte Linien; Larven. (Nach Berzins, aus Wetzel 1983)

tierungsmechanismus versagt naturgemäß bei Dunkelheit oder unter einer Schneedecke, so daß die Tiere sich über einen weiteren Bereich zerstreuen und auch in Ufernähe gelangen können (Siebeck 1968, 1979). Rotatorien orientieren sich auf die gleiche Weise (Preißler 1983).

Manche Zooplankter führen regelmäßig *tagesperiodische Vertikalwanderungen* durch, die zu einem Tagesaufenthalt in der Tiefe führen. Die Tiefe der am Tage aufgesuchten Schicht und die Amplitude der vertikalen Bewegung sind sehr unterschiedlich. Im Bodensee gibt es unter den planktischen Crustaceen neben der kaum wandernden *Daphnia galeata* die nahe verwandte *Daphnia hyalina*, die zwischen Juni und September täglich zweimal eine vertikale Entfernung von bis zu 32 m zurücklegt. Diese Art, wie auch die Copepoden *Eudiaptomus gracilis* und die Cyclopiden durchqueren dabei jedes mal die Temperatursprungschicht. *Bosmina spec.* führt die Vertikalwanderung ganz im Hypolimnion aus (Geller 1986). Die Untergrenze der Wanderungsamplitude sinkt mit der Sprungschicht im Laufe des Sommers und ist artspezifisch, so daß man annehmen darf, daß sie der Verlagerung der Isothermen folgt (Abb. 6.21). Schon Haney u. Hall (1975) konnten nachweisen, daß während des Aufenthalts in Oberflächennähe während der Nacht der größte Teil der Nahrung filtriert wird. Der Tagesaufenthalt befindet sich in der Regel unterhalb der Zone höherer Phytoplanktondichten im Bereich stark verringerter Lichtintensität. Die Kombination von geringem Nahrungsangebot und niedrigen Temperaturen hat niedrige Stoffumsätze zur Folge, während die nahe der Wasseroberfläche verbliebenen Arten gleichzeitig weitere Nahrung aufnehmen und wachsen können. Zusammen mit dem zusätzlichen Aufwand für die Wanderung ergibt sich für die wandernden im Vergleich zu den nicht wandernden Arten ein ungünstiges Energiebudget, das verringertes Wachstum und eine verminderte Vermehrungsrate zur Folge hat. Im Experiment ist das Populationswachstum von *Daphnia hyalina* unter den Bedingungen des permanenten Aufenthalts im oberen Epilimnion erwartungsgemäß auch höher als unter den Bedingungen des Wechsels der Tiefenzone. Die Produktion von *D. galeata* sinkt aber unter der suboptimalen Situation mit dem Wechsel der Temperatur und des Nahrungsangebots deutlich stärker als bei der besser angepaßten *D. hyalina* (Stich 1985; Stich u. Lampert 1984).

Auffallend ist, daß das Wanderverhalten bei nahe verwandten Arten, ja selbst bei verschiedenen Populationen einer Art, unterschiedlich ausgebildet sein kann (Gliwicz 1986), dann aber in stabiler genetischer Ausprägung auftritt (Gabriel u. Thomas 1988). Demnach bringen Vertikalwanderungen einen adaptiven Vorteil. Zur Frage, worin er besteht, gibt es zahlreiche Hypothesen (Lampert 1989). Zur Zeit ist die

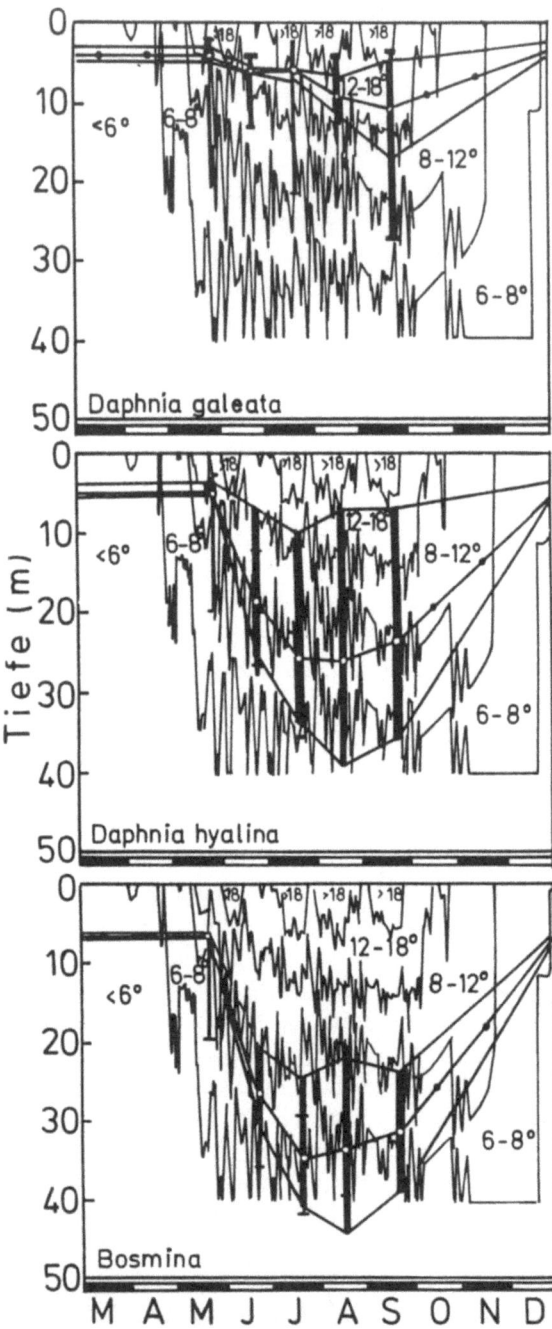

Die Seen

Erklärung der Vertikalwanderung als Strategie der Prädatorenvermeidung am besten belegt. Als Prädatoren kommen vor allem die optisch jagenden Fische in Frage (vgl. S. 160).

Die Rolle der Zooplankter in der pelagischen Lebensgemeinschaft

Ähnlich wie im Phytoplankton sind auch im Zooplankton die biogeographisch begründeten Unterschiede in der Zusammensetzung dieser Zoozönosen gering. Die trotzdem vorhandene Vielfalt der Artenspektren und ihrer räumlichen und zeitlichen Veränderungen ist vielmehr ein Abbild der Vielfalt der Wechselwirkungen abiotischer und biotischer Faktoren und der darauf angepaßten Strategien der beteiligten Organismen.

In vielen meso- und eutrophen Seen tritt gegen Ende des Frühlings nach einer Zeit starker Vermehrung der Algenbiomasse ein rascher Abfall der Algendichte bis zum Klarwasserstadium auf. Ursache könnte eine verringerte Vermehrung aufgrund von Nährstofflimitierung sein oder/und zunehmender Verlust aufgrund von Fraß durch das Zooplankton oder andere Ursachen erhöhter Mortalität, z.B. Parasitierung (van Donk 1989). Erhöhte Absinkverluste durch tiefreichende vertikale Verlagerung sind zu dieser Jahreszeit ungewöhnlich. Im Bodensee würde der Zusammenbruch der Algenblüte wahrscheinlich auch ohne Fraßdruck eintreten, weil Nährstofflimitierung wirksam wird. Der Prozeß wird aber durch die rasch steigende Zahl der Daphnien beschleunigt (Lampert u. Schober 1978). Im Schöhsee (Schleswig-Holstein) entsteht das Klarwasserstadium ohne eine entsprechende Absenkung der anorganischen N- und P-Konzentrationen im Wasser, also nicht aufgrund von Nährstoffmangel. In Enclosure-Experimenten ohne Zooplankton vermehren sich die Algen, mit Zooplankton ist das Ergebnis ähnlich wie im See (Abb. 6.22).

Die Algenaufnahme durch Cladoceren ist zwar wenig selektiv, jedoch werden große Partikel über 20 bis 40 μm Durchmesser kaum aufgenommen. Das erhöht die Überlebensrate großer, sperriger oder

---

Abb. 6.21. Vertikalwanderungen dreier Cladoceren-Arten im Bodensee. Veränderung im Laufe des Jahres. Die Zahlen in den Flächen zwischen den Temperaturkurven bezeichnen den Temperaturbereich (°C); die dicken, vertikalen Balken geben die Amplitude für die Mehrzahl (50%), die dünnen Fortsetzungen für die übrigen Tiere an. Genaue Messungen für die Monate Mai bis September, Schätzungen für die übrige Zeit (s. begrenzende Linien). (Aus Geller 1986, verändert)

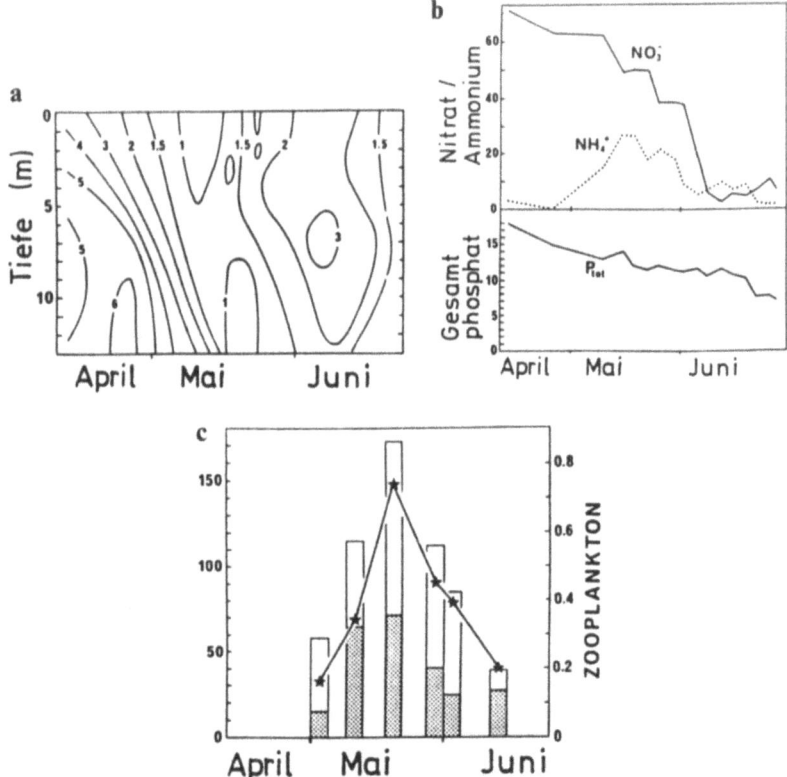

Abb. 6.22a–e. Kontrolle des Phytoplanktons durch filtrierendes Zooplankton im Schöhsee (1983). **a** Isoplethendiagramm zur Chlorophyllkonzentration (μg/l). Klarwasserstadium mit Gehalten < 1 μg/l Mitte Mai. **b** Nährstoffkonzentrationen (N,P:μg/l): Keine Nährstofflimitation im Klarwasserstadium. **c** Zooplankton: Biomasse (Kurve mit Sternen: mg Trockengewicht/l), Balken; Filtrier-(grazing)-rate (%/Tag) in situ [gemessen in Haney Kammern mit C^{14}-markierten Algen: *Scenedesmus acutus* (Chlorophyta) und *Synechococcus* (Cyanobacteria), Mittelwert für die oberen 5 m Wassersäule]. Gesamthöhe des Balkens: *Scenedesmus*, punktierter Anteil: *Synechococcus*. **d** Tiefenprofile der Photosyntheserate: Die äußere Kurve repräsentiert die Gesamtrate, die punktierte Zone den Anteil mit einem Durchmesser zwischen 35 und 250 μm, Kurve links daneben den Anteil der < 10 μm-Fraktion. Der Anteil großer Formen nimmt unter dem Einfluß selektierender Zooplankter zu. **e** Enclosure-Experimente im Klarwasserstadium zur Kontrolle des Grazing-Einflusses auf das Phytoplankton: In den Kontrollen ohne Zooplankton (offene Kreise) steigt die Algendichte (gemessen als partikulärer Kohlenstoff (POC), mg/l, linke Seite, und Chlorophyll a, μg/l, rechte Seite). Geschlossene Kreise: Kontrolle (Zooplankton nicht entfernt); punktierte Kurven: Kontrollen außerhalb der Enclosures. (Aus Lampert et al. 1986, verändert)

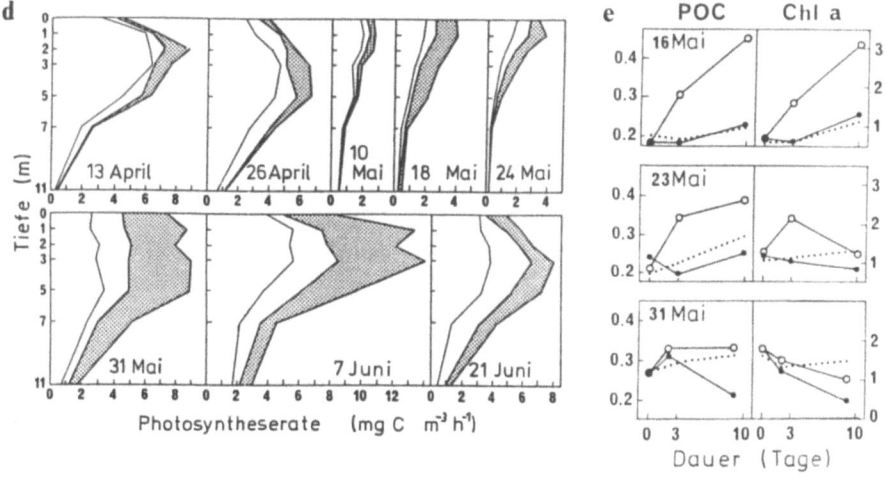

Abb. 6.22d, e

durch Panzerung oder Gallerte geschützter Formen, die dementsprechend im Sommer nach dem Klarwasserstadium dominieren. Hierzu gehören Arten mit dornenartigen Fortsätzen wie *Ceratium*, *Closterium*, *Staurastrum* und *Fragillaria* (Bergquist et al. 1985). Ein hoher Anteil nicht freßbarer Zellen kann zu starker Behinderung der Nahrungsaufnahme führen und dadurch indirekt die untergemischten kleinen Arten schützen.

Die Konsumption und die Verdauung der Algen durch das Zooplankton führt zu einer erheblichen Freisetzung organischer und anorganischer chemischer Verbindungen. Lampert (1978) fand, daß über 10% des algengebundenen C in Form von gelöstem organischen Kohlenstoff (= DOC) ausgeschieden wurde. In anderen Experimenten waren es 6 bis 12% in Form freier Aminosäuren (Riemann et al. 1986; Lehmann 1980). Daneben werden anorganisches P und N abgegeben, bei P bis zu 2,5% des Phosphatgehaltes der Daphnien pro Stunde, die damit dem Stoffkreislauf und den Algen als Nährstoffe auf kurzem Wege wieder zur Verfügung stehen. Durch den Weg über das Zooplankton verändern sich jedoch Konzentration und Zusammensetzung des Nährstoffangebots, denn der assimilierte und der sedimentierte Anteil fallen für das schnelle Recycling aus.

Ob und in welchem Maße die Population eines Zooplankters ab- oder zunimmt, hängt von exogenen und endogenen Faktoren ab. Zur ersten Gruppe gehören vor allem das Nahrungsangebot und die durch Räuber und Parasiten verursachte Mortalität. Zur zweiten Gruppe sind art- und populationsspezifische Eigenschaften zu zählen: Die Effizienz und Spezifität des Nahrungserwerbs, die Assimilations- und Wachstumsrate, die Abwehrmechanismen gegenüber Prädatoren, Anpassungen im Entwicklungszyklus an saisonale Bedingungen und anderes mehr. Diese spezifischen Eigenschaften determinieren die Konkurrenz- und Überlebensfähigkeit einer Population in der jeweiligen Umweltsituation (Kerfoot u. Sih 1987; Kerfoot 1980). Durch einige Beispiele soll in den folgenden Abschnitten die Art der Differenzierung der Leistungen und der Anpassungen filtrierender Zooplankter charakterisiert werden. Unsere Kenntnis darüber ergibt sich aus experimentellen Untersuchungen und aus Freilandbeobachtungen. Die Ergebnisse betreffen Parameter des natürlichen Biotops, der realisierten ökologischen Nischen. Die potentiellen Leistungen in den vereinfachten experimentellen Systemen dienen als Kontrolle.

Nahe verwandte Arten unterscheiden sich häufig bezüglich der Schwellenwerte der Futterkonzentration, deren Überschreitung erst

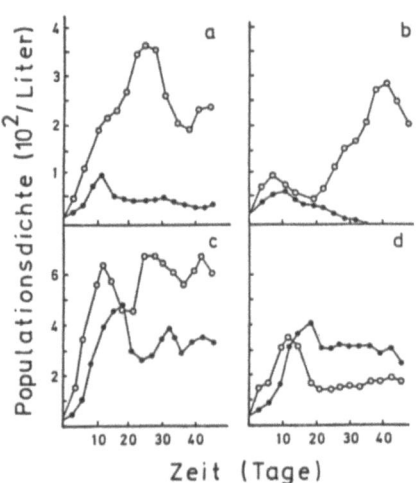

Abb. 6.23a-d. Nahrungskonkurrenz zwischen Cladocerenarten im Laborexperiment (offene Kreise: *Ceriodaphnia reticulata*, eine kleine Art: schwarze Kreise: *Daphnia pulex*, eine große Art). Bei Hälterung beider Arten in getrennten Kulturen überleben sie bei geringem (**a**) und hohem (**c**) Nahrungsangebot: die Populationsdichten steigen, *Ceriodaphnia* nutzt das niedrige Angebot effektiver. In der Konkurrenzsituation kommt Koexistenz nur bei hohem Nahrungsangebot zustande (**d**), *Daphnia* wird aber häufiger als *Ceriodaphnia*, bei niedrigem Angebot stirbt *Daphnia* aus (**b**). (Nach Romanovsky u. Feniova, aus Sommer 1989, verändert)

Wachstum und Vermehrung ermöglicht. Meist kommen die kleineren Arten mit dem niedrigeren Angebot aus, die größeren aber können höhere Angebote besser nutzen, und damit schnelleres Wachstum und höhere Vermehrungsraten erreichen (Abb. 6.23). So sind auch filtrierende Rotatorien als Konkurrenten um das gleiche Nahrungsspektrum den Daphnien weit unterlegen (de Mott 1989). In gleicher Weise unterscheiden sich Klone von *Daphnia galeata* aus produktiven und unproduktiven Seen stärker als die Populationen der drei Arten *D. galeata, D. pulicaria* und *D. hyalina*, wenn sie unter gleichartigen Lebensbedingungen vorkommen (Hrbackova u. Hrbacek 1979). Bei Hungertieren sinkt die Lebensdauer und die Zahl der Nachkommen pro ♀. Die Beziehungen zwischen Nahrungsangebot und artspezifischer Ressourcennutzung mag das folgende Beispiel erläutern: Bengtsson (1986) verglich die drei *Daphnia*-Arten *magna, pulex* und *longispina*, die gemeinsam einige Kleingewässer (rockpools) besiedelten. Bei hohem Nahrungsangebot dominierte die größte der drei Arten, *D. magna*, bei niedrigerem die kleinere *D. pulex. D. longispina* war den anderen beiden in Anwesenheit von Räubern aufgrund geringerer Mortalität überlegen und produzierte Nachkommen bereits bei niedrigerer Futterkonzentration als die in diesem Fall konkurrierende *D. magna*. Während im Freiland die in der Konkurrenz unterlegene Art häufig in geringer Dichte mit der überlegenen koexistierte, führte die gleiche Situation im Experiment, in Aquarien, zum Aussterben, zum Konkurrenzausschluß. Zeitliche und vor allem räumliche Heterogenität der Umweltbedingungen im größeren Gewässer scheint derartige Unterschiede zu verursachen.

Indirekte Förderung kann häufig die Ursache der Dominanz bestimmter Arten sein. *Holopedium gibberum*, eine Cladocere mit sporadischem Vorkommen, wird gelegentlich als typisch für Moorgewässer angegeben. Sie kommt aber auch in anderen kleinen Seen vor, ist aber effektiven Filtrierern wie *Daphnia* in der Konkurrenz unterlegen. Anscheinend entwickelt sie dort größere Populationen, wo ihr die überlegenen Konkurrenten nicht folgen können oder wo diese durch selektive Prädation auf niedrigem Bestandsniveau gehalten werden. *Holopedium* besitzt eine voluminöse, gallertige Hülle hoher Durchsichtigkeit und kann – ausgewachsen – von wirbellosen Räubern und Jungfischen nicht erbeutet werden. Die Durchsichtigkeit verbessert den Schutz vor Fischen (O'Brien et al. 1979; Tessier 1986).

Arten der Gattungen *Diaphanosoma* und *Daphnia* (Cladocera) filtrieren ein ähnliches Größenspektrum des Planktons, mit einem erheblichen Anteil an Bakterien. Der Schwerpunkt der Verbreitung der Gattung *Diaphanosoma* liegt in den Tropen. In der gemäßigten Zone zeigt sich ebenfalls eine Begünstigung ihrer Entwicklung durch hohe Temperaturen: Die Jungtiere schlüpfen im späten Frühjahr aus den Dormanzeiern und bauen die Population entsprechend später als die übrigen Arten auf. Als Konkurrenten zu Daphnien treten sie deshalb meist im Hoch- und Spätsommer in Erscheinung. Ihre Überlegenheit erklärt sich anscheinend aus ihrer größeren Toleranz gegenüber Blaualgenblüten und den dabei entstehenden Toxinen und der geringeren Mortalität der sehr durchsichtigen Tiere durch Fischfraß (de Mott 1989).

Die Einwirkung von Räubern auf das Zooplankton

Während die Konkurrenz als Ursache abnehmender Abundanz oft schwierig nachzuweisen ist, sind Wirkungen von Räubern auf das Zooplankton unter Umständen sehr augenfällig. Ein häufig zitiertes Beispiel ist der Wechsel in der Zusammensetzung der Zooplanktonbiozönose im Crystal Lake (Connecticut, USA). Die Einführung des in allen Entwicklungsstadien planktonfressenden Clupeiden *Alosa aestivalis* verschob das Spektrum von großen zu kleinen Arten. Diese Veränderung ist typisch für Räuber, die ihre Beute optisch orten, für Fische, die letztlich auch durch den Vergleich verschiedener Seen mit unterschiedlichen Ichthyozönosen zu registrieren ist (Abb. 6.24). Optisch ortende Räuber sind auf ausreichende Helligkeit angewiesen und bevorzugen beim Beutefang große und/oder kontrastreiche Objekte. Das hat z.B. eine Präferenz für große Daphnien zur Folge oder für solche, die durch kontrastreich gefärbten Darminhalt oder Ephippien auffällig sind. Ein Vergleich zwischen *Daphnia magna* und den Larven zweier *Chaoborus*-Arten (Diptera) als potentieller Beute läßt erkennen, daß die Größe und der Zusammenhang kontrastreicher Körperteile, wie der schwarz pigmentierten Schwimmblasen der *Chaoborus*, wichtige Auslöser des Beutefangs durch Fische sind. Außerdem werden aktiv bewegte Tiere leichter geortet als unbewegte: Das führt dazu das die viel kleinere, aber weniger durchsichtige und permanent schwimmende *Daphnie* auf größere Distanz erbeutet wird als *Chaoborus*, dessen Schwimmblasenpaare vom beobachtenden Fisch anscheinend als unabhängige Einheiten registriert werden (Wright u. O'Brien 1982).

Die meisten Fischarten des Süßwassers fangen die Planktontiere durch Zuschnappen einzeln und selektiv. Nur wenige, wie die Clupeiden der Gattungen *Alosa* und *Limnothrissa*, filtern bei hoher Nahrungsdichte unselektiv an den Kiemenreusen, indem sie mit offenem Maul durch die Planktonschwärme schwimmen (Janssen 1978). Eine Auswirkung auf das Größenspektrum in den Planktonschwärmen ist bei dieser Art des Nahrungserwerbs nicht zu erwarten.

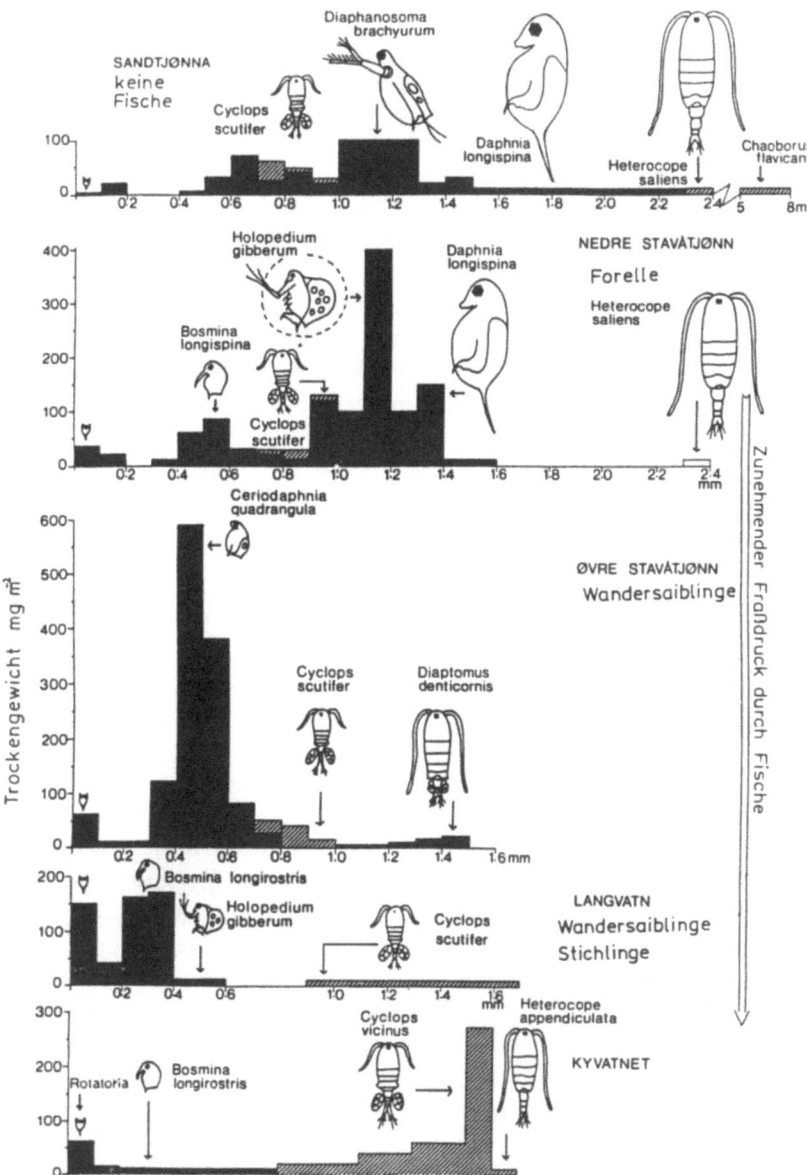

Abb. 6.24. Vergleich der Biomasse der Zooplankter verschiedener norwegischer Seen mit unterschiedlichen Fischbeständen. Man beachte das abnehmende Größenspektrum der Zooplankter mit zunehmenden Fraßdruck durch Fische. Schwarze Balken; herbivores, schraffierte Balken carnivores Zooplankton. (Aus Langeland 1982, verändert)

Zaret (1980) unterschied zwischen „**Gap limited predators**", den Fischen, die auch die großen Plankter noch als Ganzes hinunterschlucken können und den „**Size dependent predators**", die ihre Beute ergreifen und zum Verzehren festhalten müssen. Die Greifbarkeit der Beute ist durch ihre Größe begrenzt. In diese Gruppe gehören die wirbellosen Räuber und manche Fischlarven. Die meisten unter ihnen orten ihre Beute mit Hilfe von Mechanorezeptoren, z.b. durch Wahrnehmung der beim Schwimmen entstehenden Vibrationen (Copepoda, *Chaoborus*), andere optisch (Cladocera: *Polyphemus, Leptodora*; Fischlarven).

Als Antwort auf den Selektionsdruck durch die Räuber sind zum einen morphologische Strukturen entstanden, die die Greifbarkeit der potentiellen Beute herabsetzen, zum anderen spezifische Verhaltensweisen, die die Wahrscheinlichkeit des Zusammentreffens verringern. In einem nordamerikanischen See existieren eine pelagische und eine litorale Rasse einer *Bosmina-Art* (Cladocera). Die pelagische Form zeichnet sich gegenüber der litoralen durch längeren Rüssel, dickere Cuticula und durch geringere Vermehrungsrate aus. Sie ist gegen Angriffe räuberischer Copepoden besser geschützt als jene des Litorals. Dort, in einem durch Wasserpflanzen reich strukturierten Lebensraum, tritt dieser Prädatorendruck zurück. Die pelagische Rasse von *Bosmina* aber wird aufgrund geringerer Produktivität verdrängt (Kerfoot u. Pastorok 1978).

Die Bedeutung der Sperrigkeit der Beute wird am besten an Beispielen der **Cyclomorphose** deutlich. Dieser Polymorphismus kennzeichnet einige Arten der Cladoceren und Rotatorien. Am besten analysiert ist die Gattung *Brachyonus* für dieses Phänomen: Während *B. rubens* keine dornartigen Körperfortsätze ausbildet, entstehen sie bei *B. calyciflorus* unter dem Einfluß eines Stoffes, der vom Räuber *Asplanchna* (beide Rotatoria) abgegeben wird. Die dornentragenden Formen werden so sperrig, daß sie von *Asplanchna* nicht mehr verschlungen werden können (Halbach 1971b). Bei den Cladoceren tritt Cyclomorphose bei einigen kleineren Arten der Gattung *Daphnia* auf. Über ihre Entstehung und Funktion gibt es zahlreiche Hypothesen. Die typischen langen Helme (Abb. 6.18c) erscheinen vor allem im Sommer, hohe Temperatur und Turbulenz fördern ihre Ausbildung. Das ließ einen Zusammenhang zu der temperaturbedingten geringeren Dichte und Viskosität des Wassers vermuten, nämlich eine dieser Situation angepaßte Erhöhung des Sinkwiderstandes (Wesenberg-Lund 1939). Der Einfluß der Turbulenz schien darauf hinzuweisen, daß die passive Bewegung durch Konvektionsströmungen verbessert wird, weil mit der Zunahme der Sperrigkeit lokale Strömungen stärker am Körper angreifen können. Zaret (1980) wies auf die verringerte Greifbarkeit für größenlimitierte

Prädatoren hin, die die relativ kleinen Arten durch die Erweiterung ihres Körperumrisses gewinnen. Mittlerweile wurde nachgewiesen, daß ein von den Larven verschiedener *Chaoborus-Arten* abgegebener Stoff Helmbildung induziert (Hebert u. Grewe 1985; Tollrian 1990). Dies stützt die von Zaret diskutierte Hypothese. Bei großen Arten der Gattung *Daphnia* sind nur die kleineren Jugendstadien gefährdet. Gerade diese aber bilden unter dem Einfluß der Räuber Formen mit Helmen, oder, wie bei *D. pulex*, mit Nackendornen aus (Benndorf 1992). Manches deutet darauf hin, daß durch potentielle Räuber induzierter Polymorphismus im Pelagial weit verbreitet ist, so daß die seit längerem bekannten Beispiele ihren anekdotischen Charakter verlieren. Havel (1987) nennt in einer Übersicht Beispiele für Ciliaten, verschiedene Rotatorien- und Cladoceren-Gattungen. Für die letztgenannte Gruppe treten neben *Chaoborus* auch die Notonectiden (Hemiptera) *Notonecta* und *Anisops* sowie der Copepode *Epischura* als induzierende Prädatoren auf. Der neue Gestalttyp kann sich aufgrund der kurzen Generationszeit der Zooplankter meist rasch in der Population durchsetzen. Die ersten veränderten Morphen von *Daphnia pulex* können bereits zwei Tage nach dem Erscheinen der *Chaoborus*-Larven auftreten, sie dominieren innerhalb einer Woche in der Population.

Verhaltensänderungen in direkter Reaktion auf einen nahen Räuber sind für *Bosmina* beschrieben worden: Räuberische Copepoden (Cyclops) schwimmen hinter der potentiellen Beute her und orientieren sich dabei hydrodynamisch. In Reaktion auf die Schwimmbewegunden des Verfolgers stellt *Bosmina* die Schwimmbewegungen ein und läßt sich absinken, unter Zurücklassung des desorientierten Verfolgers. Gegenüber calanoiden Copepoden bleibt diese Strategie unwirksam, weil diese oberhalb der Beute schwimmen, bevor sie sie ergreifen, so daß die Signale der nahen Gefahr nicht rechtzeitig wahrgenommen werden können. Verhaltensänderungen wie diese – sich „tot zu stellen" – oder auch die Schwimmweise bei Herannahen des Feindes zu verändern, wurden auch bei Rotatorien beobachtet: Arten der Gattung *Polyarthra* (Abb. 6.18) erzeugen beispielsweise bei Bedrohung durch Schwenken ihrer ruderartigen Körperanhänge taumelnde Schwimmbewegungen, die die Orientierung des Verfolgers erschweren (Stemberger u. Gilbert 1987).

Sichere Refugien gegenüber Fischen bietet der pelagische Lebensraum nur in der aphotischen oder der anoxischen Zone. Das Ausweichen in Bereiche geringer Lichtintensität gehört zur Strategie vieler Zooplankter (vgl. S. 153). Den Larven von *Chaoborus* nützt darüber hinaus ihre Toleranz gegenüber zeitweilig anoxischen Bedingungen, sie überdauern den Tag nötigenfalls auch eingegraben im Substrat (Franke 1983). Die

Anwesenheit von Fischen wirkt bei *Chaoborus* als Auslöser der Vertikalwanderung in die lichtlose Tiefe, Larven fischfreier Gewässer wandern nicht (von Ende 1979). Unter den europäischen Süßwasserfischen sind zahlreiche Arten nur während der Larven- und Jungfischentwicklung Planktonfresser, z.B. die meisten Cypriniden und Perciden. Nach Echolotuntersuchungen an süddeutschen Seen ziehen die Jungfischwärme in der Abenddämmerung aus dem schützenden Litoral ins Pelagial um dort die zur Wasseroberfläche strebenden Zooplankter zu fressen. Sie dezimieren die Schwärme ihrer Beutetiere erheblich, sind ihrerseits aber auch auf eine hohe Beutedichte angewiesen, insbesondere in der Larvenphase, um überleben zu können. Mit der zunehmenden Verringerung der Jungfischbestände im Spätsommer und Herbst läßt der Fraßdruck nach und die Bestände der Zooplankter können sich erholen (Bohl 1980; Gliwicz u. Pijanowska 1989). Auch wirbellose Räuber beeinflussen die biozönotische Entwicklung des Zooplanktons in manchen

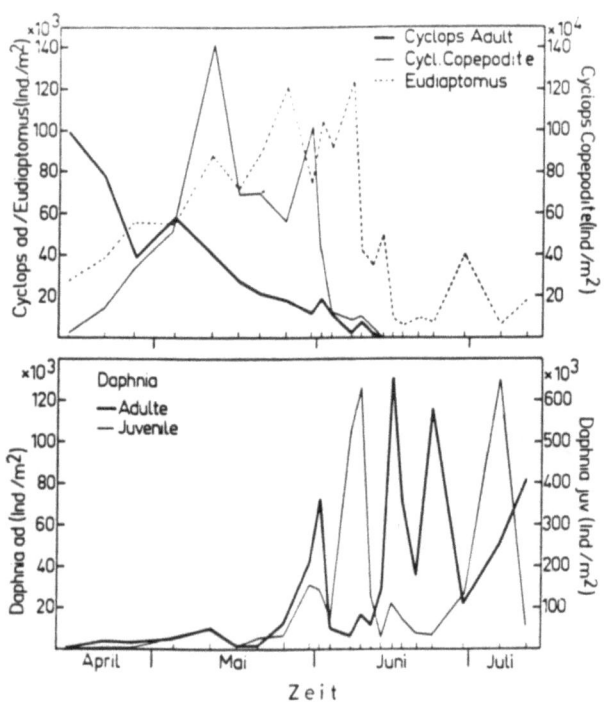

Abb. 6.25. Zeitliche Verteilung der Abundanzen der wichtigsten Zooplankter im Bodensee. (Aus Lampert u. Schober 1978)

Fällen tiefgreifend, wie es die Abbildung 6.25 veranschaulicht: Die Daphnien-Abundanz steigt an, nachdem die carnivoren adulten *Cyclops* aus dem Pelagial verschwinden und den herbivoren Larven ihrer nächsten Generation Platz machen.

In den geschilderten Beispielen spielen indirekte Wirkungen zwischen Gliedern des pelagischen Nahrungsnetzes eine wichtige Rolle. So auch wenn Fische mit ihrer Präferenz für große Zooplankter selektiv die Daphnien dezimieren und dadurch die konkurrenzunterlegenen kleinen oder besonders durchsichtigen Filtrierer fördern. In einem weiteren Schritt ergibt sich daraus ein Vorteil für den Copepoden *Mesocyclops*, weil mit der Zunahme der kleinen Cladoceren für diesen Räuber das Angebot für ihn greifbarer Beute steigt. Kerfoot (1987) bezeichnet dies als Kaskaden-Effekt. Will man hervorheben, daß die Steuerung von der Spitze der Nahrungspyramide ausgeht, wie hier von den Fischen, und sich über die nachgeordneten Glieder fortsetzt, bezeichnet man diesen Zusammenhang als „*Top-down-Effekt*". Dem wäre der „*Bottom-up-Effekt*" gegenüberzustellen, bei dem über das Nährstoff- und Energieangebot für das Phytoplankton sowie die Primärproduktion reguliert wird.

Durch starken Fraß der Räuber werden die Phänomene der Konkurrenz um Nahrung für das herbivore Zooplankton weitgehend außer Kraft gesetzt. Das kann zum einen eine Erhöhung der Diversität zur Folge haben (Gliwicz u. Pijanowska 1989), andererseits wird die Abschöpfung der Primärproduktion eingeschränkt, was zur Verstärkung der Algenblüte führen kann. In eutrophen Seen versucht man die unerwünschten Folgen derartiger exzessiver Algenvermehrung durch Nahrungskettenmanipulation zu steuern: Durch Reduktion der Population planktivorer Fische soll die Wirksamkeit des filtrierenden Zooplanktons verstärkt und damit die Algendichte verringert werden (Benndorf et al. 1984).

Die Bedeutung der Protozoen und Bakterien im pelagischen Ökosystem und der „Microbial loop"

Die klassischen Konzepte berücksichtigen in der Nahrungskette des Pelagials die Bakterien und Protozoen einschließlich phagotropher Algen nur unzureichend. Das hatte vorwiegend methodische Gründe. Bakterien kommen im Plankton aller Gewässerzonen in hoher Dichte (10^5 bis 10^7 Zellen pro ml) vor und sind in erheblichem Maß am Stoffkreislauf beteiligt. Unter anaeroben Bedingungen treten im Hypolimnion einige wichtige und für geschichtete, eutrophe Seen typische Stoffumsetzungen auf. Es entstehen reduzierte Verbindungen wie Methan, Schwefelwasserstoff usw., die als Gas entweichen oder wie Fe^{2+} in Lösung gehen. Gelangen sie ins sauerstoffreiche Epilimnion, werden sie oxidiert. Die höchste Dichte und Aktivität der oxidierenden Bakterien tritt in einer schmalen Zone des Metalimnions auf (Abb. 6.26). Unter Eis kann durch Methanoxidation der Sauerstoff auch im Epilimnion verbraucht werden. Ein beständig anaerobes Milieu ist für Eukaryonten weitgehend unbewohnbar.

Im ausreichend mit Sauerstoff versorgten Epilimnion sind aerobe, heterotrophe Bakterien eng an die Höhe der Primärproduktion gebunden. Dementsprechend schwanken die Bakteriendichten am stärksten in der

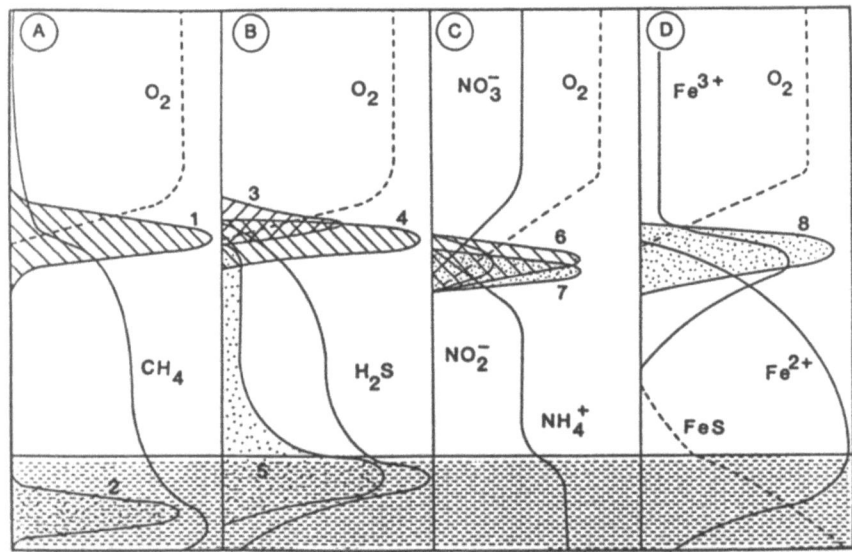

Abb. 6.26a–d. Idealisierte Vertikalverteilung oxidierter und reduzierter chemischer Verbindungen (einfache Linien) und der sie nutzenden Bakteriengilden (abgedunkelte Flächen) in einem See. **A** Methanstoffwechsel: 1 Methylotrophe, 2 Methanogene; **B** Nutzung von Schwefelverbindungen: 3 Schwefel-Chemolithoautotrophe (Thiobacillus-Typ), 4 anoxigene Photolithoautotrophe (Chromatium-Typ), 5 Sulfatreduzierer-Chemoorganoheterotrophe (Desulfovibrio); **C** Nutzung von Stickstoffverbindungen: 6 Nitrit-Chemolithoautotrophe, 7 Ammonium-Chemolithoautotrophe (Nitrosomonas) (Nitrat- oder Nitrit veratmende Chemoorganoheterotrophe können in den Grenzschichten oxischer und anoxischer Bereiche auftreten); **D** Chemolithoautotrophe Eisenbakterien mit Oxidation von Fe^{II} zu Fe^{III} (8). (Aus Pedros-Alio 1989)

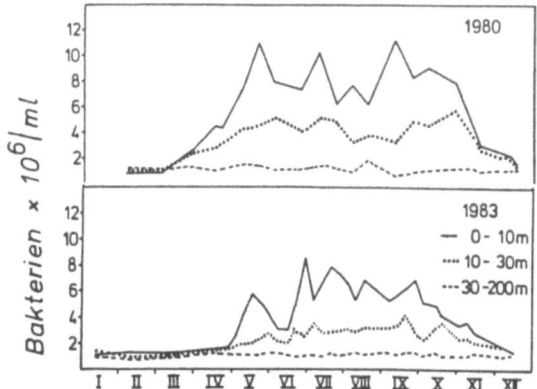

Abb. 6.27. Zeitliche Entwicklung der Abundanz des Bakterienplanktons im Bodensee. Die oberen 10 m entsprechen etwa der trophogenen Zone (obere Kurve). (Aus Güde 1989, verändert)

trophogenen Zone (Abb. 6.27). Es handelt sich überwiegend um Arten, die als Oligocarbophile an geringe Konzentrationen organischen Substrats gebunden sind und sehr effektive Aufnahmesysteme besitzen (Güde 1989). Ihre Produktion erreicht 20 bis 30% der Primärproduktion (Pedros-Alió 1989). Substrat des Bakterienplanktons ist das gelöste organische Material (DOM) und in geringerem Maße partikuläres organisches Material (POM). Das DOM der pelagischen Zone entstammt überwiegend dem Phytoplankton, freigesetzt in Form von Exsudaten oder beim Absterben bzw. beim Fressen durch die Zooplankter. Der durch die Algenzellen abgegebene Anteil organischer Substanzen aus der Primärproduktion wird je nach dem trophischen Status des Gewässers und in Abhängig von weiteren Faktoren im Mittel für verschiedene Seen mit 5 bis 38% angegeben. Weitere Quellen des DOM sind die Freisetzung aus POM, z.b. aus den Faeces der Zooplankter. Die Konzentrationen des gelösten organischen Kohlenstoffs (DOC) in Seen unterschiedlicher Trophie ergeben sich aus Tabelle 6.2. Der Anteil nur langsam oder gar nicht abbaubarer Substanzen, z.B. Huminstoffe und Fulvosäuren, kann allerdings hoch sein, besonders im dystrophen Gewässertyp. Aminosäuren, monomere Kohlenhydrate und dergleichen werden sehr schnell assimiliert, so daß ihre Konzentration rasch abnimmt, während die schwer abbaubaren Verbindungen sich anreichern (Münster u. Chróst 1990).

Die Aktivität der Bakterien verwandelt DOM in Bakterienbiomasse, also in POM, und macht diesen Anteil des Stoffkreislaufs den Konsumenten wieder zugänglich. An der Konsumption der plank-

Tabelle 6.2. Konzentration gelöster organischer Substanzen in Seen unterschiedlicher Trophie. (Nach Thurman 1984, aus Münster und Chróst 1990)

	DOM-Konzentrationen [mg org. C/l]	
Trophiestatus	Mittelwert	Streuungsbereich
Eutroph	10	3–34
Mesotroph	3	2–4
Oligotroph	2	1–3
Dystroph	30	20–50

tischen Bakterien sind phagotrophe und mixotrophe Flagellaten (= HNF: heterotrophe Nanoflagellaten) stark beteiligt. Ihre Zahl steigt mit derjenigen der Bakterien zur Zeit der Frühjahrsalgenblüte. Ihre Konsumptionsraten können die Höhe der bakteriellen Produktion erreichen. Trotz dieser hohen Fraßintensität wird die Dichte der planktischen Bakterien vorwiegend über die Algendichte gesteuert: So lange die Primärproduktion genügend organisches Substrat liefert, wird die Bakterienbiomasse durch Fraß nicht wesentlich beeinträchtigt, weil die hohe Vermehrungsrate die Verluste auszugleichen vermag. Der Einfluß der Bakterienkonsumenten macht sich allerdings in einer Veränderung der Zusammensetzung der Zönosen bemerkbar: Während ohne Fraßdruck Einzelzellen der Bakterien überwiegen, herrschen unter dem Einfluß phagotropher Flagellaten Aggregate und fädige Formen vor, die schwieriger zu fressen sind. Die quantitative Bedeutung der Metazoen als Bakterienkonsumenten scheint in der Regel gering zu sein. Dagegen tragen sie zur Dezimierung der Protistenpopulationen bei. So läßt sich im Zusammenhang mit den biozönotischen Veränderungen beim Auftreten des Klarwasserstadiums eine gegenläufige Entwicklung der Abundanzen der Flagellaten und der Daphnien beobachten: Auf den Rückgang der Algen- und Bakteriendichte folgt der Rückgang der Flagellatenabundanz, während die Daphnienpopulation zur gleichen Zeit noch wächst. Für die Flagellaten dürften demnach der Mangel an Bakterien als Nahrung und die Dezimierung durch Fraß wirksam werden. In der Summe beschleunigen alle Aktivitäten der Bakterienkonsumption die Freisetzung des Phosphats und tragen damit wiederum zur Förderung des Wachstums P-limitierter Algen bei (Güde 1989).

Die Nahrungskette über die Bakterien, die DOM und POM als Kohlenstoffquelle verwenden und dieses quantitativ wichtige Reservoir für

Die Seen

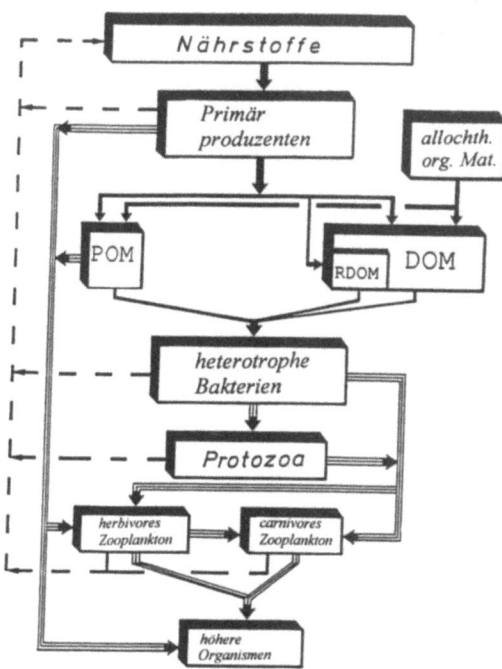

Abb. 6.28. Schematische Darstellung des Nahrungsnetzes und des Stoffkreislaufs im Pelagial des Sees. Schwarze Pfeile: Wege von den Primärproduzenten über die Mikroorganismen (Bakterien); dreifache Linie: Wege über die „grazer"; gestrichelte Linien: Stoffreisetzung und Remineralisation. Der „Microbial loop" ist der Teil des Netzes, der von den Primärproduzenten zu den Bakterien, zu den Protisten und über die Nährstoffreisetzung zurückführt. POM = partikuläres organisches Material, DOM = gelöstes organisches Material, RDOM = Exsudate, durch Exkretion freigesetztes DOM. (Aus Münster u. Chróst 1990, verändert)

andere Glieder zugänglich macht, insbesondere für die phagotrophen Protozoen, wird als „Microbial loop" oder vielleicht besser als „Microbial web" bezeichnet. Welcher Anteil des Stofftransports ausschließlich innerhalb der Ebene der Mikroorganismen abläuft, ist im einzelnen noch nicht abzuschätzen, es existiert aber eine wichtige Fortsetzung der Nahrungskette von den Protozoen zum herbivoren Metazoenplankton (Abb. 6.28). Auch die Stoffreisetzung durch die planktischen Metazoen kann die gleiche Größenordnung erreichen wie die Exsudate des Phytoplanktons. Das gilt anscheinend vor allem für mesotrophe Seen (Carney u. Elser 1990).

6.1.3.4 Das Benthos des Profundal

Das Substrat im Profundal tieferer Seen, außerhalb der trophogenen Zone gelegen, entsteht durch Sedimentation aus dem Pelagial und dem Litoral. Das Makrobenthos ist in dieser Zone eine reine heterotrophe Konsumentengesellschaft, deren Nahrungspool durch die Menge und die Zusammensetzung der Sedimente bestimmt wird. Die Höhe und Art des organischen Anteils sind von der Produktion im Herkunftsgebiet und dem Umfang des Abbauprozesses während des Absinkens abhängig. Die Umsatzrate im Pelagial und die Dauer des Absinkvorgangs, der seinerseits von der Tiefe des Sees abhängt, bestimmen dies (Abb. 6.29). Die

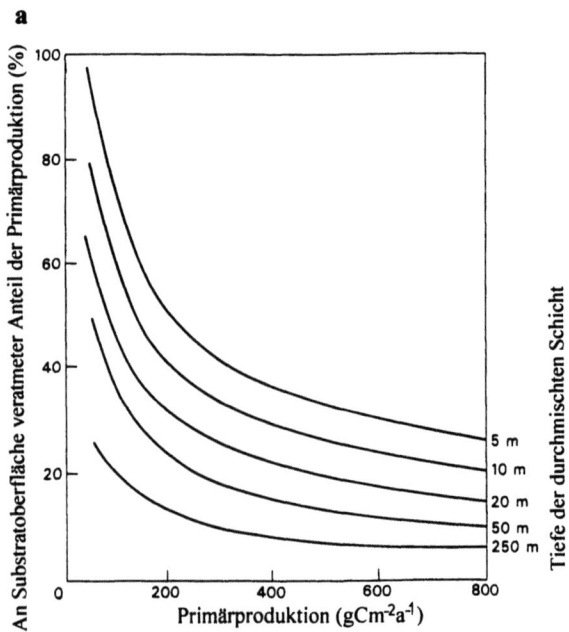

Abb. 6.29a, b. Beziehungen zwischen Seentiefe und Produktivität des Benthos. **a** Anteil der Produktion der trophogenen Zone, der sedimentiert und an der Substratoberfläche veratmet wird (in %). Die Kurven zeigen den mit der Tiefe abnehmenden Anteil der Produktion, der das Benthal erreicht und dort umgesetzt wird. **b** Beziehung der Biomasse der Bodenfauna zur Seentiefe und Produktivität: Hohe Biomassen werden nur in relativ flachen Seen erreicht. (**a** Nach Hargrave, **b** nach Deevey, aus Barnes u. Mann 1980, verändert)

Die Seen 171

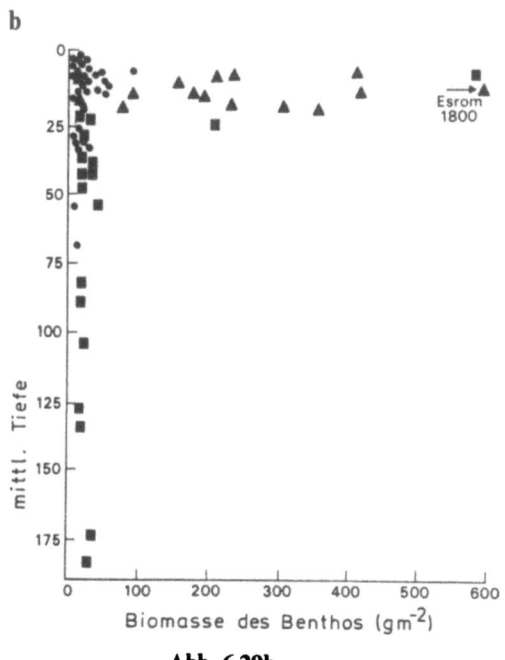

Abb. 6.29b

Sinkgeschwindigkeit hängt von der Wasserbewegung sowie von der Dichte und dem Sinkwiderstand der Partikel ab. Unter den anorganischen Algennähr- und Baustoffen sedimentiert das partikuläre Silikat relativ rasch. Dies kann auch für das Phosphat zutreffen, soweit es durch die Bindung an Fe^{III}, durch Adsorption an $CaCO_3$ oder andere Sestonpartikel dem pelagischen Kreislauf entzogen wird. Eine hohe Sinkgeschwindigkeit, wie bei den Kieselalgen, hat einen relativ geringen Grad pelagischer Mineralisation zur Folge und erhöht den Wert als Nahrung für Benthosorganismen. Bei dem verbreiteten Vorherrschen der Kieselalgen in den Algenblüten des Frühjahrs und Herbstes ergeben sich wie zu erwarten gleichzeitig hohe Wachstumsraten des Benthos (Johnson 1985). Die Sedimentationsrate des partikulären organischen Kohlenstoffs (POC) und des Phosphats steigt signifikant, wenn er in Form von Faecespaketen der planktischen Crustaceen vorliegt, also in Zeiten hoher Fraßaktivität (Uehlinger u. Bloesch 1987).

Angepaßt an das benthische Nahrungsangebot und die Milieubedingungen, können Biomasse und Zusammensetzung der Konsumentengesellschaften stark variieren: Tiefe Seen besitzen immer eine relativ geringe Biomasse im Profundal, flache, mit zunehmender Trophie wachsende Werte (Abb. 6.29).

Die Diversität des **Makrozoobenthos** ist meist im Litoral am höchsten und sinkt zum Profundal stark ab, verbunden mit zunehmender Dominanz der Oligochaeten, insbesondere der Familien Tubificidae und Lumbriculidae und der Larven der Chironomiden. Außerdem können Larven von *Chaoborus* häufig sein, weil sie im Profundal vor allem ihren Tagesaufenthalt haben, aus dem sie nachts ins Pelagial wandern (vgl. S. 163). In einigen flacheren Seen erreichen Großmuscheln (Unionidae) hohe Dichten. Mit ihrer Grabaktivität durchpflügen sie den Boden, durch ihre Pumpaktivität filtrieren sie große Mengen des Seston aus dem substratnahen Wasser und häufen unverdaute Teile als Faeces in ihrer Umgebung an. Chironomiden und Tubificiden leben in Wohnröhren im Substrat. Ihre Ventilationsbewegungen und ihre Fraßaktivität beeinflussen den Stoffaustausch zwischen dem Sediment und dem freien Wasser. So sinkt im unbesiedelten Substrat der O_2-Gehalt unter der Oberfläche rasch ab, auch wenn das überlagernde Wasser sauerstoffreich ist. Dies ändert sich mit der Besiedlungsdichte der Chironomidenlarven: Im Profundal des Bodensees sind ihre Abundanzen noch relativ gering und der Einfluß auf den Sauerstoffgehalt ist anscheinend zu vernachlässigen. Bei geringerer Wassertiefe und steigenden Siedlungsdichten nimmt die Wirkung aber rasch zu (Abb. 6.30). Sauerstoffreiches Wasser

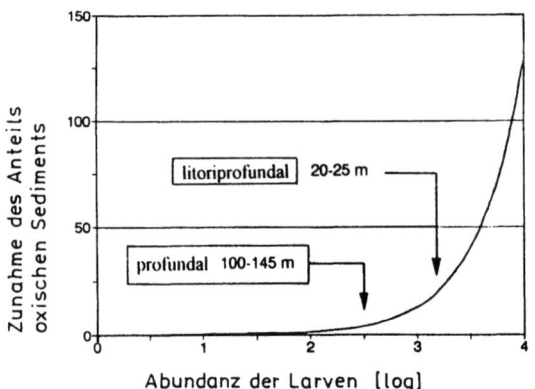

Abb. 6.30. Zunahme des oxischen Sedimentanteils (in Vol.-%) in Abhängigkeit von der Abundanz der Chironomiden-Larven. (Nach Extrapolation aufgrund experimenteller Ergebnisse und bekannter Siedlungsdichte für den Bodensee, aus Frenzel 1990, verändert)

führt in Verbindung mit der Aktivität von Chironomidenlarven im anoxischen Sediment zu erhöhter Atmung und somit zu erhöhten Stoffumsätzen (Granéli 1979). Dabei kommt es zur Oxidation mineralischer Komponenten wie gelöstem Fe^{II} zu ausgefälltem Fe^{III}, vor allem in unmittelbarer Umgebung der Wohnröhren, die sich dadurch auch farblich aus ihrer Umgebung herausheben. Messungen an der Chironomide *Micropsectra* ergaben, daß der Sauerstoffgehalt vor der Wohnröhre periodisch schwankt, weil auf Phasen der aktiven Ventilation (10 bis 20 Minuten Dauer) solche der Ruhe (20 bis 40 Minuten Dauer) folgen. Diese Fluktuationen des Sauerstoffgehaltes setzen sich in das die Röhre umgebende Sediment hinein fort. Sie verursachen dort einen periodischen Wechsel zwischen oxischen und anoxischen Phasen, was wahrscheinlich die mikrobiellen Stoffumsätze erheblich beeinflußt. Gleichzeitig werden mit dem Interstitialwasser gelöste Substanzen aus dem Substrat hinaustransportiert, z.B. Ammonium, Phosphat oder Kieselsäure (Tessenow 1964; Frenzel 1990 u. mdl.). Durch das Fressen des Substrats erfolgt seine Umlagerung. Die Larven der Chironomiden nehmen ihre Nahrung überwiegend von der Substratoberfläche (z.B. *Chironomus anthracinus*) oder durch Filtration (z.B. *Ch. plumosus*) aus dem unmittelbar darüber liegenden freien Wasser auf. Für die Filtration werden U-förmige Gänge genutzt, in die Filternetze eingespannt sind. Durch schwingende Körperbewegung wird der Atem- und Filterwasserstrom erzeugt (Thienemann 1974). Durch bevorzugte Aufnahme der frisch sedimentierten Partikel von der Substratoberfläche besitzt die Nahrung eine hohe Qualität, gekennzeichnet durch ein relativ niedriges C:N-Verhältnis im Vergleich zu tiefer liegenden Schichten (Johnson 1985).

Die Tubificiden befinden sich mit dem Vorderende des Körpers in der Tiefe des Sediments und ventilieren am Röhrenausgang mit dem stark durchbluteten Hinterende. Durch den Transport des gefressenen Materials aus der Umgebung des Körpervorderendes auf die Substratoberfläche als Kot entsteht eine besonders intensive Umlagerung des Bodensubstrats (Bioturbation) (Abb. 6.31). Die oberen 5 bis 10 cm werden vertikal umgelagert, wodurch sich die Bodenstruktur auflockert. Gefressen werden bevorzugt kleine mineralische Partikel (Silt und Ton: ø < 63 μm), deren Biofilm verdaut wird. Beim Zerfall der Kotpakete reichert sich dies feine, sortierte Material auf der Sedimentoberfläche an und gelangt durch Überlagerung mit weiteren Faeces allmählich wieder in die Tiefe. Der Sauerstoffeintrag in die Gänge ist – anders als bei den Chironomiden-Larven – gering. Die aeroben Stoffumsetzungen in den oberflächlich abgelagerten Schichten steigen aber durch die Exposition im sauerstoffreichen Wasser stark an (McCall u. Fischer 1980).

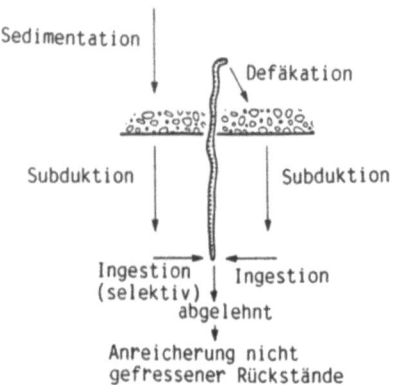

Abb. 6.31. Schema der Substratumlagerung durch einen Tubificiden: Das in der Tiefe vorgefundene Material wird selektiv gefressen, gröbere Partikel bleiben zurück. (Aus McCall u. Fischer 1980, verändert)

In organisch belasteten Zonen, z.B. im Sedimentationsgebiet von Seenzuflüssen mit reicher organischer Schwebstofffracht, erreichen die Tubificiden sehr hohe Besiedlungsdichten: Im Mündungsbereich der Argen in den Bodensee sind es zwischen 20000 und 114000 Individuen/m^2. Dieser Bereich reicht bis in ca. 200 m Tiefe, wobei die Gattung *Limnodrilus* in der oberen, *Tubifex* in der tieferen Zone überwiegt. Außerhalb dieses Sedimentationsgebietes bleibt die Siedlungsdichte weit unter 100 Tieren/m^2. Die Tubificiden-Besiedlung wird an einer solchen Stelle zu einem Indikator für die Menge und Qualität der eingetragenen Flußsedimente (Zahner 1964).

Die Wirksamkeit der Bioturbation und des Wasseraustausches hängt von der Siedlungsdichte des Benthos ab, sinkt also im allgemeinen mit der Tiefe. In flachen, eutrophen Seen kann die quantitative Bedeutung für den gesamten Stoffhaushalt groß sein: Der im Mittel 4 m, maximal 61 m tiefe „Lake Suwa" wird im Benthal von *Limnodrilus ssp.* (Oligochaeta) und den Larven von *Chironomus plumosus* in hoher Dichte besiedelt. Diese pumpen 10 bis 90 mg anorganischen Stickstoff pro m^2 und Tag in das überstehende Wasser. Das entspricht in diesem Beispiel zwischen 50 und 100% des sedimentierten organisch gebundenen und ca. 50% des im freien Wasser remineralisierten Stickstoffs (Fukuhara u. Sakomoto 1988). Am Vorgang der Stofffreisetzung und Remineralisation können nach Beobachtungen vom Balaton (Ungarn) auch Bodenfische durch ihre Fraß- und Wühltätigkeit erheblich beteiligt sein (Tatrai 1987).

6.1.3.5 Das Litoral

Das Litoral ist die Zone geringer Tiefe, die sich zwischen dem Profundal und dem Ufer ausdehnt. Es ist charakterisiert durch ausreichenden Lichtgenuß für die Entwicklung einer benthalen Makrophytenvegetation. Morphologisch kann sie mit der Ausdehnung der Uferbank übereinstimmen (Abb. 6.3, 6.5). Innerhalb des Litorals kann die Wasserwechselzone zwischen Hoch- und Niedrigwasser als Eulitoral abgegrenzt werden. In der Brandungszone größerer Seen fehlen Makrophyten aufgrund der mechanischen Beanspruchung.

Die Wasserpflanzenvegetation, das Phytal, bildet in der Regel aufgrund der zunehmenden Wassertiefe konzentrische Zonen aus, beginnend mit Röhrichten im flachen ufernahen Bereich, über die Zone der Schwimmblattpflanzen zu jener der submersen Vegetation. Die Tiefenverbreitung der Wasserpflanzen reicht selten über 10 m; frühere Beobachtungen belegen z.T. tiefere Verbreitungsgrenzen, wie für den Genfer See mit 22 m. Die Tiefenbegrenzung wird zum einen durch die Verminderung der Strahlung verursacht, eine Folge der Trübung und Färbung des Wassers und des Aufwuchses (= Periphyton) auf den Wasserpflanzen. Andererseits werden die Spermatophyten durch den zunehmenden hydrostatischen Druck beeinträchtigt, weil der Gasaustausch durch das Aerenchym, das Belüftungsgewebe, zu den Wurzeln oder Rhizomen unterbunden wird. Deshalb liegt die maximale Tiefe bei 10 m, doch treten Wachstums- und Entwicklungshemmungen bereits ab ca. 5 m auf (Gessner 1955). Die Armleuchteralgen (Characeae) und Moose besitzen kein Aerenchym und bilden daher häufig die Tiefengrenze der Wasserpflanzenbesiedlung.

Je nach Trophie sind die Wasserpflanzenbestände unterschiedlich zusammengesetzt (Abb. 6.32). Im oligotrophen Typ treten Röhrichtbestände zurück oder fehlen ganz. Die submerse Flora ist durch rosettenbildende, relativ kleine Pflanzen wie *Litorella*, *Isoëtes* und *Lobelia dortmanna* charakterisiert. Mit zunehmender Trophie steigt die Ausdehnung des Röhrichts und der Schwimmblattpflanzen, submerse Arten treten zurück. Dies ist mit einem Florenwechsel verbunden. In Moorgewässern fehlen Röhrichte und die zum Gewässer anschließenden Vegetationszonen, statt dessen können Schwingrasen aus Seggen und Moosen vom Ufer her an der Wasseroberfläche dichte, schwimmende Rasen bilden. Den Gewässergrund bedecken teilweise Rasen aus *Sphagnum* und anderen Moosen.

Zwischen den wurzelnden Makrophyten und dem Substrat gibt es verschiedene wechselseitige Beeinflussungen. Zum einen findet Nährstoffaufnahme aus dem Substrat statt. Die emersen Pflanzen gewinnen sämtliche Nährstoffe aus dem Boden, die submersen wenigstens einen Teil. Über Sproß und Blätter können durch Sekretion und durch Zerfall außerhalb der Vegetationsperiode organische und anorganische Nährstoffe ins freie Wasser übertreten. 1 bis 10% des fixierten Kohlenstoffs werden allein durch Sekretion organischer Substanzen freigesetzt, mit

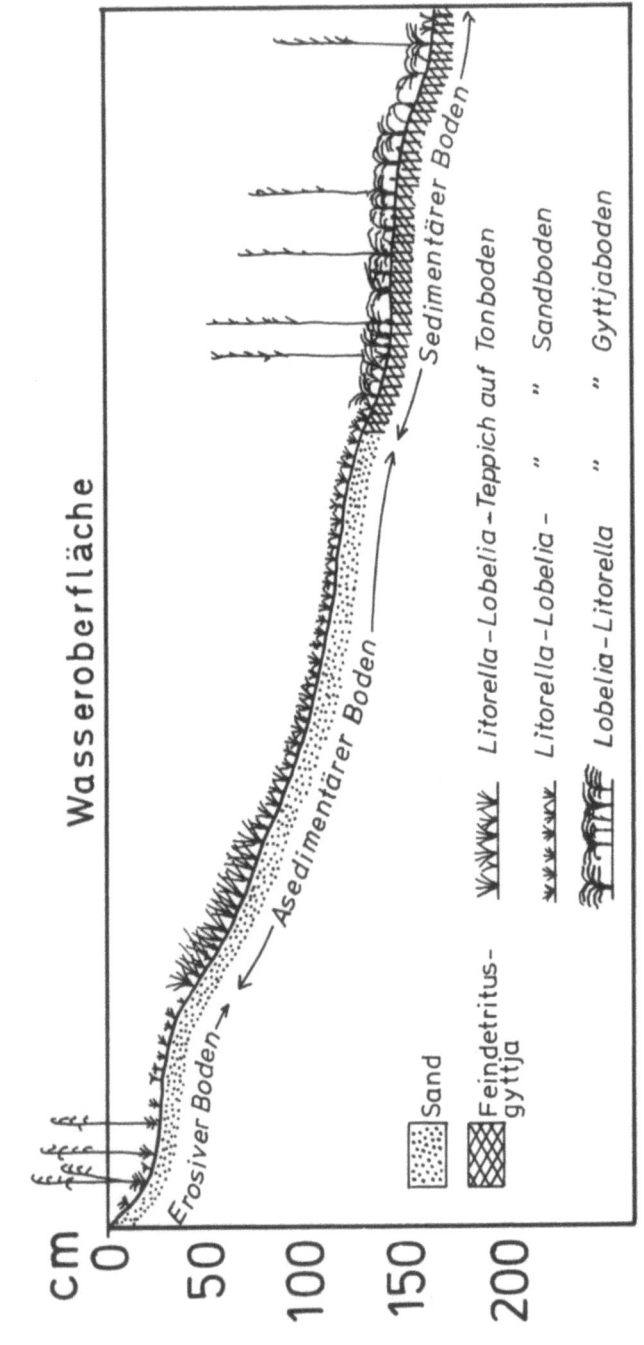

Abb. 6.32a–c. Formen der Litoralvegetation von Seen. **a** Oligotroph, Fiolen, Schweden. (Nach Thunmark, aus Gessner I, 1955) **b** Nährstoffreicher, süddeutscher See: Kleinseggenried und Pfeifengraswiese entstehen wahrscheinlich durch regelmäßige Mahd anstelle von Erlenbruchwald oder anderen Waldformen. (Aus Ellenberg 1963) **c** Ausbildung eines Schwingrasens an einem Moorsee. (Aus Uhlmann 1982)

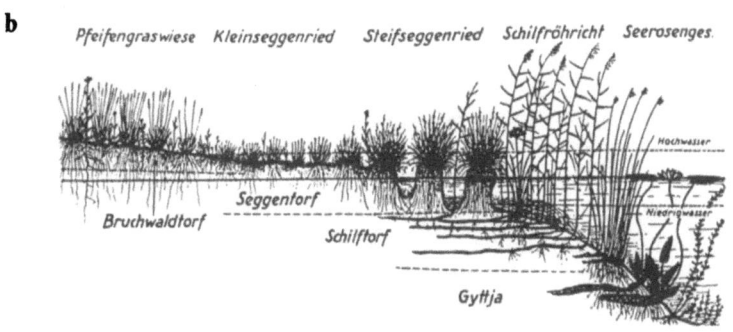

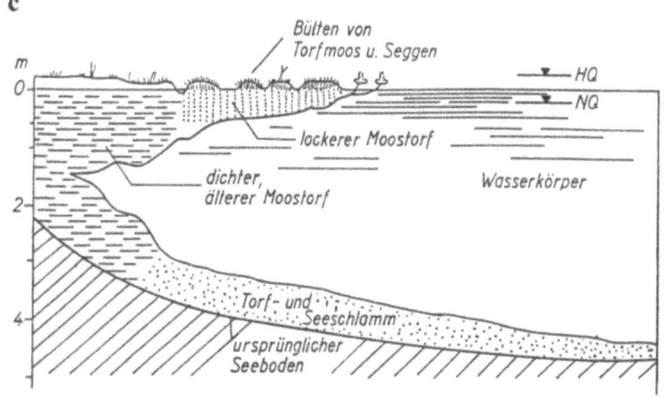

Abb. 6.32b, c

zunehmendem Anteil bei steigender Trophie des Gewässers. Dieser Vorgang fördert seinerseits die Ausbildung von Aufwuchs, insbesondere von epiphytischen Algen. Die Epiphyten reagieren stärker auf die Nährstoffanreicherung im Gewässer als das Phytoplankton. Für die Aufwuchsträger, die Makrophyten, hat das Beschattung und somit eine Reduktion des Lichtgenusses und letztlich den Verlust der Überlebensmöglichkeit zur Folge: Während in oligo- und mesotrophen Seen nur ein Frühjahrs- und Herbstmaximum der epiphytischen Algen auftritt (Abb. 6.33), fehlt in eutrophen Seen das sommerliche Minimum und die Beschattung ist gleichförmig während der gesamten Vegetationsperiode. In Skandinavien erreicht die submerse *Littorella uniflora* (Plantaginaceae) ihre untere Verbreitungsgrenze in einer Tiefe, in der noch 24 bis 33% der Lichtintensität der Gewässeroberfläche vorhanden sind. In den für die Art typischen oligotrophen Seen ergeben sich 65 bis 72% der Lichtreduktion auf dem Weg durch das Wasser. Bei zunehmender Trophie steigt der Anteil des Aufwuchses an der Verminderung der Lichtintensität auf ca. 86%. Der in jüngerer Zeit vielerorts zu beobachtende Rückgang der submersen Vegetation dürfte sich aus diesem Zusammenhang erklären (Sand-Jensen u. Soendergaard 1981).

Die Makrophyten verändern auch das Substrat über das Wurzelsystem. So werden CO_2, Phosphat, Silikat und organische Substanzen in die Rhizosphäre abgegeben, außerdem Sauerstoff über das Aerenchym (Tessenow u. Baines 1978). Das hat eine reiche Entwicklung der Mikroorganismen und hohe Stoffumstatzraten in der Rhizosphäre zur Folge. In diesem Milieu können aufgrund der engen Benachbarung aerober und anaerober Zonen bei gleichzeitigem Vorhandensein organischer Substanzen hohe Raten der Stickstoffassimilation auftreten. Bristow (1974) schätzt für die Bestände von *Typha* und *Glyceria* einen Gewinn von 10 bis 20% des gesamten Stickstoffbedarfs, der auf diesem Weg entsteht. Der Anteil der Makrophyten an der Primärproduktion eines Sees hängt von der Trophie des Gewässers und dem Flächenanteil des Phytals ab. Er ist in flachen Gewässern bzw. im Litoral hoch. Die Periodizität der Produktion unterscheidet sich von der des Phytoplanktons und des Periphytons (Abb. 6.33).

Aufgrund der starken, durch die Makrophyten gebildeten Strukturierung des Litorals und des relativ günstigen Sauerstoffangebots kann sich eine artenreiche Fauna entwickeln. Die Mehrzahl der Insektenarten,

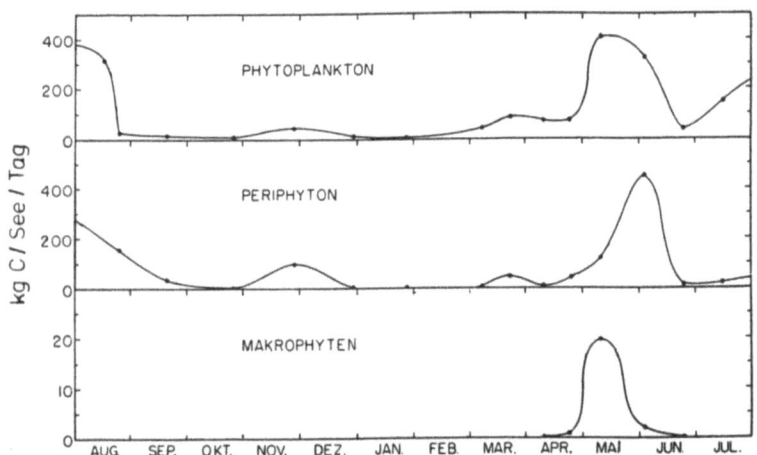

Abb. 6.33. Die Produktivität verschiedener ökologischer Gruppen von Primärproduzenten in einem flachen Salzsee (Borax-Lake, Kalifornien, maximale Tiefe 8 m). (Aus Wetzel 1964, verändert)

substratgebundene Tiere wie Schwämme und Bryozoen, aber auch ein Großteil der Fische findet hier geeignete Lebensbedingungen. Hohe Diversität und Abundanz erreicht auch die Fauna des Aufwuchses. Protozoen und kleinere Metazoen finden hier Wohn- oder auch Nahrungssubstrat. In die submersen Pflanzenteile dringen nicht selten minierende Insekten ein, z.B. Larven mancher Chironomiden oder auch die Ephydride *Hydrellia*.

6.1.3.6 Die Benthosgesellschaften als Grundlage der Seentypisierung

Das Benthal als Sedimentationsort der Überschüsse aus der Produktion des Sees ist das Abbild seiner trophischen Situation. Dies gilt vor allem für das Profundal, dessen Sedimente überwiegend aus dem Pelagial stammen. Mit steigender Trophie und steigendem benthischen Nahrungsangebot erhöht sich die Biomasse der Konsumenten. Gleichzeitig nimmt die Artenzahl ab, denn es handelt sich um einen extremen Lebensbereich, in dem die Struktur der Biozönose vorwiegend durch das Sauerstoffangebot begrenzt wird. Thienemann (1974) hat deshalb die profundalen Chironomidengesellschaften zur Charakterisierung der trophischen Seentypen herangezogen. Dem oligotrophen „*Tanytarsus*-See" mit ganzjährig ausreichendem Sauerstoffangebot steht als anderes Extrem der „*Chironomus*-See" gegenüber, in dem die Tiefenzone während der Sommerstagnation sauerstofffrei ist. Im sehr nahrungsarmen Profundal oligotropher Seen, mit einem Gehalt von unter 5% organischer Substanz, findet sich die *Orthocladius*-Gemeinschaft, bei etwas höherem Nahrungsangebot die *Tanytarsus*-(Lauterbornia-)Gemeinschaft mit Oligochaeten, „die typische Profundalbevölkerung der oligotrophen Seen", in mesotrophen Seen abgelöst durch die *Sergentia*-Gemeinschaft (mit *Stictochironomus* und *Tanypus*) bei ca. 20% organischer Substanz. Die typischen Arten des Profundals eutropher Seen, *Chironomus anthracinus* und *C. plumosus* (z.T. mit *Chaoborus*) siedeln bei geringerem profundalem Nahrungsangebot im detritusreichen Litoral und steigen nur bei hohem Angebot in die Tiefenzone hinab. Der Ausschluß aller übrigen Arten in dieser Situation entsteht aufgrund ihrer unzureichenden Resistenz gegen den sommerlichen Sauerstoffmangel. Die „spezifischen" *Chironomus*-Arten bleiben somit konkurrenzlos (Thienemann 1974) (Abb. 6.34).

Nur wenige Arten – *Chironomus anthracinus*, *C. plumosus* und Oligochaeten der Gattung *Tubifex* – sind in der Lage, die mehrmonatigen anoxischen Bedingungen zu überdauern. So können die schlammbewohnenden *Chironomus thummi* und *C. piger*, die in zahlreichen eutrophen, flachen Kleingewässern vorkommen, ebenfalls Anaerobiose betreiben,

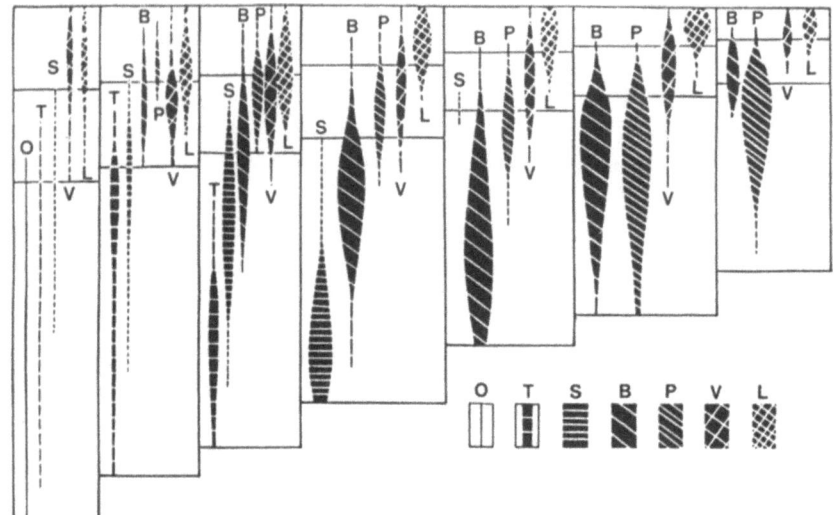

Abb. 6.34. Die vertikale Verbreitung benthischer Chironomidenlarven vom oligotrophen (links) zum eutrophen See (rechts). Chironomiden-Gruppen: O, *Orthoclacius*-Gruppe; T, *Tanytarsus* (*Lauterbornia*)-Gruppe; S, *Sergentia*-Gruppe; B, *Bathophilus*-(= anthracinus) Gruppe; P, *Plumosus*-Gruppe; dazu: Mollusken (V, *Valvata*-Gruppe; L, litorale *Bithynia*-Gruppe). (Nach Lundbeck, aus Thienemann 1974)

damit jedoch nur wenige Tage überleben. Die Langzeitanaerobier, wie *C. anthracinus*, stellen unter Sauerstoffmangel ihre Ventilationsaktivität ein und senken das Stoffwechselniveau stark ab, während die Kurzzeitanaerobier im Gegensatz dazu durch erhöhte Pumpleistung die niedrige Sauerstoffkonzentration auszugleichen versuchen (Neumann et al. 1986; Leuchs 1986).

Eine genauere Vorstellung der Lebensbedingungen und der Populationsentwicklung des Benthos im Profundal eines eutrophen Sees vermitteln die Untersuchungsergebnisse aus dem dänischen Esromsee. Er ist ca. 20 m tief, dimiktisch und besitzt im Hypolimnion während der Sommerstagnation weniger als 1 mg O_2/l. *Chironomus anthracinus* besiedelt große Teile des Benthals mit bis zu 40000 Individuen/m², ein auch im Vergleich zu anderen eutrophen Seen sehr hoher Wert (Abb. 6.29b).

Im oberen Benthal entwickelt sich pro Jahr eine, im weitgehend anoxischen Profundal alle zwei Jahre eine Generation. Wachstum

Die Seen 181

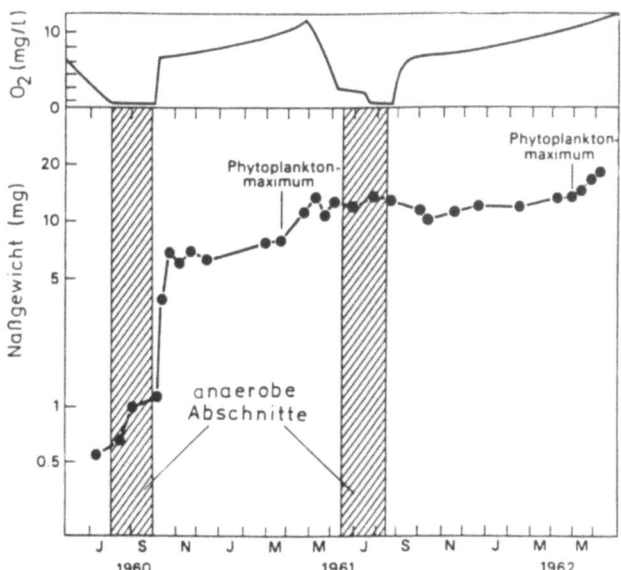

Abb. 6.35. Zweijährige Entwicklung der profundalen Population von *Chironomus anthracinus* im dimiktisch-eutrophen Esromsee (Dänemark). Die Larven des 3. Stadiums entwickeln sich nach der Herbstvollzirkulation im Oktober rasch bis zum 4. Stadium. Wenige Tiere schlüpfen bereits im Mai 1961 vor Einsetzen der anoxischen Phase, die Mehrzahl übersommert und überwintert im 4. Stadium und schlüpft im Mai 1962. Die Eier, aus denen diese Larven schlüpften, wurden im Mai 1960 abgelegt. (Nach Jonasson u. Kristiansen 1967, aus Barnes u. Mann 1980, verändert)

ist im Profundal nur bei ausreichendem Sauerstoffangebot nach der Herbst- und Frühjahrsvollzirkulation möglich. Die winterliche Wachstumsdepression hat Nahrungsmangel wegen der geringen pelagischen Primärproduktion als Ursache, während das reiche sommerliche Nahrungsangebot wegen Sauerstoffmangels nicht genutzt werden kann (Abb. 6.35). Trotz der zweijährigen Entwicklung im Profundal ist die Produktivität dort größer als im Litoral. Dies erklärt sich aus den unterschiedlichen Mortalitätsraten des Makrozoobenthos: Während die Fische als wichtigste Predatoren im Litoral vom Frühjahr bis zum Spätherbst Nahrung suchen, können sie in das Profundal nur während der kurzen Phase der Vollzirkulation eindringen, wenn genügend Sauerstoff vorhanden ist. Das Ergebnis für den gesamten See ist alle zwei Jahre ein Massenflug der Imagines kurz vor der Etablierung der

Sommerstagnation. Die resultierende, hohe Siedlungsdichte der Larven nutzt allen zur Verfügung stehenden Raum, so daß eine Neuansiedlung nur wieder stattfinden kann, wenn die vorhandene Population nach zwei Jahren das Feld geräumt hat (Jónasson u. Kristiansen 1967; Jónasson 1972).

6.1.3.7 Schlußbetrachtung zu den Seeökosystemen

Betrachtet man abschließend die Bedeutung der verschiedenen Kompartimente für das Ökosystem der Seen, so kann dies über ihre Beteiligung am Stoffhaushalt geschehen. Mit zunehmender Fläche, Tiefe und Wassererneuerungszeit nimmt der Einfluß des Einzugsgebietes wie auch des Litorals und des Benthals ab. Die Remineralisierungsprozesse finden im großen, tiefen See während der thermischen Schichtung überwiegend in der euphotischen Zone statt. Soweit während dieser Zeit Nährstoffeintrag aus dem Hypolimnion erfolgt, geschieht dies durch interne Seiches. Auch die Bedeutung von außen eingetragener Trübstoffe ist gering, so daß das Lichtangebot für das Phytoplankton relativ günstig ist. Allerdings vergrößert sich gleichsinnig die Tiefe des Epilimnions und damit gleichzeitig die Wahrscheinlichkeit passiver vertikaler Verlagerung des Phytoplanktons in Zonen geringer Strahlungsintensität. Dieser Nachteil wird in gewissem Maße durch Schwachlichtadaptation ausgeglichen. Das Angebot an Strahlungsenergie und die Saisonalität werden durch die geographische Breite bestimmt. Diese beiden Faktoren und die trophische Situation determinieren die Höhe der Produktion. Die Verfügbarkeit der Nährstoffe wird von der Wassertiefe und dem hypolimnischen Wasservolumen nachhaltig beeinflußt. Der tiefe See ist primär oligotroph, das Hypolimnion kann aufgrund geringer Respirationsverluste den hohen Sauerstoffgehalt auch während der Stagnationsphasen bewahren. Das Benthal empfängt nur geringe Anteile der organischen Produktion aus dem Epilimnion und kann daher auch nur eine geringe Eigenproduktion entwickeln. Die Oligotrophie wird durch die Vollzirkulation und die damit verbundene Umverteilung und Verdünnung der Nährstoffe in dem großen Wasservolumen stabilisiert (Tilzer 1990).

Die Entwicklung der Organismengruppen der verschiedenen trophischen Ebenen und der verschiedenen räumlichen Teile der Seen wird durch ihre Abhängigkeit von den übrigen Gliedern des Nahrungsnetzes bestimmt. Theoretisch können die zu Grunde liegenden Prozesse durch das Ressourcenangebot für die unterste Ebene der Nahrungspyramide, die Primärproduzenzen, oder durch die Ausbeutung, den Fraß, von der obersten Ebene aus gesteuert werden. Diese Vorstellungen werden als

„Bottom-up"-bzw. als „Top-down"-Steuerung bezeichnet. Aus den Ergebnissen der Nahrungskettenmanipulation zur Sanierung eutrophierter Seen schien sich die Top-down-Vorstellung zu bestätigen. Genauere, langfristige Nachforschungen zeigten aber ein kompliziertes System direkter und indirekter Abhängigkeiten mit Bottom-up- und Top-down-Komponenten (Lampert u. Sommer 1993). Ein Ausschnitt aus dem Komplex der steuernden Vorgänge für den Phosphathaushalt kann dies beispielhaft veranschaulichen. Die Vertikalwanderungen des Zooplanktons dienen dem Ausweichen vor planktivoren Fischen. Während des Tagesaufenthalts in der Tiefe wird ein großer Teil des Phosphats mit den Faeces, die rasch absinken, und durch Exkretion der trophogenen Zone entzogen. Wenn die Fische entfernt werden, hört die Vertikalwanderung nach einigen Jahren auf. Es entfällt dann aber nicht nur der Abwärtstransport des Phosphats, sondern der stärkere Fraßdruck durch das herbivore Zooplankton verschiebt das Algenspektrum zu großen, nicht konsumierbaren und langsam wachsenden Arten. Dadurch sinkt die Primärproduktion, aber auch der Phosphatverbrauch (Benndorf 1992).

6.1.3.8 Nacheiszeitliche Seengeschichte

Die Sedimente des Profundals dokumentieren die Produktionsverhältnisse des Pelagials. Aus diesem Grunde läßt sich durch die Analyse subfossiler Ablagerungen die Geschichte des Sees und seiner Produktionsverhältnisse rekonstruieren. Voraussetzung ist eine ungestörte Sedimentablagerung: Einschwemmungen von Fremdsedimenten oder starke Bioturbation (= Umlagerung durch Benthosorganismen) zerstören die Schichtung, so daß eine zeitliche Zuordnung der Funde unmöglich wird. Für die Rekonstruktion lassen sich die anorganischen Bestandteile der Sedimente, organische Verbindungen, wie manche Algenpigmente, sowie Organismenreste verwenden. In kalkreichen Seen steigt die Kalzitfällung proportional zur Photosynthese bzw. zur Primärproduktion im Epilimnion. Respirationsbedingte CO_2-Anreicherung im Hypolimnion erhöht allerdings in der Stagnationsphase die Rücklösung. Phosphat gelangt durch Mitfällung ebenfalls in hohen Anteilen ins Sediment, vor allem aber nimmt mit der Produktivität die Menge der organischen Reste zu.

In den Ablagerungen vieler Seen wird ein mehrfacher Wechsel von Zeitabschnitten höherer und geringerer Produktivität dokumentiert. Eine im Voralpengebiet häufig zu beobachtende Eutrophierungsphase um 6000 v.Chr. wird im allgemeinen auf eine natürliche Ursache zurückgeführt, auf eine Klimaveränderung zu größerer Humidität, in der die Stoffeinträge aus dem Einzugsgebiet zunahmen. Die verstärkte Siedlungsaktivität des Neolithikums und in römischer Zeit hinterließen dagegen nur in den Ablagerungen kleinerer Seen deutliche Spuren. Klar erkennbar ist in der Regel der Einfluß der hochmittelalterlichen Periode der Rodung und Siedlungserweiterung um 1200 und unübersehbar die Veränderung durch die intensive Nutzung der Einzugsgebiete in der Neuzeit. Mit der Industrialisierung steigt der Gehalt der Sedimente an Schwermetallen, insbesondere an Zink, Cadmium und Blei. In kalziumreichen Seen (Hartwasserseen) bildeten sich die Anzeichen der Eutrophierung meist rascher zurück als in Weichwasserseen, wahrscheinlich aufgrund effektiver Calcit-Phosphatfällung und einer geringen Rücklösung aus dem Sediment (Schneider et al. 1990).

Für den Schweizer Baldeggersee ließen sich im Rahmen einer umfassenden Analyse seit der Mitte des 16. Jahrhunderts immer wieder vorübergehende Eutrophierungsschübe nachweisen (Abb. 6.36). Sie sind durch Massenentwicklungen der Blaualge *Oscillatoria rubescens* (Burgunderblutalge) gekennzeichnet, deren dauerhafte Hinterlassenschaft das spezifische Pigment Oscillaxanthin ist. Es überwogen aber bis in das 19. Jahrhundert die Abschnitte mit einem Phytoplankton in dem Grünalgen, Diatomeen und andere dominierten, wie es sich aus dem Carotionoidspektrum erkennen läßt: Die Peridineen sind durch das Xanthophyll Peridinin dokumentiert, die Diatomeen durch das Fucoxanthin und außerdem durch ihre Schalenreste. Mit dem Anstieg des Gehalts an Oscillaxanthins wird die hohe Produktivität in den entsprechenden Zeitabschnitten durch schwarz gefärbte Streifen erhöhten Sulfidgehaltes in den dazugehörenden Sedimentschichten charakterisiert. Der See war zur Zeit der Ablagerung der tiefer gelegenen Sedimente überwiegend oligo- bis mesotroph. Die Entwicklung seit dem Ende des 19. Jahrhunderts verläuft bisher irreversibel im eutrophen Status und mit einer in der früheren Geschichte nicht zu beobachtenden Produktivität. Nach 1963 verschwand *Oscillatoria* weitgehend, andere Cyanobakterien traten an ihre Stelle. Kieselalgen wie *Asterionella* und auch die Peridineen kamen zu starker Entfaltung. Im Zooplankton wird der Übergang vom oligotrophen zum eutrophen Zustand durch den Wechsel von *Bosmina longispina*, deren Reste in kleinen Mengen bis 1920 gefunden werden, zu *B. longirostris* dokumentiert. Diese erreichte 1965 ihre größte Häufigkeit und wurde danach von *Daphnia longispina* abgelöst (Züllig 1982). Der Phosphorgehalt stieg in den Sedimenten während der letzten 100 Jahre von ca. 500 auf ca. 1000 μg/g Substrat (Niessen u. Sturm 1987).

Bei dem von Thienemann (1925) postulierten Prozeß der „Seenalterung" stand am Anfang der nacheiszeitlichen Entwicklung der oligotrophe Typ, der durch zunehmende Stoff- und Sedimenteinträge, verbunden mit der Ausdehnung der Verlandungszonen, immer mehr den Charakter des eutrophen Sees annahm.

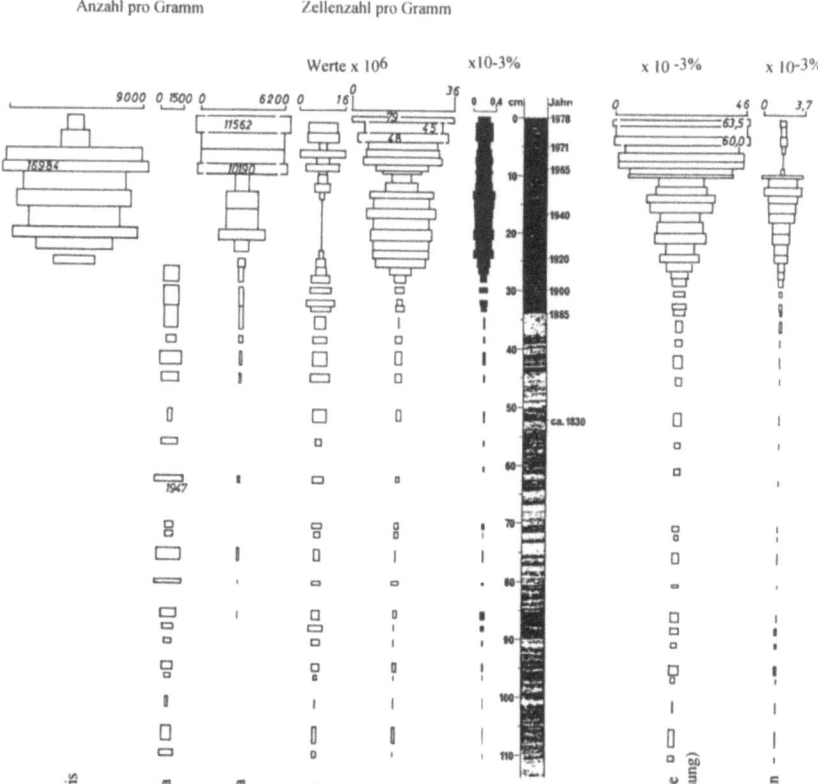

Abb. 6.36. Analyse von Sedimentprofilen aus dem Baldegger See (Schweiz). Unterster (ältester) Teil von ca. 1600. Links sind die Organismenreste (Stückzahlen pro Gramm Trockensubstanz) dargestellt. In der Mitte: Bild des Bohrkerns: untere Schichten hellgraues Sediment, in kleinen Abschnitten Wechselfolgen heller und dunkler Streifen. Seit 1885 (oberer Teil des Bohrkerns) Faulschlamm: jährliche Wechsellagerung heller und durch Sulfid schwarz gefärbter Schichten (vgl. Angaben über die Sulfidanteile, links neben dem Bohrkern). Mengenangaben für die Carotinoide (nur eine Auswahl dargestellt) in % pro Jahresschicht. (Aus Züllig 1982, verändert)

Die Vorgänge waren, wie die vorhergehenden Darstellungen bereits deutlich machten, häufig komplizierter, zum Teil als Folge der unterschiedlichen Auswirkungen verschiedener menschlicher Nutzungsformen. Bestimmte Formen extensiver Nutzung könnten sogar zur Oligotrophierung geführt haben (von Haaren 1988). Aber auch unter dem Einfluß naturgegebener Bedingungen war das Bild anscheinend differenzierter. So zeigt die Fauna des Meerfelder Maars in der Eifel seit Beginn des Postglazials eine eutrophe Situation an (Irion u. Negendank 1984).

6.1.4 Beispiele regionaler Seentypen

Aufgrund der unterschiedlichen geographischen Bedingungen entwickelten sich in den verschiedenen Regionen der Erde zahlreiche Seentypen. Sie weichen in mancherlei Hinsicht von den bisher überwiegend betrachteten geschichteten Seen der gemäßigten Klimazone ab. Die Vielfalt der geologischen, geomorphologischen, klimatischen und biogeographischen Voraussetzungen ermöglichte die Entstehung vielfältiger faunistischer und floristischer Erscheinungsbilder und ökosystemarer Zusammenhänge.

6.1.4.1 Tiefe Seen der Tropen

Hohe Jahresmittelwerte und geringe Schwankungen der Temperaturen führen in tiefen Seen der Tropen zu ganzjährig stabilen Schichtungen, zur Meromixie. Die Temperaturdifferenzen zwischen Epi- und Hypolimnion erscheinen, verglichen mit gemäßigten Breiten, zwar als sehr gering, jedoch entstehen trotzdem aufgrund des hohen Temperaturniveaus hohe Dichtedifferenzen (Abb. 6.37a). Das entstehende Monimolimnion – die permanent stagnierende Zone – ist auch permanent anoxisch. Das hat hohe und konstante Konzentrationen von H_2S und NH_4^+ zur Folge (Abb. 6.37b). Die relativ hohe Produktivität im Pelagial läßt erkennen, daß ein Austausch mit dem Hypolimnion stattfinden muß, und, wie eine genauere Überprüfung ergibt, auch stattfindet: Im Tanganjikasee erfaßt die tägliche Zirkulation zwischen Oktober und April eine Wasserschicht bis zu einer Tiefe von 50 bis 80 m. Darunter beginnt die anoxische Zone. Zur Zeit starker Südostwinde, zwischen April und September, reicht die Umwälzung etwa einmal monatlich bis auf 80 bis 200 m. Dabei gelangt sauerstoffarmes, nährstoffreiches Wasser zur Oberfläche und führt zu einer Algenblüte. Diese Bewegungen dürften durch Erzeugung von Seiches eine interne Wasserströmung im unteren Hypolimnion und den verstärkten Austausch

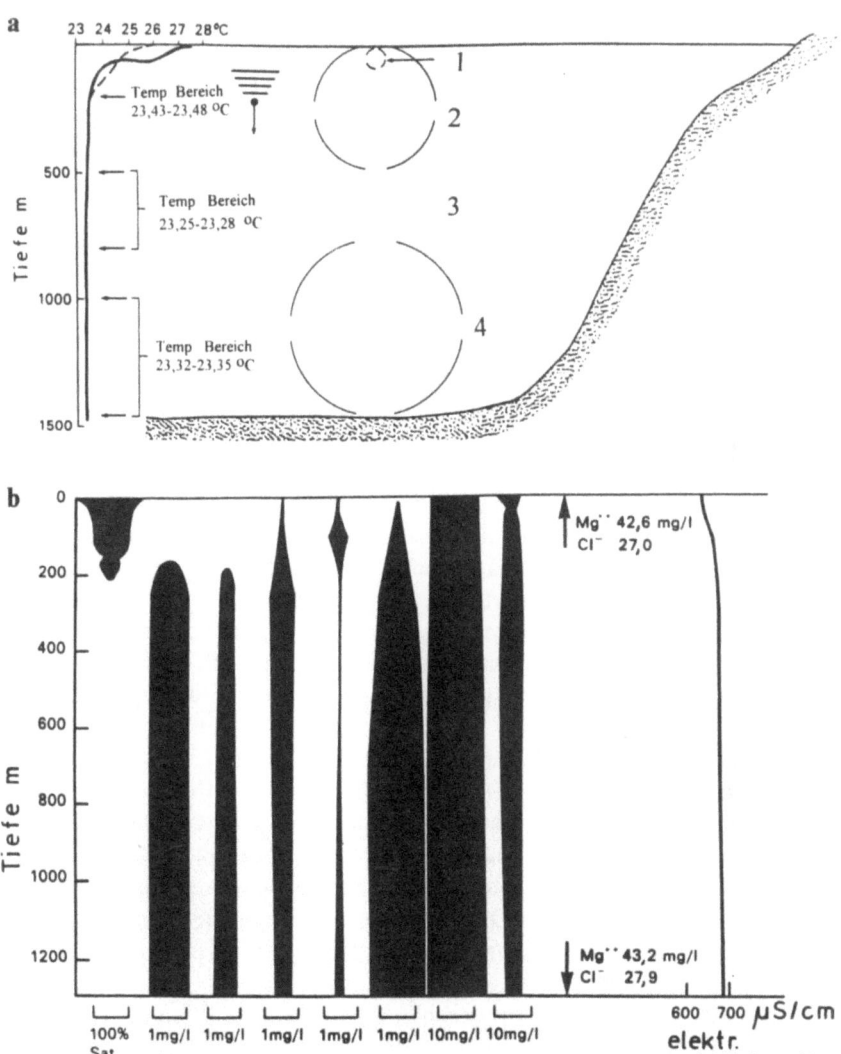

Abb. 6.37a,b. Tanganjikasee, Nordbecken: **a** Temperaturprofil und Zirkulationszonen. 1, Zone zwischen 0 und 50 bis 80 m mit täglicher Zirkulation; 2, Zone zwischen ca. 80 und mindestens 200 m mit saisonaler Zirkulation, mit einer oder mehreren Sprungschichten und wechselnden Gradienten des Sauerstoffschwunds; 3, zwischen ca. 200 und 700 m: Zone minimaler Temperaturen und permanenter Anoxie; 4, Zirkulation in der Tiefenzone unterhalb ca. 700 m. **b** vertikale Verteilung wichtiger chemischer Substanzen und des Leitwertes. (**a** Nach Capart u. Coulter, **b** nach Kufferath, beide aus Beadle 1981, verändert)

mit der oberen Grenzschicht zur Folge haben. Bei Gewässern geringerer Tiefe tritt polymiktische Vollzirkulation auf, wie im Viktoriasee, der eine maximale Tiefe von 80 m hat, bei einer Oberfläche von 75000 km^2 (Abb. 6.2a, b). In windgeschützter Lage, wie bei manchen kleinen Kraterseen, genügen Temperaturdifferenzen um 3 °C, um die Zirkulation auf eine Oberschicht von ca. 20 m Tiefe zu beschränken (Lake Nkuegute, Uganda, Durchmesser 1 km, Tiefe 58 m, Tiefentemperatur 22 °C). Gelegentliche, unwetterbedingte tiefer reichende Umwälzungen können dort zu plötzlichem Fischsterben führen, wahrscheinlich durch das Aufsteigen des anoxischen und H$_2$S-reichen Tiefenwassers (Beadle 1981). Das Monimolimnion ist für die meisten Eukaryonten unbesiedelbar.

Die hier als Beispiel gewählten ostafrikanischen Seen enstanden seit dem Miozän im Zusammenhang mit den tektonischen Bewegungen, die zur Bildung der ostafrikanischen Gräben führten (Abb. 6.2a, b). Aufgrund des hohen Alters dieser Seengruppe, bei einer im einzelnen sehr unterschiedlichen geomorphologischen Geschichte und hydrologischen Situation, entwickelte sich ein außerordentlicher faunistischer Reichtum mit zahlreichen endemischen Taxa (Tabelle 6.3). Da die Seen oder Seengruppen häufig voneinander isoliert sind, entstanden, wie in einem Experiment der Evolution, sehr unterschiedlich zusammengesetzte Biozönosen. Die an Gewässer gebundenen, hololimnischen Tiergruppen, z.B. die vielen Fischarten, entwickelten sich durch adaptive Radiation aus Flußformen, die zur Zeit der Seenentstehung im Gebiet vorhanden waren. In den Fällen besonders intensiver Artneubildung, wie im Viktoria-, Tanganjika- und Malawisee, dominieren die Buntbarsche (Cichlidae), für die die veränderten Lebensbedingungen anscheinend besonders günstige Evolutionsmöglichkeiten boten (Fryer u. Iles 1972). Im Fall des Tanganjikasees lassen sich durch molekulargenetische Analyse zwei Radiationsschübe und eine besonders große genetische Divergenz für die Cichliden nachweisen. Zur jüngeren Radiation hat wahrscheinlich die hydrologische Entwicklung beigetragen: Durch die Auswertung seismologischer Daten ließ sich erschließen, daß der Wasserspiegel hier vor ca. 70000 Jahren um ca. 600 m tiefer lag als heute und dadurch drei getrennte Seen entstanden. Diese Situation mit separierten Faunen in verkleinerten und mindestens strukturell veränderten Lebensräumen dauerte wahrscheinlich mehrere zehntausend Jahre und dürfte Anlaß zu einschneidenden biozönotischen und evolutionsbiologischen Veränderungen gegeben haben (Scholz u. Rosendahl 1988; Sturmbauer u. Meyer 1992).

Unter den Cichliden sind durch adaptive Radiation vielerlei Gestalten und Spezialisierungen des Verhaltens ausgebildet worden. Bekannt wurde einerseits der Reichtum an Formen der Brutpflege und anderseits die

Tabelle 6.3. Endemische Fische ostafrikanischer Seen

Name des Sees	Alle Familien			Nur Familie Cichlidae		
	Gesamtzahl der Arten	Endemische Gattungen [%]	Endemische Arten [%]	Gesamtzahl der Arten	Endemische Gattungen [%]	Endemische Arten [%]
Albert	46	0	13	9	0	44
Turkana	48	0	21	7	0	43
Viktoria	180 +	5	83	170 +	4	98
Malawi	245 +	20	93	200 +	20	97
Tanganjika	214 +	38	80	134 +	30	98

Die Seen sind nach zunehmendem Alter und Grad ihrer Isolierung geordnet. Für viele der angegebenen Zahlen sind noch Veränderungen zu erwarten; die mit + versehenen Zahlen werden sich wahrscheinlich erhöhen. (Nach Beadle 1981)

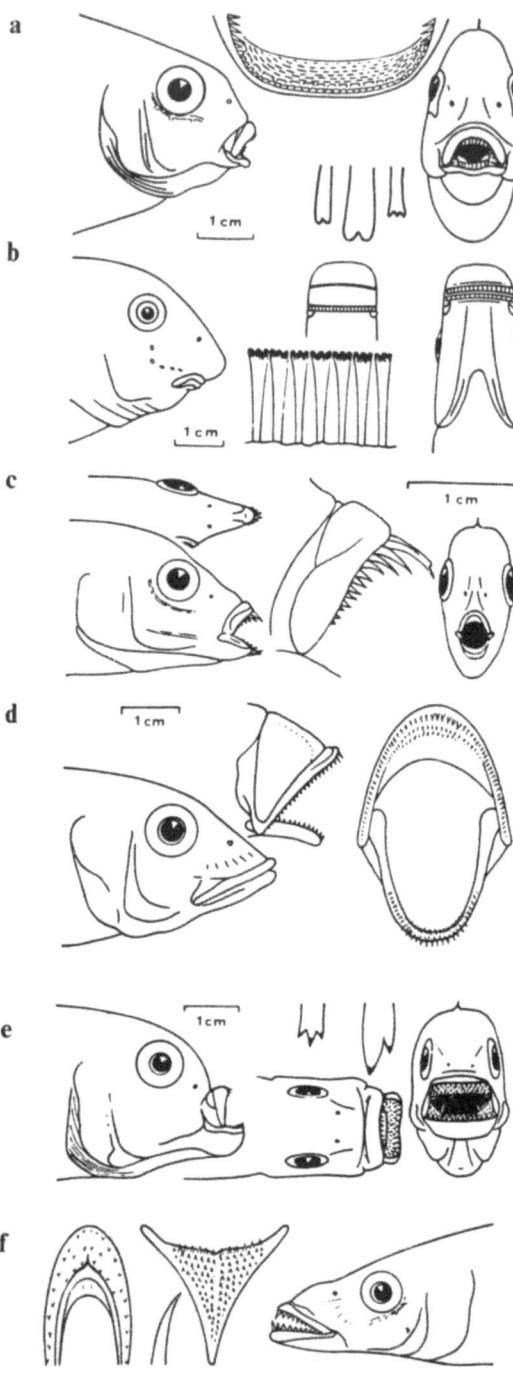

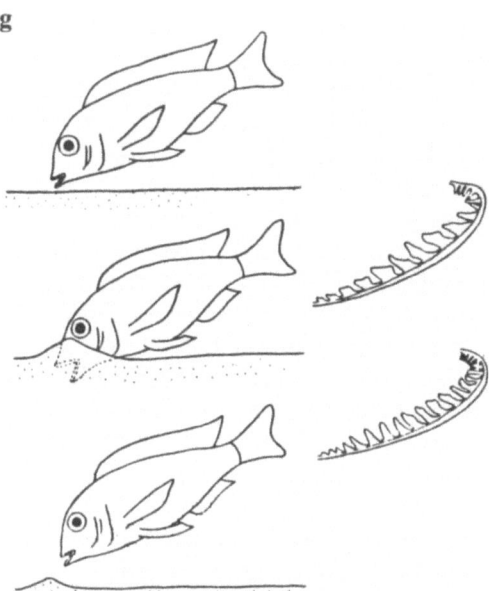

Abb. 6.38a–g. Gebiß- und Zahnformen und ihre Beziehung zur Ernährungsweise von Buntbarschen (Cichlidae) nordostafrikanischer Seen. **a** *Pseudotropheus tropheops* (Malawisee) weidet Algenrasen von Steinen ab, durch Abraspeln mit den spitzspatelförmigen Zähnen. **b** *Labeotropheus fuelleborni* (Malawisee) mit besonders breitem, unterständigem Maul, das beim Abweiden, wie bei der vorigen Art, eng an das Substrat gepreßt wird. **c** *Labidochromis vellicans* (Malawisee) ergreift mit den vorstehenden Zähnen Benthostiere (Insekten, Crustaceen, von häufig geringer Größe) vom algenbewachsenen Substrat. Optische Ortung wird vermutet, die Augen sind relativ groß. **d** *Limnochromis praemaxillaris* (Tanganjikasee) (Zooplanktonfresser) Die Beute wird optisch geortet, das Maul rasch vorgestülpt und erweitert (mittleres Bild) und dadurch Wasser eingesogen, dann wird das Maul geschlossen und das Wasser zwischen den engstehenden Kiemenreuse herausgepreßt, die Zooplankter werden ausgesiebt. Die Zähne sind schwach entwickelt. **e** *Genyochromis mento* (Malawisee) reißen mit den scharfen Zähnen des Unterkiefers anderen Fischen Schuppen aus. Die Vorfahren dieser Arten waren wahrscheinlich Algenraspler. **f** *Rhamphochromis macrophthalmus* (Malawisee) (Räuber) jagt planktonfressende Fische im Pelagial. **g** *Lethrinops furcifer* (Malawisee) erbeutet im Substrat eingegrabene Chronomidenlarven u.ä. Die Beute wird mit dem Sand aufgenommen und der Sand durch die Kiemenreusen nach außen abgegeben, die größere Beute zurückgehalten (vgl. oberes Kiemenreusenbild). Eine andere Art mit engeren Reusen (unteres Kiemenreusenbild) frißt kleinere Beute, z. B. Ostracoden. (Aus Fryer u. Iles 1972, verändert)

Differenzierung der Gebisse und Kiemenreusen zu bestimmten Ernährungstypen (Abb. 6.38). So hat sich innerhalb der einen Familie ein Spektrum der Spezialisierungen für fast alle ökologischen Nischen ergeben, wie es sich analog in Südamerika unter den Salmlern ausbildete (Fryer u. Iles 1972; Lowe McConnell 1975; Grün 1984).

Das ausgedehnte Pelagial der großen tropischen Seen ist sehr produktiv, meist augenfällig erkennbar an den hohen Erträgen der Fischerei, und am deutlichsten ausgeprägt im Tanganjikasee. Wegen der überwiegend steilen Ufer und der großen Tiefe ist das Benthal auf weiten Strecken anoxisch, weniger als 25% werden irgendwann im Jahr von sauerstoffhaltigem Wasser erreicht. Der Einfluß einmündender Flüsse bleibt gering; die theoretische Wassererneuerungszeit liegt bei 1000 Jahren. Die frühen Beobachter bezeichneten den See wegen seines klaren Wassers als oligotroph: Die Sichttiefe (Secchi) liegt in der Phase geringer Produktivität bei 12 bis 18 m, während der Blaualgenblüten noch immer zwischen 8 und 16 m. Um die Ursachen der überraschend hohen Produktivität in einem Klarwassersee zu verstehen, ist es notwendig, Zusammensetzung und Ökologie der pelagischen Biozönosen des Tanganjikasees näher zu betrachten. Das System besteht aus vier trophischen Ebenen: Das Phytoplankton, das herbivore Zooplankton, die zooplanktivoren „Sardinen" und piscivore Fische. Im Phytoplankton dominieren *Anabaena flos-aquae* (Cyanophyta) während der Phase der Stagnation zwischen Oktober und März, Diatomeen in der Periode tiefreichender Durchmischung zwischen Juni und August (Abb. 6.37a). Daneben sind Nanoplankter durch Chrysophyceen und Chlorophyceen reich vertreten. Während der tief reichenden Umwälzung ist die Primärproduktion wahrscheinlich durch Lichtlimitierung eingeschränkt, denn die euphotische Zone reicht nur ca. 28 m tief. Das Nährstoffangebot ist überwiegend N-limitiert, weil aus dem Monimolimnion zwar ein ausreichender P- und Si-Eintrag in die trophogene Zone erfolgt, die anorganischen N-Verbindungen aber in der anoxisch-oxischen Übergangszone der Denitrifikation anheimfallen. Der größte Teil des Bedarfs des Phytoplanktons entstammt der N_2-Assimilation der Blaualgen, nach einer Schätzung von Hecky et al. (in Coulter 1991) etwa $3 \, mol \, N \, m^{-2} \, a^{-1}$. Diese zentrale Rolle der Stickstoffixierung für den Stoffhaushalt gilt als typisch für tropische Seen. Obgleich die Biomasse der Algen mit im Mittel 0,7 bis 1,1 µg/l Chlorophyll niedrige Werte zeigt, erreicht die photosynthetische Produktion mit im Mittel 1,3 bis 1,6 $g \, C \, m^{-2} \, d^{-1}$ – mit erheblichen saisonalen und regionalen Unterschieden – die Höhe eutropher Seen der gemäßigten Klimazone. Das wird durch sehr hohe Umsatzraten verursacht, ermöglicht durch die permanent hohen Temperaturen. Die Phytoplanktonverluste innerhalb des Nahrungsnetzes gehen überwiegend auf das Konto des Zooplanktons.

Die Beziehungen zwischen den Organismen der 2. bis 4. trophischen Ebene sind durch zahlreiche Optimierungs- und Vermeidungsstrategien gekennzeichnet, von denen an dieser Stelle nur einige geschildert werden können. Die Zooplanktonzönose ist – insbesondere für die Metazoen – sehr einfach aufgebaut. Neben zahlreichen Protozoen, einer endemischen Hydromeduse (*Limnocnida tanganyicae*) und Fischlarven sind nur drei Arten von Copepoden und einige Garnelen der Familie Atyidae vertreten. Rotatorien, Cladoceren und Chaoborus fehlen oder sind sehr selten. Diese Artenarmut des Zooplanktons ist ein Extremfall einer für tropische Seen typischen Tendenz. Das Zooplankton steht unter hohem Fraßdruck durch die Schwärme der pelagischen Clupeiden (= „Sardinen"), die endemischen Arten *Stolothrissa tanganicae* und *Limnothrissa miodon*, die stärker an das Litoral gebunden ist. Die wichtigsten Spitzenprädatoren sind 4 Arten der Nilbarsche (Centropomidae) der Gattung *Lates*. Das Crustaceenplankton und seine Verfolger, die Sardinen, vollführen ausgedehnte tagesperiodische Vertikalwanderungen. Die Copepoden sind nachts in den oberen 20 bis 40 m, tags zwischen 60 und 120 m Wassertiefe konzentriert. Anders als in Seen der gemäßigten Zone ist der Temperaturunterschied bei dieser Vertikalverlagerung nur gering, so daß eine Stoffwechseldepression in der Tiefe nicht zu erwarten ist. Der demnach zu erwartende Nahrungsbedarf während des Tagesaufenthalts könnte durch Aufnahme von Protozoen gedeckt werden, die in der anoxisch-oxischen Grenzzone in hoher Dichte auftreten. Schutz vor Fraß bietet den Crustaceen neben der geringen Helligkeit auch der niedrige O_2-Gehalt des Tiefenwassers, denn sie ertragen noch Konzentrationen von 0,2 mg/l, während die Clupeiden Zonen unter 2 mg/l meiden. Die Nahrung wird von den *Stolothrissa* überwiegend beim Aufstieg zur Oberfläche in der Abenddämmerung erbeutet. *Stolothrissa* laicht im Pelagial, die Larven wandern nach oben und litoralwärts und finden dort in Bodennähe Schutz vor Feinden. Mit einer Länge von ca. 5 cm wandern sie zurück ins Pelagial. Sie wachsen dort bis zu einer Maximalgröße von 16 cm Länge heran und werden selten älter als ein Jahr. Vertikalwanderung, zeitweilige Schwarmbildung und eine opportunistische, an das jeweilige Nahrungsangebot angepaßte Vermehrungsstrategie und rasches Wachstum sind die Strategie, um trotz des hohen Feinddrucks überleben zu können.

Unter den vier Arten der Gattung *Lates* im Tanganjikasee sind zwei, *L. microlepis* und *L. stappersi*, auf pelagische Nahrung spezialisiert. Nach Lebensabschnitten als planktische Larve und litoral-benthischem Jungfisch mit Planktonnahrung verfolgen die älteren Fische die *Stolothrissa*-Schwärme im Pelagial. Während *L. microlepis* rein piscivor wird, bleiben für *L. stappersi*, die kleinere der beiden Arten, neben Fischen Garnelen eine wichtige Nahrung. Die beiden anderen *Lates*-Arten beteiligen sich nur in Phasen hoher Clupeidendichte an der Ausbeutung dieser Nahrungsquelle und steigen dann nachts aus dem Benthal zu den Schwärmen auf. Der ungewöhnliche Befund, daß in diesem Räuber-Beute-System das Biomasseverhältnis von Räuber zu Beute etwa 57% zu 43% beträgt, ergibt sich aus den hohen Wachstumsraten und der frühen Geschlechtsreife der Clupeiden: Für *Stolothrissa* ergibt sich ein P:B-Quotient (Produktion:Biomasse) von 4. Die *Lates*-Arten wachsen dagegen langsam und werden alt: für *L. microlepis* werden 10, für *L. stappersi* 5 bis 8 Jahre angegeben. Der P:B-Wert liegt wahrscheinlich unter 1. Unterschiedliche Wachstums- und Entwicklungsgeschwindigkeiten bei ganzjährig günstigen abiotischen Bedingungen führen zu dem Ergebnis, daß, anders als gewohnt, die Biomassen der aufeinander folgenden trophischen Ebenen nicht einer Pyramide gleichen, sondern daß die der 3. und 4. Ebene, der Fische, größer als jene der Primärproduzenten und Primärkonsumenten ist.

Der Tanganjikasee besitzt aufgrund seiner Morphologie und seiner langen eigenständigen Evolution eine spezifische Tiefenfauna, darunter einer Anzahl von Fischarten, überwiegend Cichliden. Sie besiedeln zum einen den Schelf, flach geneigte, weichgründige Gebiete, die unterhalb der trophogenen Zone liegen und bis in den Übergangsbereich zur anoxischen Tiefe reichen, oder sie leben bathypelagisch. Alle ernähren sich direkt oder indirekt von der Produktion des Pelagials. Die ca. 16 Arten bathypelagischer Cichliden enthalten 12 Zooplanktonfresser und 4 Fischfresser der Gattung *Bathybates*. Sie alle verlassen die Tiefenzone anscheinend nie. In den Schelfgebieten treten neben Detritus- und Aasfressern vor allem Konsumenten der Mikro- und Makroinvertebraten auf. Das Leben in der Tiefenzone setzt einige Anpassungen voraus. Dazu zwei Beispiele: Bewohner der tieferen Schelfzone sind sehr resistent gegen Sauerstoffmangel: So fing man noch 5 Fischarten bei O_2-Gehalten von 0,6 bis 1,4 mg/l zwischen 212 und 215 m Wassertiefe. Da das anoxische Wasser bei starkem Wind weite horizontale Verlagerungen erfährt, darf man annehmen, daß mindestens einige von ihnen zeitweilig ohne Sauerstoff überleben. Bathypelagische Arten in Seen mit Monimolimnion müssen über Strategien verfügen, um die Eier und eventuell die Larven vor dem Absinken in die sauerstoffreie Zone zu bewahren. Die bathypelagischen Cichliden des Tanganjikasees sind Maulbrüter. Während unter den verwandten Arten des Litorals Substratbrüter überwiegen, die ihr Gelege bewachen und ein Revier verteidigen, waren diese Formen für die Tiefenzone anscheinend selektiv benachteiligt (Coulter 1991).

Entsprechend den Zufällen der Verbreitungsgeschichte limnischer Tiere können ökologische Nischen auch unbesetzt bleiben: Im Kivusee, der wahrscheinlich durch vulkanische Dammbildung während des Pleistozäns entstand, fehlen planktivore und pelagische Fische. Um das große pelagische Nahrungsangebot nutzbar zu machen, wurden 1963 die beiden Tanganjika-Clupeiden *Stolothrissa tanganikae* und *Limnothrissa miodon* eingesetzt. Mindestens die letztgenannte Art vermehrte sich stark und wird fischereilich genutzt. Der Kivu- entwässert zum Tanganjikasee. Allerdings ist dies Gewässerkontinuum durch einen Wasserfall in dem Verbindungsfluß unterbrochen. Dies dürfte der Grund dafür sein, daß nur eine der zahlreichen Fischarten des Tanganjika den Kivusee erreichte und ihn besiedeln konnte (Beadle 1981).

6.1.4.2 Der Baikalsee als Beispiel eines tiefen Sees tertiären Alters in der gemäßigten Zone

Der Baikalsee liegt im Nordosten der zentralasiatischen Hochgebirge. Er ist berühmt als tiefster See der Erde mit einer maximalen Wassertiefe von 1637 m und einer mittleren Tiefe von 730 m. Mit einer Fläche von 31 500 km^2 ist er auch einer der größten. Das Becken des Sees entstand tektonisch seit dem mittleren Tertiär in mehreren zunächst getrennten Teilen. Seit dem Ende des Miozän entwickelte sich der See zu seiner heutigen Form (Kozhov 1963). Die Entstehungsweise und die Gestalt sind ähnlich wie in den großen ostafrikanischen Seen, doch liegt der Baikal in einem winterkalten, ausgeprägten Jahreszeitenklima und auch die biogeographischen Voraussetzungen sind andere. Das Wasservolumen von 23 600 km^2 entspricht etwa 20% der Süßwasservorräte der Erde.

Der Baikalsee ist thermisch geschichtet. Die Oberflächentemperaturen erreichen im Sommer 14 bis 16 °C. Nur in seichten Buchten können sie erheblich höher sein. Das Metalimnion hat seine Obergrenze bei 30 bis 50 und seine Untergrenze bei ca. 100 m. Homothermie mit 3,2 bis 3,7 °C tritt im Juni bzw. im November ein. Der Winter bringt eine 4- bis 5monatige Eisbedeckung. Aufgrund der Wärmespeicherung im Seewasser schließt sich die Eisdecke jedoch nicht vor Februar. Der riesige Wärmespeicher beeinflußt auch das Klima der Region. Die maximale Sichttiefe liegt im Sommer bei 30 m, unterhalb der 200-m-Linie herrschen generell lichtlose Bedingungen. Der See ist nährstoffarm, das Wasser klar. Die Gesamtmenge der gelösten Salze liegt bei 100 mg/l (Weber 1992). Die Sauerstoffsättigung sinkt selbst in den größten Tiefen nie unter 75%, so daß – anders

Tabelle 6.4. Systematische Übersicht der Baikal-Fauna. (Nach Kozhov 1963, gekürzt)

	Gesamtzahl der Taxa		Bewohner des offenen Sees		Zahl der Endemiten des offenen Sees		
	Arten	Gattungen	Arten	Gattungen	Arten	Gattungen	Familien und Subfamilien
Protozoa	317	80	110	45	90	13	3
Spongia:							
Spongillidae	4	2	–	–	–	–	–
Lubomirskiidae	6	3	6	3	6	3	1
Coelenterata							
(Hydra)	2	1	2	1	1	–	–
Turbellaria	90	15	90	15	90	13	1
Rotatoria	48	21	12	6	5	–	–
Bryozoa	5	3	1	1	1	–	–
Polychaeta	1	1	1	1	1	–	–
Oligochaeta	62	23	48	20	45	2	–
Hirudinea	17	10	10	4	10	1–2	–
Copepoda-Calanoida	5	4	3	3	1	–	–
Cyclopoida	25	7	19	6	16	–	–
Harpacticoida	43	9	43	9	38	–	–
Ostracoda	33	3	31	3	31	–	–
Cladocera	10	7	2	2	–	–	–
Bathynellidae	2	1	2	1	2	–	–
Isopoda (Asellus)	5	1	5	1	5	–	–
Gammaridae	240	35	239	34	239	34	–

Die Seen

Acari	6	4	5	3	3	–	–
Tardigrada	1	1	1	1	?	–	–
Trichoptera	36	8–9	16	3	13	2	–
Plecoptera	2	2	1	1	?	–	–
Chironomidae	60	20	22	10	11	(1 Subgenus)	–
Gastropoda	72	12	55	8	53	6	3
Bivalvia	12	3	3	3	3	–	–
Pisces:							
Cottoidei	25	9	25	9	23	8	3
Andere Fische	25	18	25	18	–	–	–
Mammalia	1	1	1	1	1	–	–
Summe	1.219	346	842	253	708	87	11

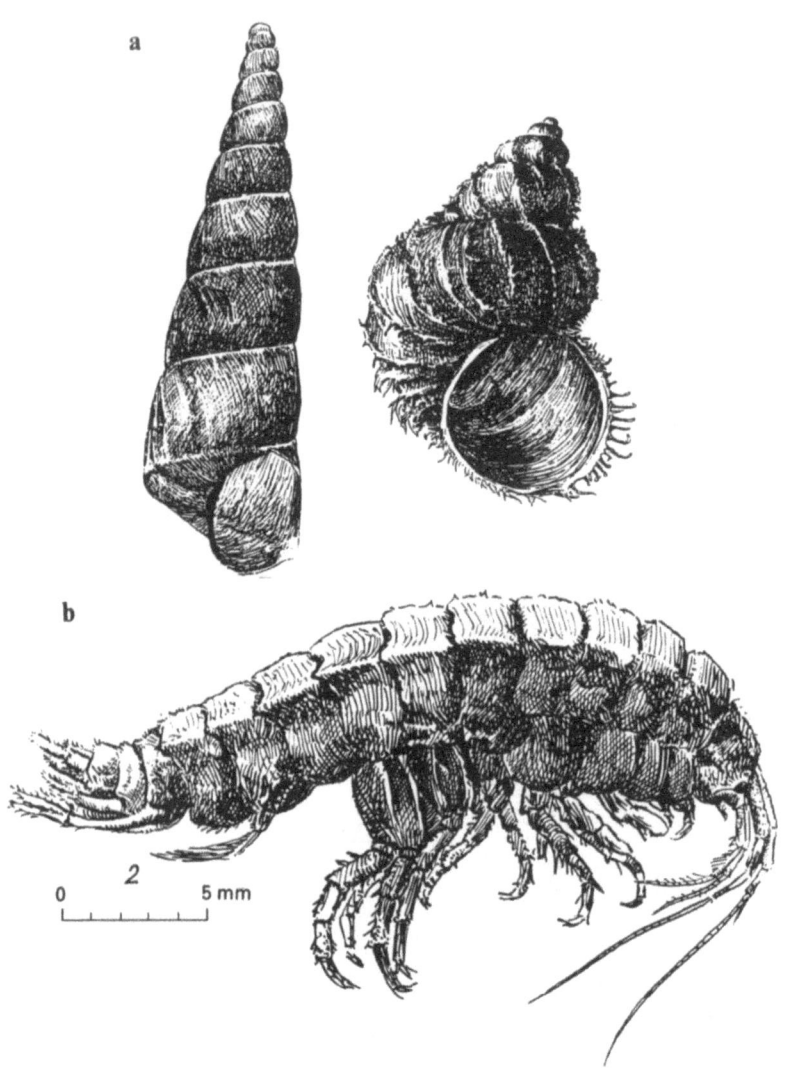

Abb. 6.39a–d. Endemische Tiere des Baikalsees. **a** Mollusca: *Baicalia carinata* (links) und *B. ciliata* (Baicaliidae). Mollusken stellen im Litoralbereich bis ca. 20 m Tiefe einem großen Anteil der Fauna. **b** Crustacea: der pelagische Gammaride *Macrohectopus branickii*. **c** Insecta: Die flügellose Trichoptere *Thamastes dipterus*. **d** Fische: *Paracottus kneri* (Cottidae), oben, *Abyssocottus pallidus* (Mitte), eine Art des oberen Profundals, unterhalb von 250 m; die schuppenlose, durchscheinende *Comephorus dybowskii* (Comephoridae) (unten), Bewohner des Pelagial zwischen 0 und 500 m Tiefe; Paarung im Herbst, lebendgebärend, Februar bis April. (Aus Kozhov 1963, verändert)

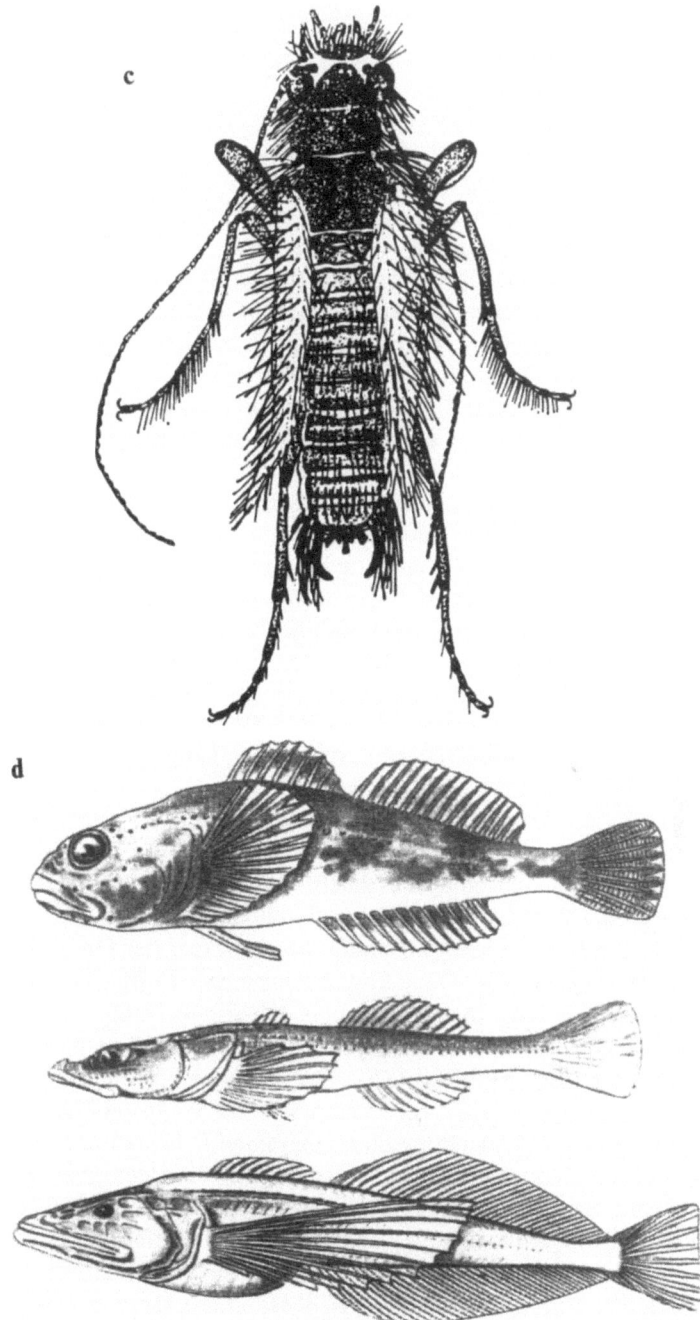

Abb. 6.39c, d

als in den ostafrikanischen Beispielen – ein von höheren Organismen besiedeltes tiefes Profundal existiert.

Die Fauna ist reich an Endemiten (Tabelle 6.4), darunter ein Seehund (*Phoca* (*Pusa*) *sibirica*). Unter den endemischen Wirbellosen sind die Schwämme, Strudelwürmer (Turbellaria), Schnecken und Gammaridea (Crustacea) mit auffälligen und zum Teil reich differenzierten Gruppen vertreten. Die stärkste adaptive Radiation fand bei den Fischen in der Unterordnung der Cottoidei (Groppenartige) statt. Zu dieser Unterordnung gehören 2 Arten der endemischen Familie Comephoridae, schuppenlose, halbtransparente Tiere, deren Körper 35 bis 40% Fett enthält. Sie leben ausschließlich pelagisch, bis zu 1000 m tief, sind vivipar und kaltstenotherm (Abb. 6.39d). Die Temperaturoptima liegen zwischen 3 und 5 °C, der Toleranzbereich erstreckt sich bis ca. 10 °C. Als Nahrung dienen ihnen vorzüglich der pelagische Amphipode *Macrohectopus* und der Copepode *Epischura baicalensis*. Unter den 90 endemischen Strudelwürmern befinden sich einige auffallend große oder bunte Arten: Einige aus der Gattung *Polycotylus* werden bis über 30 cm lang bei einer Breite von 4 bis 5 cm. Die endemischen Köcherfliegen (Trichoptera, Limnephilidae, Gattungen: *Baicalina* und *Thamastes*) haben flugunfähige Imagines, die im ufernahen Bereich auf dem Wasser schwimmen. Die Flügelreduktion und diese Bewegungsweise werden als Anpassung an das Leben an großen Seen gedeutet, wo fliegende Insekten durch den Wind leicht in küstenferne Bereiche verdriftet werden können. Auch am Tanganjikasee lebt eine flügellose Köcherfliege.

Im Areal des Sees besiedeln die weit verbreiteten eurosibirischen Faunenelemente vorwiegend die seichten Uferbereiche, Buchten und Flußmündungen. Dazu gehören auch einige wirtschaftlich wichtige Fische, die zum Teil endemische Rassen ausbilden. Unter den Salmonoidei sind dies die sibirische Äsche (*Thymallus arcticus*) und der Omul (*Coregonus autumnalis migratorius*). Dazu kommt eine lokale Form des sibirischen Stör (*Acipenser baeri*), die in den großen, in den See einmündenden Flüssen laicht, aber im Gegensatz zu anderen Formen der Art nicht ins Meer wandert (Weber 1992, Nikolskii 1957). Die endigene Flora und Fauna hat ihren typischen Lebensbereich im offenen See, sowohl an den Steilufern als auch im Pelagial. Die Entstehung dieser extremen Lebensräume dürfte der Auslöser für die Evolution der endemischen Baikalformen gewesen sein.

Die Arten des lichtlosen Profundals, oft unpigmentierte Tiere mit reduzierten Augen, entwickelten sich aus litoralen Vorfahren. Die Artenzahl und die Individuendichte sinken mit der Tiefe: Von den 28 Arten der Cottoidei leben 6 in 0 bis 5 m, 22 zwischen 5 und 100 m, 25 von 100 bis

300 m, 21 zwischen 300 und 500 m und 16 tiefer als 500 m. Die meisten der 5 spezifischen Arten, die permanent in Tiefen unter 500 m leben, sind unpigmentiert, ihr Körper ist von einer zarten, faltigen Haut überzogen, und die Seitenlinienorgane sind kräftig entwickelt (Kozhov 1963). Das Makrozoobenthos der profundalen Zone wird überwiegend von Oligochaeten und Gammariden gestellt. Sie ernähren sich von den geringen Mengen an Detritus, die diese Tiefenzone durch Sedimentation noch erreichen. Die Gammariden besitzen auffallend lange Antennen und sind sehr bewegungsaktiv.

Der Jahreszyklus der Organismenentwicklung

Die saisonale Entwicklung der pelagischen Biozönose zeigt aufgrund der klimatischen Bedingungen und der faunistischen Gegebenheiten einige Besonderheiten. Auch im gewöhnlich schneearmen Winter bleibt eine erhebliche planktische Primärproduktion erhalten. Die dafür verantwortlichen Frühjahrsformen, vorwiegend Peridineen und Diatomeen, haben ihre höchste Dichte unmittelbar unter dem Eis. Die planktischen Crustaceen, vorwiegend die Nauplien und Copepodite der Copepoden, leben in der gleichen Zone. Die zooplanktonfressenden Fische, der Omul (*Coregonus autumnalis migratorius*), sowie die Arten der Gattungen *Comephorus* (Comephoridae) und *Cottocomephorus* (Cottidae) haben sich in der Tiefenzone zwischen 150 und 300 m versammelt, weigehend inaktiv und ohne viel Nahrung aufzunehmen. Noch vor dem Eisbruch, im Mai, wandern diese Fische mit Ausnahme der Comephoriden in die Uferzone, wo der Omul mit der Nahrungsaufnahme und *Cottocomephorus* mit dem Laichen beginnt. Nach dem Eisbruch, im Mai und Juni, in der Periode intensiver Wasserumwälzung, zerstreuen sich die Planktonorganismen bis in Tiefen von 150 m. In dieser Zeit erreicht die Sichttiefe ihr Maximum. Nach der Etablierung der Temperaturschichtung, zwischen Mitte Juli und Mitte September, werden die Frühjahrsformen der Algen durch Sommerformen ersetzt, die Cyanobakterien dominieren. In der trophogenen Zone erreichen Algendichte und -produktivität ihren jährlichen Höchststand. Gleichzeitig entwickelt das Zooplankton seine tief reichenden Vertikalwanderungen, an denen der Amphipode *Macrohectopus* – mit ca. 25 mm Länge ein Riese unter den Zooplanktern – mit großen Schwärmen beteiligt ist, neben den Copepoden und Rotatorien. Dem Zooplankton folgen die planktivoren Fische, die wahrscheinlichen Auslöser der Vertikalwanderungen, darunter zahllose juvenile *Cottocomephorus*, die von den

Laichplätzen im Litoral kommend das Pelagial aufsuchen. Der Omul bildet in dieser Zeit große Schulen, die zum Laichen in die Flußmündungen wandern.

1990 entdeckte man im äußersten Nordosten des Baikal in ca. 450 m Tiefe warme Quellen. In ihrer Umgebung erhöht sich die Temperatur von den gewöhnlichen 3,6 °C im Hypolimnion auf 10 bis 12 °C. Auch scheint reichlich H_2S auszutreten, denn Schwefelwasserstoff nutzende chemoautotrophe Bakterien treten als wichtigste Primärproduzenten auf. Von ihnen lebt eine anscheinend vom übrigen Ökosystem unabhängige Lebensgemeinschaft aus Schwämmen, Krebsen, Mollusken, Würmern und Fischen. Die trophischen Beziehungen erinnern an Organismengesellschaften untermeerischer Thermalquallen. Aus einem Binnengewässer kannte man bisher ein derartiges System noch nicht (Weber 1992).

6.2 Flachseen und Sümpfe

6.2.1 Flachseen

Flachseen bilden keine stabile thermische Schichtung aus, so daß der Wasserkörper regelmäßig und häufig bis zum Grund umgewälzt wird. Dementsprechend entscheidet nicht die Tiefe allein über die Zugehörigkeit zu dieser Gruppe, sondern auch die Größe und die Exposition der Oberfläche zum Wind. Zwar kann sich z.B. bei Windstille oder unter Eis eine vertikale Schichtung ausbilden, doch ist sie in der Regel von kurzer Dauer. Demzufolge treten vertikale Gradienten der chemischen oder physikalischen Parameter der Wasserqualität höchstens kurzfristig auf und der Stoff- und Wärmeaustausch zwischen dem Benthal und der Wasseroberfläche vollzieht sich unbehindert. Während im geschichteten See ein erheblicher Teil der Pflanzennährstoffe mindestens saisonal im Profundal gebunden und für die Produktion unerreichbar sind, sind sie in Flachseen fast permanent verfügbar. Das führt unter bestimmten Voraussetzungen zu hoher Produktivität. Auf der anderen Seite kann sich bei geringer Wassertiefe die litorale Vegetation weit ausdehnen, so daß breite Verlandungszonen und Sümpfe entstehen. Die Begrenzung der Röhrichtzone zum offenen Wasser wird nicht nur durch die Wassertiefe, sondern auch durch die mechanische Wirkung des Wellenschlags bestimmt. Flachseen können sehr groß werden, wie die Beispiele des Tschadsees in Afrika, des Balaton in Ungarn und des Neusiedler Sees in Österreich zeigen. Aufgrund der geringen Tiefe können allerdings geringe Wasserspiegelschwankungen zu erheblichen Veränderungen der Seenfläche führen. Anhand einiger Beispiele soll ein Eindruck von der Vielfalt dieser Lebensräume vermittelt werden.

Eine sehr hohe Produktivität wurde auch für einige **nordwestdeutsche Seen** nachgewiesen. Sie übersteigt den für tiefe Seen definierten polytrophen Status erheblich (Tabelle 6.5). Da das Wasser sehr trübe ist, liegt das Maximum der C-Asssimilation z.B. im Dümmer zwischen 20 und 30 cm Wassertiefe (Abb. 6.40). Ca. 2/3 des verbrauchten anorganischen Kohlenstoffs entstammt der Remineralisation. Dies belegt eine hohe Abbaurate des organischen Materials. Je nach den Windverhältnissen wechseln Sedimentation unter Mitfällung des Phosphats und erneute Aufwirbelung. Im Sediment können anoxische Bedingungen die Reaktivierung des Phosphats beschleunigen, so daß es bei der folgenden Resuspension dem Stoffkreislauf wieder zugeführt wird. Die betrachteten Seen waren vor Beginn der modernen zunehmenden exogenen Nährstoff-

Tabelle 6.5. Vergleich des Trophie-Status des Steinhuder Meeres und des Dümmer mit tieferen Seen. (Vergbeichsdaten nach Vollenweider 1968, aus Ernst u. Reinhardt 1980)

Jährliche Kohlenstoff-Produktion pro Fläche [g/m² pro Jahr]		
Oligotroph		50
Polytroph		150 oder 200
Steinhuder Meer	1975	306
	1976	280
Dümmer	1975	416
	1976	592
Photosynthese in der Tiefenzone höchster Produktivität [g C/cm³ pro Tag]		
Obergrenze für den eu- oder polytrophen Status tiefer Seen		0,2–0,3
Steinhuder Meer		4,0
Dümmer		11,0
NO_3^- *Konzentration* [mg N/m³]		
Polytroph		1500
Steinhuder Meer	1975	1700
	1976	2100
PO_4^- *Konzentration* [mg P/m³]		
Meso-eutroph		10–30
Eu-polytroph		30–100
Polytroph		100
Steinhuder Meer	1975	52
	1976	63

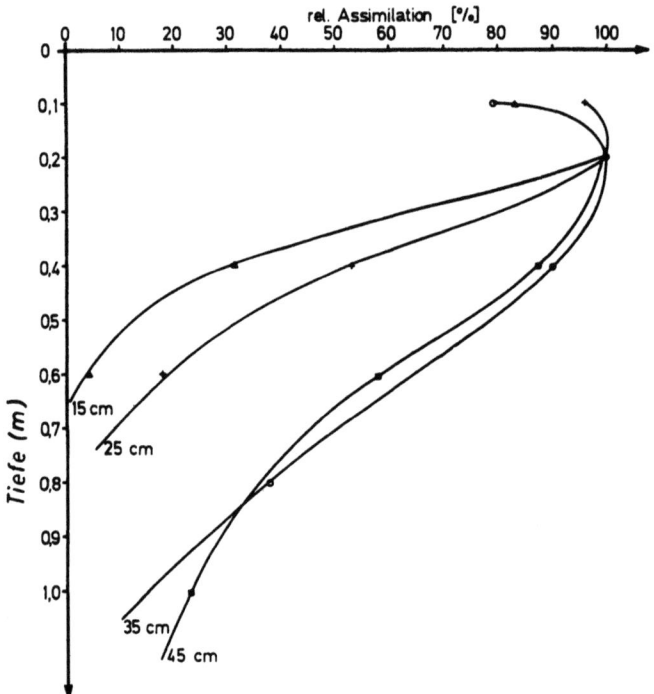

Abb. 6.40. Relative Assimilation (% Primärproduktion) in Abhängigkeit von der Wassertiefe im Steinhuder Meer (Niedersachsen). Die Kurven beziehen sich auf verschiedene Tage mit unterschiedlichen Sichttiefen. (Aus Ernst u. Reinhardt 1980)

belastung in der Regel nicht polytroph (Ernst u. Reinhardt 1980; Poltz 1977). Sie zeigen aber bei zusätzlicher Nährstoffzufuhr eine rasche Trophiesteigerung. Im Fall humusreicher Braunwasserseen war die Produktivität ursprünglich sogar gering, weil Phosphat und Kalzium in den humosen Sedimenten weitgehend irreversibel gebunden wurden. Unter dem Einfluß exogener Düngung und Kalziumzufuhr werden jedoch die Humus-(= Torf)sedimente zunehmend zu Faulschlamm mit anaerobem Milieu und Freisetzung bisher gebundener Nährstoffe, so daß eine rasante Entwicklung zum eu- bzw. polytrophen Typ entsteht. Dieser Prozeß ist mit beschleunigter Verlandung verbunden.

Eine hohe Produktivität, verbunden mit hohen Fischerträgen zeichnet auch manche der afrikanischen Flachseen aus. Gegenüber der temperierten Zone der Erde sind sie außerdem durch die ganzjährig günstigen Temperatur- und Lichtbedingungen im Vorteil. Dementsprechend fand man im 2 bis 3 m tiefen Lake George das Makrozoobenthos während des gesamten Jahres in ungefähr gleicher Abundanz und und Artenzusammensetzung. Es wird beherrscht von Larven der Chironomiden und der Chaoboriden. Die *Chaoborus*-Larven, zu zwei Arten gehörend, stellen 65 bis 85% der Individuen. Ihre Biomasse schwankt im Jahreslauf nur zwischen ca. 640 mg C/m^2 in der Regenzeit und 370 mg in der Trockenzeit. Die kurzlebigen Imagines fliegen in der Dämmerung und nachts mit Ausnahme der Vollmondzeiten. In den Hauptflugzeiten, den Regenzeiten, erscheinen sie gleich riesigen Rauchsäulen über dem See (McGowan 1974; Darlington 1977). Das Phytoplankton des Lake George wird von der Blaualge *Microcystis* dominiert, die hier in großem Umfang direkt von Fischen, den filtrierenden *Sarotherodon niloticus* und *Haplochromis nigripinnis* (Cichlidae) konsumiert wird.

Der Tschadsee liegt in einer alten, flachen kontinentalen Depression an der Südgrenze der Sahara zur Sahel-Zone. Seine Ausdehnung schwankt jahresperiodisch und langfristig: In diesem Jahrhundert gab es drei Reduktionsphasen, die letzte um 1971/73. In dieser Zeit wechselte die Größe der Seenfläche zwischen ca. 25000 und 10000 km^2. Als normal wird eine Fläche von 15000 bis 21000 km^2 angesehen. Aufgrund der Analyse fossiler Uferlinien rekonstruierte man den „Mega-Tschad", dessen Fläche vor ca. 10000 bis 6000 Jahren 300000 bis 400000 km^2 betrug (Beadle 1981). Bei einer mittleren Niederschlagshöhe im Seengebiet von 300 mm/Jahr und einer Evaporation von ca. 2000 mm (Dussart nach Beadle 1981), kann das Wasserdefizit nur durch Zufluß aus den niederschlagsreichen Gebirgen im Süden ausgeglichen werden. Dementsprechend wird der Wasserstand hauptsächlich durch den Chari-Fluß reguliert, der an der Südseite in den See mündet und eine saisonal stark wechselnde Wasserführung hat (Abb. 6.41). Der Tschadsee ist ein Süßwassersee, obgleich er in einem abflußlosen Becken in einer heißen, ariden Region liegt. Zwar ist die Salzkonzentration im Nordbecken mit 10‰ fast zehnmal so hoch wie im Südbecken, doch auch beim Maximalwert handelt es sich noch um Süßwasser. Die Ursachen dieser Situation sind nicht abschließend geklärt, doch scheint das Abfließen eines Teils des Seewassers in den Untergrund wichtig zu sein. Träfe diese Erklärung zu, wäre der Tschadsee ein durchströmtes Gewässer mit einem Abfluß zum Grundwasser.

Auch für diesen Flachsee sind ausgedehnte Röhrichtbestände, Sümpfe und Flächen mit submerser Vegetation charakteristisch. Im Röhricht treten neben Schilf und Rohrkolben ausgedehnte Papyrusbestände auf, die von offenen Kanälen durchzogen sind. Die Röhrichte dehnten sich mit dem nach 1971 fallenden Wasserspiegel immer weiter in die ehemals freie Wasserfläche aus. Zwischen Nord- und Südbecken bildete sich so ein

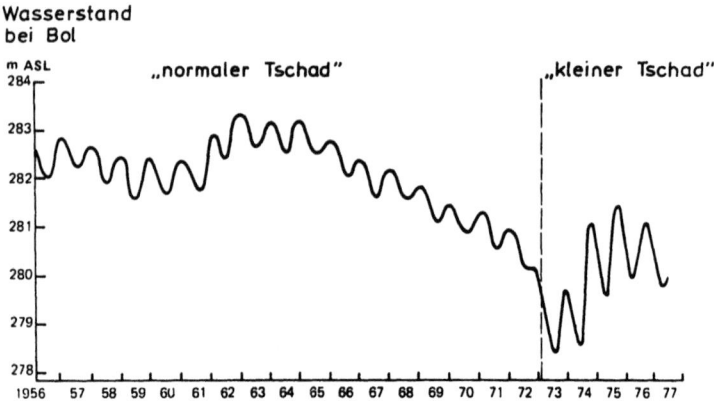

Abb. 6.41. Wasserstandsschwankungen des Tschadsees (gemessen im Norden des Südbeckens). Man beachte die jährliche Periodik und die langfristigen Veränderungen (m ASL = m über dem Meeresspiegel). (Aus Beadle 1980, verändert)

fast undurchdringlicher Riegel, der bei wieder ansteigendem Wasserspiegel seit 1974/75 das Nordbecken von der erneuten Auffüllung abschottete. Reichlich abgestorbene, verrottende Pflanzen und die Aufwirbelung des anoxischen Tiefsubstrats durch starke Winde führten auch im wasserführenden Teil zu umfangreichen Fischsterben, so daß einige Arten, wie der pelagische Nilhecht (*Lates niloticus*, Centropomidae) anscheinend ausgestorben waren.

Im Gegensatz zum Lake George unterliegen die Lebensbedingungen im Tschadsee einem jehresperiodischem Wechsel. Die Temperaturen schwanken zwischen im Mittel 18 bis 20 °C im Januar und 30 bis 32 °C zwischen Mai und August. Prägend für den Lebenszyklus vieler Organismen ist aber vor allem der Wechsel der Wasserstände. In der Zeit maximalen Zuflusses von Juni bis November werden weite Gebiete um den See und die Flußmündungen überschwemmt. Große Fischschwärme wandern flußaufwärts in die überaus produktiven Überschwemmungsgebiete. Der herbivore Kochenzüngler *Heterotis niloticus* z.B. wächst in 6 Monaten auf über 500 g heran (Beadle 1981). Mit dem Rückzug des Wassers vollzieht sich die Rückwanderung. Manche Arten, insbesondere der Lungenfisch *Protopterus annectens*, können in austrocknenden Resttümpeln überdauern. Der Tschadsee besitzt trotz seines hohen Alters nur eine endemische Fischart, den Salmler *Alestes dageti*, obgleich in den einmündenden Flüssen etwa 25 weitere leben. Möglicherweise ist das die Folge der

Instabilität der Lebensbedingungen, die den See während seiner ganzen Geschichte kennzeichnete.

Ausgedehnte litorale Röhrichtbestände können für flache Seen eine dominierende ökologische Bedeutung haben. Dies soll am Beispiel des ostafrikanischen Lake Chilwa erläutert werden. Dabei gibt es neben generalisierbaren auch manche individuelle, spezifische Charakteristika. Der See liegt am Südrand der westlichen Grabenbruchzone in einem abflußlosen Becken. Er hat eine Oberfläche von ca. 2000 km^2 bei maximal 5 m Tiefe. Typisch sind regelmäßige saisonale und stärkere längerfristige Wasserstandsschwankungen, die im Abstand von einigen Jahren oder Jahrzehnten zum völligen Austrocknen führen. In normalen Jahren steigt der Leitwert mit sinkendem Wasserstand von ca. 800 auf ca. 2500 und in extremen Jahren auf ca. 20000 μS/cm (S = Siemens). In dieser Situation überlebt die limnische Fauna höchstens in der Form von Dauerstadien. Die litoralen Makrophyten bedecken mehr als die Hälfte der Seefläche und werden von Rohrkolben (*Typha domingensis*) dominiert. Die Papyrusbestände sind unbedeutend.

Da das Wasser sehr trübe und innerhalb der Röhrichtbestände zudem häufig braun gefärbt ist – die Sichttiefe schwankt zwischen 4 und 10 cm – bleibt die Primärproduktion des Phytoplanktons und der submersen Makrophyten gering. Hauptproduzent ist der Rohrkolben mit ca. 1580 g/m^2 und Jahr. Seine oberirdischen Teile sterben bei Niedrigwasser regelmäßig ab und fallen zusammen. Etwa 1/3 der trockengefallenen Flächen wird abgebrannt, doch auch im übrigen Bereich verläuft der Abbau bei den hohen Temperaturen rasch, nach Experimenten zu etwa 60% der Pflanzenbiomasse innerhalb von 150 Tagen.

Die Sedimentfracht der Zuflüsse aus einem Umfeld mit geringer Vegetationsbedeckung ist hoch. Gröberes Material wird in der Röhrichtzone abgelagert. Die Zone des offenen Wassers erreichen vorwiegend die feinsten, mineralischen Bestandteile, die ein besiedlungsfeindliches, anoxisches Substrat bilden. Dementsprechend siedelt das Makrozoobenthos nur im Röhricht und in der Randzone zum offenen Wasser. Die höchsten Siedlungsdichten treten in Anhäufungen verrottender Pflanzenreste auf. Nur wenn nach Austrocknungsphasen die Überschwemmung einsetzt, gibt es in den feinkörnigen Ablagerungen der Seemitte eine kurzfristige Entwicklung des Makrozoobenthos. Die Hauptmenge des Zooplanktons stellen drei Crustaceen-Arten: *Diaphanosoma excisum*, *Daphnia barbata* (Cladocera) und *Tropodiaptomus kraepelini* (Copepoda). In ihrer Nahrung dominiert Detritus, Algen spielen keine Rolle. Die vorherrschenden Fischarten sind Kiemensackwelse (*Clarias gariepinus*), der Cyprinide *Barbus paludinosus* und der Buntbarsch *Sarotherodon shiranus* chilwae. Die wichtigsten Nahrungsquellen für die Fische sind das Zooplankton und Detritus, bei *Sarotherodon* außerdem fädige Grünalgen und bei *Clarias* wahrscheinlich auch andere Fische. Die typischen Aufenthaltsorte dieser Arten sind die Röhrichtsümpfe und ihr innerer Saum, wo sie auch von Fischern mit guter Ausbeute gefangen werden (Kalk et al. 1979).

6.2.2 Sümpfe und Verlandungszonen

Sümpfe, stagnierende Flachwasserbereiche, von Sumpf- und Wasserpflanzen meist dicht bewachsen, treten häufig als Sukzessionsstadien im Verlandungsvorgang von Gewässern auf. Sie treten in einer großen Formenvielfalt auf, häufig als Saum um offene Wasserflächen, und setzen sich oft aus einem Mosaik verschiedener Vegetationsformen submerser und emerser Bereiche zusammen. Soweit submerse Pflanzen überwiegen, und die biogene Sauerstoffproduktion im Wasser stattfindet, bilden sie reichhaltig besiedelte aquatische Lebensräume aus. Anders ist es bei dichten, emersen Beständen, die durch Beschattung eine ausreichende Sauerstoffbildung im Wasser verhindern. Die Röhrichte, die zu dieser Gruppe gehören, sollen im Mittelpunkt der folgenden Betrachtung stehen. Sie werden in der Regel von wenigen Pflanzenarten dominiert: Cyperaceen, wie Seggen (*Carex*) und Papyrus (*Cyperus papyrus*), Gräsern, z.B. das Schilf (*Phragmites* div. spec.) oder Rohrkolben (*Typhaceae*).

Bei einigen verbreiteten Röhricht-Arten spielt die vegetative Vermehrung über Rhizome eine wichtige Rolle, wie beim Schilf und beim Papyrus, der im tropischen Afrika verbreitet ist. Die Rhizome bilden dichte Matten und dienen als Speicherorgane, in die der Stoffbestand aus den absterbenden Teilen der Pflanze teilweise zurückgeführt wird. Während das Schilf auf dem Substrat verankert ist, bildet der Papyrus auch frei schwimmende Matten, die vom Ufer aus weit auf die Wasseroberfläche hinauswachsen können. Dabei ist die Tiefe unter der Rhizomschicht anscheinend ohne Bedeutung, sie kann mehrere Meter betragen. Diese schwimmenden Röhrichtwälder heben und senken sich mit den Schwankungen des Wasserspiegels. Sie sind allerdings wenig flexibel und brechen bei Amplituden über 1,5 m oder starkem Wellengang auseinander, so daß schwimmende Inseln entstehen. Vorübergehende Austrocknung wird nicht toleriert (Thompson 1976) (Abb. 6.42).

Unter den flutenden Papyrusbeständen sedimentiert abgestorbenes Pflanzenmaterial zum Gewässergrund und bildet dort reichlich Faulschlamm. Das Milieu ist anoxisch und lebensfeindlich, wenn nicht durch

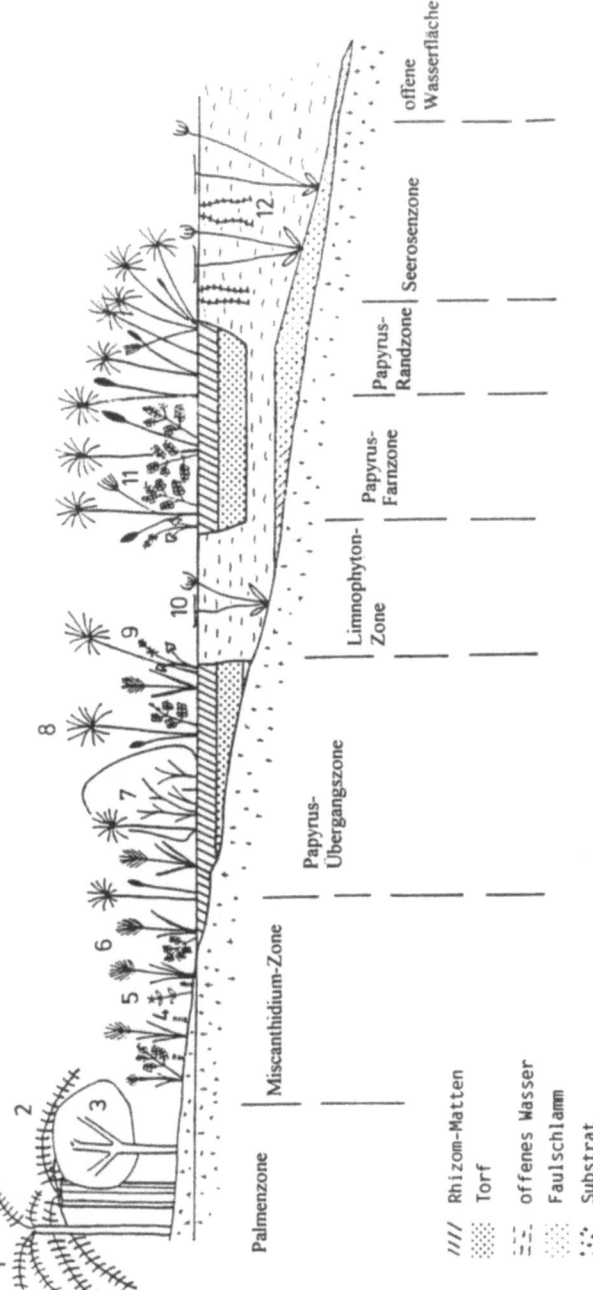

Abb. 6.42. Vegetation in den Sümpfen am Viktoriasee. Die Zahlen beziehen sich auf einige typische Pflanzenarten (Auswahl): (1), (2) die Palmen *Phoenix reclinata* und *Raphia monbuttorum*, (3) *Mitragyna stipulosa*; (6), (8) die Gräser *Miscanthidium violaceum* und *Cyperus papyrus*, (9) *Limnophyton obtusifolium* (Alismataceae), (10) *Nymphaea caerulea* und *Trapa natans*, (11) *Dryopteris striata*, (12) Seerosen und verschiedene Submerse, wie Ceratophyllum. (Aus Thompson 1976, verändert)

einen Zustrom von außen Sauerstoff hineinkommt. Das organische Material wird unter reichlicher Methanbildung abgebaut. Die Produktivität des Papyrus ist mit bis zu 120 t Kohlenstoff pro Hektar und Jahr sehr hoch. Sie erreicht die Höhe der Flächenerträge landwirtschaftlicher Nutzung. Die Nährstoffe werden aus dem Wasser aufgenommen, das sich unter den Rhizommatten befindet (Burgis u. Morris 1987).

Sumpfgebiete haben im tropischen Afrika stellenweise eine riesige Ausdehnung. Außer im Uferbereich von Seen und großen Strömen treten sie in abflußlosen Becken auf, wie im Okawango-Delta und am Weißen Nil in den Sümpfen des Sudd (Rzóka 1976a). Die Fläche der permanent vom Wasser bedeckten Teile am Bahr el Gebel, einem Zufluß des Weißen Nils, wurden auf 8000 bis 10000, die der saisonal überschwemmten auf 70000 km^2 geschätzt. Der Nil windet sich in weiten Mäandern durch diese Sümpfe, kleinere Flüsse verschwinden darin, ohne daß ihr Verlauf noch identifiziert werden kann. Die zeitweilig überschwemmten Gebiete sind vor allem von Gräsern bedeckt, die von den Huftier-Herden der dort ansässigen Bevölkerung, der Niloten, abgeweidet werden. Die Herden folgen dem zurückweichenden Wasser. Eingestreut in die permanent nassen Sümpfe gibt es zahlreiche Kleingewässer mit Schwimmblattpflanzen wie der Wassernuß (*Trapa natans*), der ägyptischen Lotosblume (*Nymphaea lotus*) und dem Wassersalat (*Pistia stratiotes*), sowie Submersen. An schneller strömenden Stellen setzt sich das Gras *Fossia cuspidata* durch, während *Typha*- und *Phragmites*- Arten in die trockenen Randbereiche hineinreichen. Auf den übrigen Flächen dominiert Papyrus. Das reichste tierische Leben entwickelt sich vor den Rändern der Röhrichte. Plankton, Benthos und Fische sind mit zahlreichen Arten mit teilweise hoher Abundanz vertreten. Krokodile, viele Vogelarten und Säugetiere bewohnen die Sümpfe entweder permanent oder ziehen sich hierher zurück, wenn die umgebende Savanne austrocknet. Spezifisch angepaßt an das Leben im Sumpf sind die beiden Antilopen Sitatunga oder Sumpfantilope (*Tragelaphus* = *Limnotragus spekei*) und die Weißnackenmoor-

---

Abb. 6.43a–c. Afrikanische Lungenfische (Gattung *Protopterus*). **a** *P. dolloi*, Larve in der Metamorphose, vor den Kiemen sind die fädigen Brustflossen ausgebildet, unter dem Kopf ist der Rest der Haftdrüse zu erkennen. (Aus Brien u. Bouillon 1959.) **b** Schematischer Schnitt durch das Nest von *P. dolloi*: 1 Belüftungsschornstein, 2 unterer Zugang zum Nest, unter Wasser gelgen, 3 während der Trockenzeit feste Oberfläche, 4 weiche Unterschicht des Schlamms, 5 Baumstumpf. (Aus Brien et al. 1959.) **c** Während der Trockenzeit eingegrabener *P. annectens*: Die das Tier umhüllende Kapsel aus zähem Schleim ist mit den Mundrändern so verklebt, daß ein schmaler Atmungsschlitz frei bleibt. (Nach Parker, aus Sterba 1990)

Flachseen und Sümpfe

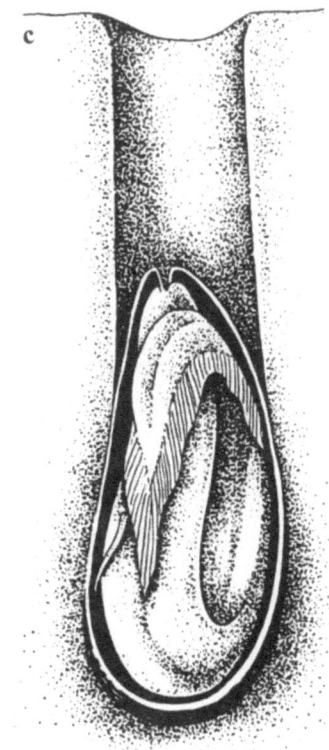

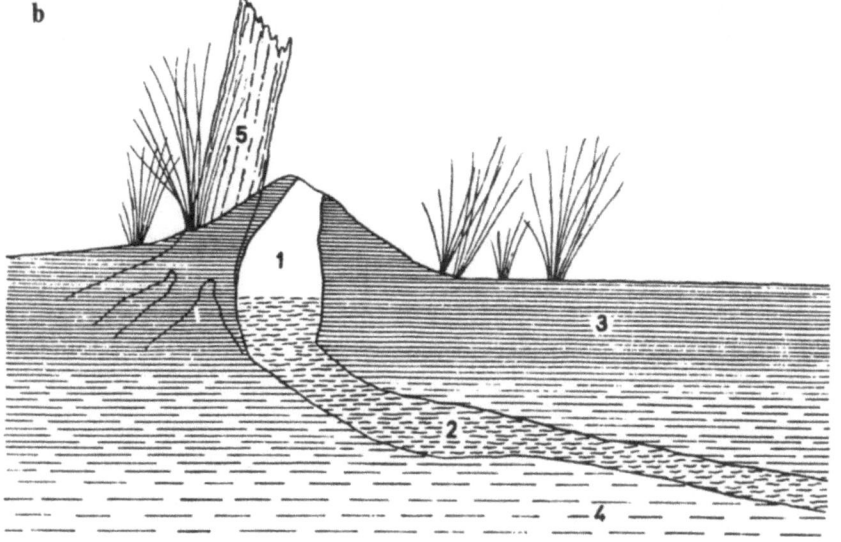

antilope (*Onototragus megaceros*), die mit spreizenden Hufen über die weichen Böden laufen können. Das Sitatunga ist auch ein guter Schwimmer. Es verläßt den Schutz der Sümpfe nachts, um im Grasland zu weiden (Rzóska 1976a).

Anpassungen an Sauerstoffmangel sind bei Tieren tropischer und subtropischer Sümpfe häufig. Besonders vielfältig sind die von Fischen bekannten Anpassungsformen. Für den Laich und bei manchen Arten auch für die Larven besteht die Gefahr des Absinkens in anoxische Bereiche. Während der Laich in zahlreichen Fällen an Pflanzen oder anderen festen Substraten befestigt und oft auch bewacht und ventiliert wird, gibt es manche Arten mit der Strategie der schwimmenden Eier. Die meisten Labyrinthfische (Anabantoidea) Südostasiens und Afrikas aber auch der afrikanische Hechtsalmler (*Hepsetus odoe*, Hepsetidae) fertigen Schaumflöße zur Aufnahme der Gelege an. Oft besitzen die Eier zusätzlich Ölkugeln, die z.B. bei den afrikanischen Labyrinthfischen *Ctenopoma damasi* und *muriei* auch den Larven erhalten bleiben und auch ihnen das Schweben gestatten, bis die Schwimmblase ausgebildet ist (Berns u. Peters 1969; LoweMcConell 1975; Sterba 1990). Auch die Eier des Nilhechtes (*Lates niloticus*, Centropomidae) flottieren allein mit Hilfe ihrer Ölkugeln. Die afrikanischen Lungenfische (*Protopterus annectens* u. *P. aethiopicus*) bauen am Boden oder im Wurzelwerk der Vegetation Nester, die bewacht werden. Die Larven besitzen ähnlich wie jene von *Polypterus* (Flösselhecht) fädige, verzweigte Kiemen (Abb. 6.43a). Der Sauerstoffgehalt in den Nestern scheint niedrig zu sein: Greenwood (1958) fand zwischen 4 und 20% Sättigung. Sie war im Nest niedriger als im umgebenden Wasser. Der im Kongo (= Zaire) beheimatete *Protopterus dolloi* laicht während des fallenden Wasserstands in den verbleibenden Sümpfen. Das Nest besteht hier aus einem Tunnel in der dichten Vegetation mit einem Schornstein zur Atmosphäre. Die Larven beginnen sehr früh mit regelmäßiger Aufnahme von Luft (Abb. 6.43b). Beim Wiederanstieg des Wasserpiegels zu Beginn der Regenzeit verlassen die Jungfische das Nest (Brien et al. 1959; Brien u. Bouillon 1959; Greenwood 1958).

6.3 Temporäre Gewässer, Kleingewässer

In Sümpfen mit wechselnden Wasserständen spielen Strategien zur Überdauerung von Trockenperioden eine Rolle, oft kombiniert mit der Anpassung an Sauerstoffmangel (vgl. S. 97). Zwei Grundformen der Anpassung sind verbreitet: Das Abwandern aus dem sich ungünstig entwickelndem

Lebensraum, wie bei manchen Insekten, oder die Ausbildung von Überdauerungsformen sowie die zeitliche Einpassung des Entwicklungszyklus in die Periodizität der Umweltveränderungen. Die Überdauerung kann an geschützten Orten als Dormanz mit stark erniedrigtem Stoffwechselniveau ausgebildet sein oder als Kryptobiose in weitgehend dehydrierten Zustand, wie sie vor allem in Sporen, Samen, Eiern, Zysten und dergleichen auftritt. So können die Eier mancher Blattfußkrebse (Anostraca, Notostraca, Conchostraca) mehrjährige Trockenheit, verbunden mit hohen Temperaturen, ertragen. Sie besiedeln daher temporäre Gewässer verschiedenster Art, insbesondere auch in ariden Gebieten. In Anpassung an die oft nur kurzzeitige Existenz des Lebensraums ist die Entwicklungszeit kurz: Die Conchostraken im heißen Trockengebiet des Sudan nahe Chartum schlüpfen bereits drei Tage nach der Entstehung der Regenwassertümpel aus dem Ei und beginnen nach zwei weiteren Tagen mit der Reproduktion (Rzóska 1984, zit. nach Williams 1987). Auch manche Überträger von Infektionskrankheiten des Menschen sind Bewohner temporärer Gewässer, so *Anopheles*-Arten als Malariaüberträger, *Aedes aegypti* für das Gelbfieber und verschiedene Schnecken als Zwischenwirte für Trematoden.

Manche Fischarten vergraben sich für die Dauer der Trockenzeit im Schlamm. Darunter der Kletterfisch (*Anabas*, Anabantidae), die pantropisch verbreiteten Kiemenschlitzaale (Synbranchiformes) und die Lepidosirenidae unter den Lungenfischen. Die afrikanischen *Protopterus*-Arten *graben tiefe senkrechte* Höhlen und umgeben sich mit einem Schleimkokon, der mit einem Porus an der Spitze versehen ist und in direkter Verbindung zum Mund steht. Die Atmung erfolgt anscheinend durch direkte Ventilation der Lunge, eine Technik, die für niedere Wirbeltiere ungewöhnlich und deren Mechanismus bisher nicht erklärt ist (Lomholt et al. 1975). Der Fisch verfällt in einen torporartigen Zustand, aus dem er bei Überschwemmung aber rasch erwacht (Abb. 6.43b). Durch Resorption von Muskulatur wird die benötigte Energie gewonnen. Der dabei entstehende Harnstoff reichert sich im Blut an und wird erst nach dem Erwachen abgegeben. In Ostafrika lebt *Protopterus aethiopicus* allerdings auch häufig in permanenten Gewässern und legt dann keine Dormanzphasen ein.

Die Kiemensackwelse (Clariidae) besitzen tiefe, verzweigte Aussackungen des Kiemenraumes als Luftatmungsorgane. Dies befähigt sie nicht nur zum Aufenthalt in sauerstoffarmem, flachem Wasser, sondern auch zum Aufenthalt an Land: Sei es, daß die Möglichkeit genutzt wird, austrocknende Gebiete zu verlassen, sei es, daß der nächtliche Beuteerwerb dieser räuberischen Fische auf das Land ausgedehnt wird. Wanderungen über längere Strecken feuchten Schlamms führen auch *Protopterus* und der ostasiatische Kletterfisch (*Anabas testudineus*) durch. *Anabas* wandert zeitig morgens oder während Regenschauern meist in Trupps bis zu mehreren hundert Metern weit zur nächsten Wasseransammlung (Sterba 1990).

Manche Arten unter den Rivulinae der eierlegenden Zahnkarpfen (Cyprinodontidae) überdauern das Austrocknen der von ihnen besiedelten Tümpel über trockenresistente Eier. Die mehrteilige Diapause dauert individuell sehr unterschiedlich lange, so daß bei der nächsten Überschwemmung nur aus einem Teil der Eier die Fische schlüpfen. Die übrigen "überliegen" und sind im Sinne einer Risikostreuung, ähnlich wie bei den Diasporen vieler Pflanzenarten, eine Reserve, die von Bedeutung für unperiodische Anomalitäten des Witterungsverlaufs sind. Auslösender Reiz für das Schlüpfen aus dem Ei ist Sauerstoffmangel, wie er kurz nach einsetzender Überschwemmung durch den raschen Abbau der bei der Eintrocknung zurückgebliebenen organischen Ablagerung entsteht. Mit diesem Mechanismus können die jeweils schlüpfreifen Eier unabhängig von jahresperiodischer Steuerung auf nicht vorhersehbare Regenereignisse schnell reagieren (Peters 1963).

In Flüssen arider tropischer und subtropischer Gebiete kann die Austrocknung tagesperiodisch auftreten, weil in der Hitze des Tages durch Evapotranspiration alles oberirdische Wasser verdunstet, in der Kühle der Nacht jedoch – in geringen Mengen – fließt. Während die meisten Fischarten in dieser Situation sterben, verbergen sich manche kleine Arten am Tag unter dichten Algenmatten, z.B. *Agosia chrysogaster*, ein bis zu 10 cm langer, im Colorado-Gebiet (USA) heimischer Cyprinide. Bei Nacht sind diese Fische aktiv, bewegen sich schlängelnd im wenige Millimeter tiefen Wasser und suchen nach Nahrung. Auch die Toleranz gegen zeitweilig auftretende hohe Temperaturen, Sauerstoffmangel, raschen Wechsel hoher und niedriger Salzgehalte, ja selbst gegen gelöstes H_2S ist bei manchen Spezialisten temporärer Gewässer erstaunlich hoch. Einige bekannt gewordene Extremwerte für die anscheinend besonders robusten Zahnkarpfen (Cyprinodontidae) mögen das illustrieren: *Cyprinodon nevadensis* sucht im Freiland Temperaturbereiche zwischen ca. 39 und 42 °C auf. *Crenichthys nevadae* behält bis zu einer Sauerstoffkonzentration von 2 mg/l die normale Aktivität bei, darunter wird sie eingeschränkt, doch ist das Überleben auch bei 0,7 mg/l O_2 und 32 °C noch möglich. Typisch ist für diese Art eine stark vergrößerte Kiemenoberfläche.

Viele Arten astatischer Kleingewässer vergraben sich vorübergehend im anoxischen und H_2S-haltigen Schlamm und sind dort soweit inaktiv, daß ein Austausch von Ventilationswasser über die Schlammoberfläche nicht erkennbar wird (Deacon u. Minckley 1974). Extreme H$_2$S-Konzentrationen mit 12 bis 200 mg/l werden für ein kleines Gewässer der Cyrenaika angegeben, das von zwei Arten der Zahnkarpfen, *Cyprinodon* (= *Aphanius*) *dispar* und *C. fasciatus* bewohnt wird (Smith 1952, zit. nach Deacon u. Minckley 1974).

Auch von einigen Anuren sind effektive Mechanismen der Physiologie und des Verhaltens für die Trockenanpassung entwickelt worden (Brown 1969), die z.T. jenen von *Protopterus* ähnlich sind. Die Adulten vieler Arten können sich eingraben, wie unter den einheimischen Anuren die Knoblauchkröte (*Pelobates fuscus*), die nur nachts ihre Höhle verläßt. Die nahe verwandten nordamerikanischen *Scaphiopus*-Arten (Schaufelfüße) kleiden ihre Höhle mit einer organischen Tapete aus und können darin längere Trockenzeiten überdauern. Manche Arten überleben in dieser Phase bis zu 50% Wasserverlust. Andererseits sind sie in der Lage, die Luftfeuchtigkeit zur Wasseraufnahme über die Haut und den Flüssigkeitsinhalt der Harnblase für den Ausgleich von Wasserverlusten zu nutzen (Bentley 1966).

Die Schaufelfüße verlassen ihre Höhlen nach Regenfällen und laichen in den entstandenen Pfützen. Die Entwicklung der Eier und Kaulquappen verläuft außerordentlich rasch und kann in zwei Wochen abgeschlossen sein. Effektiver Nahrungserwerb ist deshalb notwendig: So können sich die Kaulquappen einiger Arten zu räuberischen Formen entwickeln und durch Fressen von Art- oder Gattungsgenossen ihre Larvenzeit verkürzen. Die australischen Grabfrösche der Gattung *Heleioporus* bereiten eine schnelle Nutzung der kurzlebigen Tümpel dadurch vor, daß sie die Eientwicklung bereits während der Trockenzeit ermöglichen. Die ♂ graben dafür Gruben in den Grund des zukünftigen Gewässers, in die die ♀ ihre schaumverpackten Eier ablegen. Die Embryonalentwicklung wird in der Trockenperiode abgeschlossen, so daß die Larven sofort nach der Überschwemmung schlüpfen können (Heusser 1970, Duellman u. Trueb 1986).

Mayhew (1968) nennt folgende Charakteristika für Anuren arider Gebiete: Keine festgelegte Fortpflanzungsperiode; temporäre Brutgewässer; Auslösung des Paarungsverhaltens durch Regen; laute Stimme der ♂, die zu raschen Aggregationen vieler Individuen führt; kurze Embryonal- und Larvenentwicklung, Omnivorie der Kaulquappen; Einschränkung der Entwicklung potentieller Konkurrenten durch Hemmstoffe. Hinzu kommen die Hitze-Toleranz der Kaulquappen, Eingraben und nächtliche Aktivität der Adulten sowie ihre erhebliche Austrocknungsresistenz.

Neben den bisher vorwiegend geschilderten Anpassungsformen holo- und merolimnischer Tiere, durch Einschaltung von Dormanzphasen die wasserlose Zeit zu überstehen, gibt es die Strategie der Opportunisten, neu entstandene Gewässer rasch zu besiedeln und nötigenfalls auch ebenso rasch wieder zu verlassen. Voraussetzung für diese Methode der Gewässernutzung ist, daß in erreichbarer Entfernung besiedelte Gewässer vorhanden sind und die betreffenden Arten ein hohes Kolonisationspotential besitzen, sich also während eines möglichst großen Teils der Saison aktiv verbreiten könen. Manche Wasserkäfer und Wasserwanzen besiedeln auch in gemäßigten Klimaten, wie in Mitteleuropa, Regenwassertümpel und Pfützen nach diesem Prinzip. Dabei genügt es, wenn das jeweils aufgesuchte Gewässer nur einen Teil der Ansprüche an den Lebensraum erfüllt, z.b. zum Nahrungserwerb aber nicht zur Fortpflanzung geeignet ist. Die Rockpools im südfinnischen Küstengebiet werden alljährlich im Frühjahr von den Imagines zweier Corixiden-Arten aufgesucht. Diese Gewässer sind meist flach, erwärmen sich relativ schnell und bieten die Möglichkeit für eine beschleunigte Vermehrung der Populationen. Bei Austrocknng können sie wieder verlassen werden, weil immer Imagines vorhanden sind und allenfalls ein Teil der Larvenbestände verloren geht. Im Herbst werden zur Überwinterung die wenigen küstenferneren Gewässer aufgesucht, die nicht bis zum Grund durchfrieren (Pajunen u. Jansson 1969).

Eine Anpassung an episodische, nicht vorhersehbare Gewässerentstehung tritt naturgemäß am häufigsten in warm-ariden Regionen auf. In Gebieten mit ausgeprägtem Jahreszeitenklima und saisonaler Bildung temporärer Gewässer können Zeitgeber der Jahresperiodik die Einpassung der Entwicklungszyklen der Organismen steuern. Häufig sind es photoperiodisch induzierte Diapausen oder andere Formen der Dormanz, die es ermöglichen, ungünstige Jahreszeiten zu überdauern, wie bei einigen europäischen Köcherfliegenarten (Trichoptera), die die Trockenperiode des Sommers als Imago mit Ovarialdiapause, weitgehend inaktiv und zurückgezogen in Höhlen verbringen. Es sind vor allem Vertreter aus der Familie der Limnephilidae. Andere Trichopteren besitzen austrocknungsresistente Eier oder Puppen, bei einigen verbunden mit winterlicher Frostresistenz (Williams u. Hynes 1977; Bouvet 1978). Austrocknungsresistente, übersommernde oder auch überwinternde Eier werden auch von manchen Insekten in den trockenen Gewässerboden abgelegt. Es ist unbekannt, woran die Eignung des Eiablageplatzes als Teil eines zukünftigen Gewässers erkannt wird. Dies Verhalten gibt es unter den heimischen Insekten z.B. bei der Köcherfliege *Ironoquia dubia* (Abb. 5.29).

Temporäre Gewässer sind häufig Kleinstgewässer, die es in einer Fülle verschiedener Formen gibt. Wassergefüllte Baumhöhlen oder die Wasseransammlungen in den Blattrosetten verschiedener höherer Pflanzen (Phytotelmen) oder zwischen den Blättern und Sprossen von Moosen mögen als Beispiel dienen. **Phytotelmen** sind weit verbreitet und beherbergen eine insgesamt artenreiche Fauna mit zahlreichen spezifischen Taxa. Fish (in Frank u. Lounibos 1983) nennt 29 Pflanzenfamilien mit ca. 1500 Arten, die natürlicherweise mit solchen Wasserbehältern ausgestattet sind. Die Besiedlungsmöglichkeiten werden vor allem durch ihr geringes Volumen und ihre Unbeständigkeit eingeschränkt. In den kleinsten dieser Lebensräume existieren dementsprechend neben Mikroorganismen besonders kleine Metazoen: Nematoden, Tardigraden und Rotatorien. Viele dieser Organismen überleben die Austrocknung in jedem Stadium ihrer Ontogenese und können nach Befeuchtung rasch zum aktiven Leben zurückkehren. Aufgrund der geringen Größe können die Überdauerungsstadien mit dem Wind verbreitet werden.

Wassergefüllte Baumhöhlen bieten den Bewohnern gewöhnlich ein reiches Angebot an Laub- und Holzresten und deren Zerfallsprodukten. Das auf dem Detritus aufbauende Nahrungsnetz eines solchen Lebensraums zeigt Abb. 6.44. Das Beispiel stammt aus England und kann als repräsentativ für die gemäßigte Klimazone gelten. Da der Zeitpunkt der Entstehung und die Dauer des Bestehens dieses Gewässers nicht vorherzusehen ist, sind seine typischen Bewohner phänotypisch plastisch und genotyoisch polymorph. Sie besitzen meist die Möglichkeit zu häufiger Reproduktion und zu einer zeitlich ausgedehnten und räumlich gestreuten Eiablage und folgen damit dem Prinzip der Risikostreuung (Giesel 1976, zit. nach Williams 1987). Die sehr einfache Struktur des

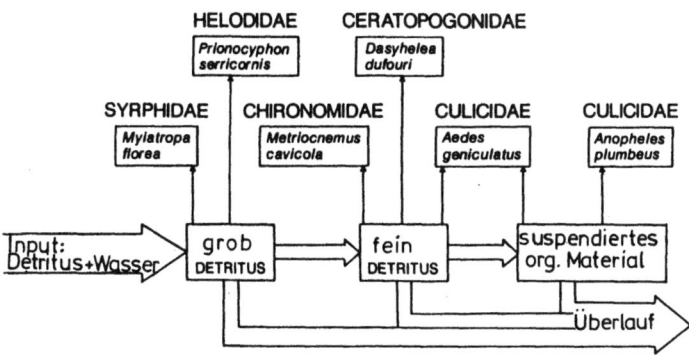

Abb. 6.44. Nahrungsnetz der Insektengemeinschaft eines wassergefüllten Baumlochs. Die Insektenlarven haben unterschiedliche Generationszeiten: *Prionocyphon* z.B. zwei oder mehr Jahre, *Metriocnemus* bis zu drei Generationen pro Jahr. Die meisten Arten verbringen den Winter adult oder als Larve in Dormanz. (Nach Kitching, aus Williams 1987, verändert)

Nahrungsnetzes in diesem Beispiel gilt nicht generell für derartige Biozönosen. Prädatoren sind häufig vorhanden. Unter den Insekten sind es sowohl räuberische Dipteren, wie die Culiciden der Gattung *Toxorhynchites*, als auch – besonders in den Tropen – Libellenlarven. Bei ihnen wird das geringe Nahrungsangebot in dem kleinen Wasservolumen durch lange Entwicklungszeiten, die Ausdehnung des Nahrungserwerbs auf die terrestrische Zone oberhalb des Wasserspiegels oder die Möglichkeit zum Abwandern in benachbarte Phytotelmen ausgeglichen. Die Blattachselzisternen werden außerdem von jeweils nur einer Larve bewohnt und als Territorium gegen Artgenossen verteidigt (Corbet in Frank u. Lounibos 1983; Kitching in Frank u. Lounibos 1983).

In permanent feuchten Klimagebieten können Phytotelmen zu beständigen Lebensräumen werden. In tropischen Regenwäldern reicht ihre Verbreitung mit den Zisternenepiphyten bis in die Baumkronen, so daß durch die dreidimensionale Ausdehnung in der Summe eine große Wasserfläche zusammenkommt. Für einen Nebelwald Kolumbiens wurde eine mittlere Dichte von 17,5 Bromeliaceen Rosetten projiziert auf einen Quadratmeter Grundfläche errechnet und bei einem mittleren Wasservolumen von 250 cm^3 pro Pflanze auf eine Gesamtmenge von über 50 m^3/ha extrapoliert (Williams 1987). Die Phytotelmen beherbergen daher einen erheblichen Anteil der lenitischen limnischen Fauna solcher Waldgebiete, z.B. wird ein großer Teil der Stechmücken in ihnen erbrütet (Wesenberg-Lund 1943; Strenzke 1963). In den neotropischen Regenwäldern stellen die Bromeliaceen die wichtigsten Zisternenepiphyten. Zwischen den breiten Basen der Rosettenblätter sammeln sich Regenwasser, Laub und seine Zerfallsprodukte. Das verrottende organische Material läßt häufig ein sauerstoffarmes Braunwassermilieu mit hohen CO_2-Konzentrationen und pH-Werten zwischen 4 und 6 entstehen. An besonnten Stellen siedeln sich Algen im Wasser an, was erhebliche tagesperiodische Schwankungen des Sauerstoffgehaltes zur Folge hat. Grundlage des Nahrungsnetzes sind auch hier der angesammelte Detritus und, bei genügend Licht, Algen. Die Faunenliste der Bromeliaceenzisternen von Jamaica enthält neben Protozoen Vertreter der Gastrotrichen, Rotatorien, Turbellarien, Oligochaeten, Copepoden, Ostracoden, Brachyuren und zahlreiche Insekten oder ihre Larven, unter ihnen regelmäßig Chironomiden, Ceratopogoniden, Culiciden, Odonaten sowie Käfer aus den Familien Helodidae und Carabidae (Laessle 1961). Die Wirbeltiere sind durch Kaulquappen der Hyliden (Laubfrösche) und der Dendrobatiden vertreten.

Mit den Phytotelmen steht ein Lebensraum zur Verfügung der es aquatischen oder semiaquatischen Tieren gestattet, ihr Besiedlungsareal bis in die Baumkronen zu erweitern und einen konkurrenzarmen

Bereich zu erschließen. Voraussetzung dafür ist, daß Lösungen für die Schwierigkeiten gefunden werden, die aufgrund der kritischen Wasserqualität, der geringen Größe des Habitats und dem damit verbundenen geringen Nahrungspotential entstehen. Die Folgen der räumlichen Begrenzung wirken sich naturgemäß am deutlichsten für relativ große Tiere aus, die Krabben und Kaulquappen, deren Biologie uns daher die ökologische Situation verdeutlichen kann. Die Bromelienbewohner beider Gruppen betreiben Brutpflege, die mit Fütterung der Nachkommen verbunden ist und regulieren die Besiedlungsdichte durch territoriales Verhalten. Verschiedene Arten landgängiger Krabben nutzen die Bromelienzisternen als Lebensraum. Am stärksten spezialisiert ist die auf Jamaika endemische *Metopaulias depressus* (Grapsidae), die eine Carapaxbreite von 20 mm erreicht. Von dieser Art leben Adulte und Larven fast permanent im Wasser. In der Regel beherbergt eine Bromelie nur ein adultes Tier, nur zur Paarung suchen die ♂ die ♀ auf. Die Larvalentwicklung über ein Zoëa- und ein Megalopa-Stadium ist bereits nach ca. 10 Tagen beendet. Die jungen Krabben bleiben nach der Metamorphose noch einige Monate in der mütterlichen Bromelie. Die Brutpflege der ♀ enthält mehrere Komponenten:

1. eine Verbesserung der Milieubedingungen im Habitat durch das Entfernen von Pflanzenabfall und das Eintragen von Schneckenschalen. Beides zusammen hat eine höhere Lichteinstrahlung, ein verbessertes Sauerstoffangebot und die Stabilisierung des pH-Wertes im neutralen Bereich zur Folge.
2. Verringerung der Mortalität der Brut durch Bewachung und den Schutz vor Predatoren, wofür vor allem Libellenlarven als Mitbesiedler in Frage kommen.
3. Fütterung der Brut mit Tieren (Insekten, Tausendfüßler), die von den adulten ♀ unterhalb oder oberhalb des Wasserspiegels erbeutet werden (Diesel 1989, 1992).

Unter den Fröschen lassen sich ebenfalls verschiedene Stadien der Spezialisierung beobachten, die Brutpflege in unterschiedlicher Form und Intensität enthalten. Generalisten nutzen verschiedenartige Kleingewässer, manche Spezialisten nur die Wasserfüllung in den Blattachseln der Bromelien. Bei den Farb- oder Pfeilgiftfröschchen (Dendrobatidae) werden die Eier nicht ins Wasser, sondern z.B. auf Blättern abgelegt und erst die frisch geschlüpften Kaulquappen werden auf dem Rücken eines Elterntieres in ein Entwicklungsgewässer getragen. In der ursprünglicheren Form bleiben die Kaulquappen sich selbst überlassen und ernähren sich als Allesfresser oder in anderen Fällen kannibalisch. Wenn die Gewässer zu klein und nahrungsarm sind kann die Fürsorge sich auch auf die Larven ausdehnen. Das südamerikanische Erdbeerfröschchen *Dendrobates pumilio* ist an die Nutzung kleinster Blattachselphytotelmen angepaßt. Die Versorgung des Geleges besteht im Bewachen und regelmäßigern Befeuchten durch das ♂. Das ♀ trägt die frisch geschlüpften Larven zu den Bromelien und verteilt sie einzeln auf die Blattachseln, die oft weniger als 1 ml Wasser enthalten. Im Abstand von einigen Tagen werden die Kaulquappen einzeln mit unbefruchteten Abortiveiern gefüttert. Ein ♀ kann pro Brut bis zu 6 Nachkommen versorgen, die während der etwa achtwöchigen Entwicklung jeder 20 bis 40 Eier erhalten. Durch rasche vibrierende Schwimmbewegungen signalisiert die Kaulquappe dem ins Wasser eintauchenden ♀ wahrscheinlich seine Gegenwart. Eine neue Paarung findet in der Zeit der Brutpflege nicht statt (Weygoldt 1980; Duellman u. Trueb 1986).

6.4 Binnenländische Salzgewässer

6.4.1 Abiotische Faktoren

Binnenländische Salzgewässer werden im Gegensatz zu den marinen, „thalassischen", auch als „athalassisch" bezeichnet. Sie sind dadurch definiert, daß sie mindestens in jüngster geologischer Vergangenheit keine Verbindung zum Meer hatten oder, daß sie nach der marinen Phase ausgetrocknet waren, bevor sie wieder geflutet wurden. Fauna und Flora leiten sich daher nicht direkt von marinen Biozönosen ab. Die Gesamtfläche athalassischer Salzseen ist nur wenig geringer als die der Süßwasserseen (Hammer 1986). Die relativ hohen Salzgehalte verdanken ihre Entstehung zwei Ursachen: 1. Sie werden durch salziges Grund- bzw. Quellwasser gespeist; 2. die jährlichen Verdunstungsraten übersteigen die Niederschläge, so daß eine oberirdische Anreicherung mit Salzen entsteht; die Situation arider Klimagebiete. In humiden Gebieten, wie im größten Teil Europas, kommt demgemäß nur die erstgenannte Ursache in Frage. Salzgewässer sind hier insgesamt selten und treten nur dort auf, wo Wasser aus fossilen Salzlagern an die Oberfläche gelangt. Entstanden sie aus Meeresablagerungen, ist die ionale Zusammensetzung der des Meerwassers ähnlich, zumindest herrschen Na^+ und Cl^- als Ionen vor. In Wüsten, Halbwüsten und Trockensteppen gibt es Salzgewässer dagegen zahlreich, teilweise ausgedehnte Seen, vor allem in abflußlosen Becken, den „endorheischen" Senken. Gegenüber marinen Verhältnissen mit ca. 35‰ Salzgehalt und konstanten Ionenrelationen unterscheiden sich binnenländische Salzgewässer nicht nur durch ein weites Spektrum wechselnder Gesamtsalzgehalte, sondern auch durch andere ionale Zusammensetzungen (Abb. 6.45). Hauptionen sind Natrium, Kalium, Kalzium und Magnesium, sowie als Anionen Chlorid, Sulfat, Karbonat und Bikarbonat. Nach den vorherrschenden Hauptanionen unterscheidet man zwischen Chlorid-, Sulfat- und Karbonat- bzw. Sodaseen (Tabelle 6.6). Das Wasser der Sodaseen hat hohe pH-Werte, häufig im Bereich um 10. Eine eindeutige Grenzkonzentration zwischen Süß- und Salzwasser gibt es nicht. Je nach untersuchter Organismengruppe wird sie unterschiedlich festgelegt, denn nicht die Gesamtsalinität allein, sondern sowohl die ionale Differenzierung als auch Randbedingungen, wie die klimatische Situation, bestimmen die Toleranz. Zur Orientierung und zur einfacheren Verständigung sind daher übersichtliche Systeme der Salinitätsklassifizierung günstig (Tabelle 6.7). Bei regionaler Anwendung ermöglichen Indikatororganismen eine differenzierte Gliederung, wie in

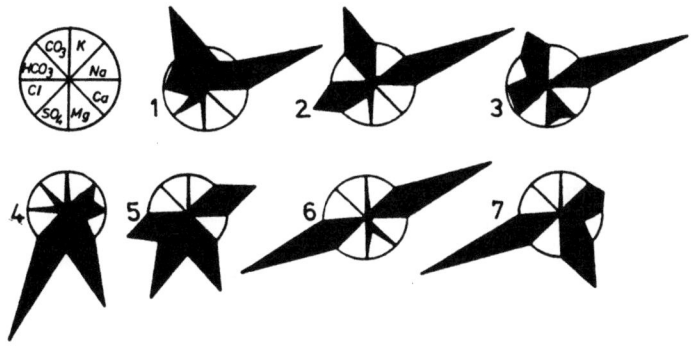

Abb. 6.45. Maucha-Ionenfelddiagramme für einige Salzsseen. Die Flächen der einzelnen Felder des Diagramms entsprechen den Prozentanteilen der Ionen entsprechend der Verteilung in dem oben links dargestellten Kreisdiagramm (Anionen: linke, Kationen: rechte Hälfte). Ein genau ausgefüllter Kreissektor entspricht 25%. 1 bis 3: Karbonatgewässer (1: Rambou, Chad; 2: Magadi, Kenya, mit ca. 40% Gesamtsalinität; 3: Soap, Washington, USA: Durch das hohe Karbonatangebot ist das reichlich vorhandene Calcium fast vollständig ausgefällt als Seenkreide, soweit es nicht als Gips, ebenfalls ausgefällt, vorliegt. 4 bis 5: Sulfatseen (4: Humboldt, Saskatchewan, USA, 5: Little Manitou, Saskatchewan). 6 bis 7 Chloridseen (6: Great Salt, Utah, USA; 7: Totes Meer, Israel). Für einige Seen sind Daten über die absoluten Ionengehalte in der Tabelle 6.7 enthalten. (Nach Hammer 1986 und Hutchinson 1957)

Tabelle 6.6. Ionengehalte einiger Salzgewässer des Binnenlandes (in % des Gesamtsalzgehaltes). (Aus Hutchinson 1957, verändert)

	Na	K	Mg	Ca	CO_3	SO_4	Cl	Salinität (mg/l)[b]
Chloridgewässer:								
Bear River								
Upper Wyoming		4.49	6.86	23.69	52.68	5.76	2.68	185
Lower Utah		20.54	4.76	10.12	21.53	8.16	32.36	637
Great Salt Lake, Utah	33.17	1.66	2.76	0.17	0.09	6.68	55.48	203,490
Jordan bei Jericho	18.11	1.14	4.88	10.67	13.11	7.22	41.47	7,700
Totes Meer, Israel	11.14	2.42	13.62	4.37	Spuren	0.28	66.37[a]	226,000
Sulfatgewässer:								
Montreal Lake, Saskatchewan	4.9	2.3	10.8	16.8	56.5	1.8	2.5	150.5
Redberry Lake, Saskatchewan	12.0	0.85	12.3	0.56	2.58	70.5	1.1	12,898
Little Manitou Lake	16.8	1.0	10.9	0.48	0.47	48.4	21.8	106,851
Karbonatgewässer:								
Silvies River, Oregon	10.42	2.45	3.13	12.88	34.76	7.35	2.88	163
Malheur Lake, Oregon	24.17	5.58	4.13	5.58	44.63	7.64	4.55	484
Pelican Lake, Oregon	29.25	3.58	2.62	2.27	30.87	22.09	7.97	1,983
Bluejoint Lake, Oregon	37.70	2.62	0.63	0.53	38.68	5.67	13.85	3,640
Moses Lake, Washington		19.86	7.25	8.41	51.56	2.87	3.88	2.966

[a] enthält außerdem 1,78% Bromid
[b] Die Salzgehalte z.T. stark schwankend

Tabelle 6.7. Klassifikation der Binnengewässer nach dem Grad der Salinität; Vergleich verschiedener Systeme. (Aus Hammer 1986, gekürzt) Die Zahlen geben den Salzgehalt in g/l für die jeweilige Höchstgrenze der Kategorie an

Redeke-Välikangas 1933	Venedig-System 1959	Beadle 1943; Hammer et al. 1983	Salzgehalt [g/l]
Süßwasser	*Süßwasser*	*Süßwasser*	0,5
oligohalin		*subsaline*	3,0
	oligohalin		4,0
α-mesohalin	*mesohalin*		8,0
β-mesohalin			16,5
		hyposaline	20,0
polyhalin	*polyhalin*		30,0
	euhalin		40,0
	> 40	*mesosaline*	50,0
	hyperhalin	*hypersaline*	> 50,0

dem für Mitteleuropa entwickelten Halobienindex, für den die Bewertung mit Hilfe von Diatomeen erfolgt (Ziemann 1971). Nur wenige Salzseen besitzen eine mittlere Tiefe über 10 m. In diesen Fällen kann die Schichtungsstabilität durch steigende Salzgehalte in der Tiefe verstärkt werden. Das hat meist Meromixie und ein anaerobes Monimolimnion zur Folge.

6.4.2 Die Organismen der Salzgewässer

Größere Übereinstimmungen in der Zusammensetzung der Organismengesellschaften mit dem Meer findet man in manchen Chloridseen. So enthält der Kaspi-See ein sehr verarmtes Brackwasserphytoplankton. Kaspi- und Aralsee entstanden aus Teilen der Tethys, des Urmittelmeers, durchliefen aber im ausgehenden Tertiär eine wechselvolle Geschichte mit mehrfach unterbrochenen Meeresverbindungen, Brackwasser- und eventuell auch Süßwasserphasen (Gessner 1959). Die Fauna der beiden Seen enthält zwar einen relativ hohen Anteil von Tiergruppen mariner Herkunft, jedoch mit eigenständiger Weiterentwicklung: 85% der Tierarten sind Endemiten des ponto-aralisch-kaspischen Bereichs, das Artenspektrum ist im Vergleich zu den marinen Herkunftsgebieten sehr verarmt. Es gibt allerdings auch einige jüngere euryhaline Einwanderer aus dem Schwarzen Meer und dem Mittelmeer. Der Salzgehalt des Kaspi-Sees beträgt 12 bis 13‰, der Anteil des Sulfats ist gegenüber dem Meerwasser um das dreifache erhöht (Sernow 1958).

Ein wichtiger physiologischer Grund für den geringen Anteil mariner Tiere in binnenländischen Salzseen entsteht dadurch, daß, anders als im Meer, hohe osmoregulatorische Leistungen erforderlich sind: Die Mehrzahl der Metazoen hat relativ niedrige Osmolaritäten der Körperflüssigkeit, so daß in Salzgewässern häufig Hypotonie gegenüber dem Außenmedium zu stabilisieren ist. Beadle (1981) bezeichnet deshalb als Süßwassertiere solche, die nicht zu hypotonischer Regulation in der Lage sind. Aufgrund oft schwankender Salzgehalte können sich die Osmolaritätsdifferenzen aber rasch verändern, bis zu einer Umkehrung der Verhältnisse, so daß in extremen Fällen vorübergehend Hypertoniebewahrung notwendig wird. *Artemia salina* (Anostraca), ein weit verbreiteter Salzwasserkrebs, besitzt eine Ionenkonzentration der Hämolymphe von ca. 10‰, besiedelt aber Gewässer mit Salzgehalten zwischen 10 und 220‰ und toleriert vorübergehend auch niedrigere Konzentrationen, ohne daß die Osmolarität des Innenmilieus sich wesentlich ändert (Croghan 1958).

Salzgewässer sind extreme Lebensräume. Mit zunehmendem Salzgehalt nimmt die Gesamtartenzahl der Bewohner ab und gleichzeitig steigt der Anteil der Spezialisten. Besonders gering ist die Artenzahl in Karbonatgewässern (Abb. 6.46). Einige Tiergruppen sind allerdings prädisponiert für eine mehr oder weniger euryhaline Lebensweise. Ein leistungsfähiges Osmoregulationssystem verbunden mit einer wenig ionendurchlässigen Körperhülle bieten günstige Voraussetzungen. Oft treten in Verwandtschaftsgruppen mit euryhalinen, also halophilen und halotoleranten Arten, auch halobionte, auf hohe Salzgehalte spezialisierte Taxa auf, z.B. unter den Copepoden, Ostracoden und Rotatorien. Unter den Insekten gibt es dasselbe Phänomen bei den Wasserkäfern und Wasserwanzen, besonders den Corixiden, sowie unter den Larven vieler Dipterenfamilien, wie der Culiciden, Ceratopogoniden, Chironomiden, Stratiomyiden und Ephydriden (Ruttner-Kolisko 1964). Unter den genannten Dipteren sind zahlreiche blutsaugende Arten. In den mitteleuropäischen Salzgewässern stellen Käfer und Dipteren meist mehr als die Hälfte der Arten. Bei hoher Salinität dominiert mesit *Ephydra*, die Salsseefliege. *Artemia salina* tritt nur sporadisch, dann aber meist in großer Zahl auf. Gewässer über 200‰ Salzgehalt sind hier azoisch (Thienemann 1913, 1974).

Bei Fischen reduziert sich die Arten zahl bis in den Bereich von 30 bis 50‰ Salinität nicht. Unter den anorganischen Ionen werden die höchsten Konzentrationen bei Cl^- und Na^+ toleriert. SO_4^{2-} und Mg^{2+} und noch

Binnenländische Salzgewässer 225

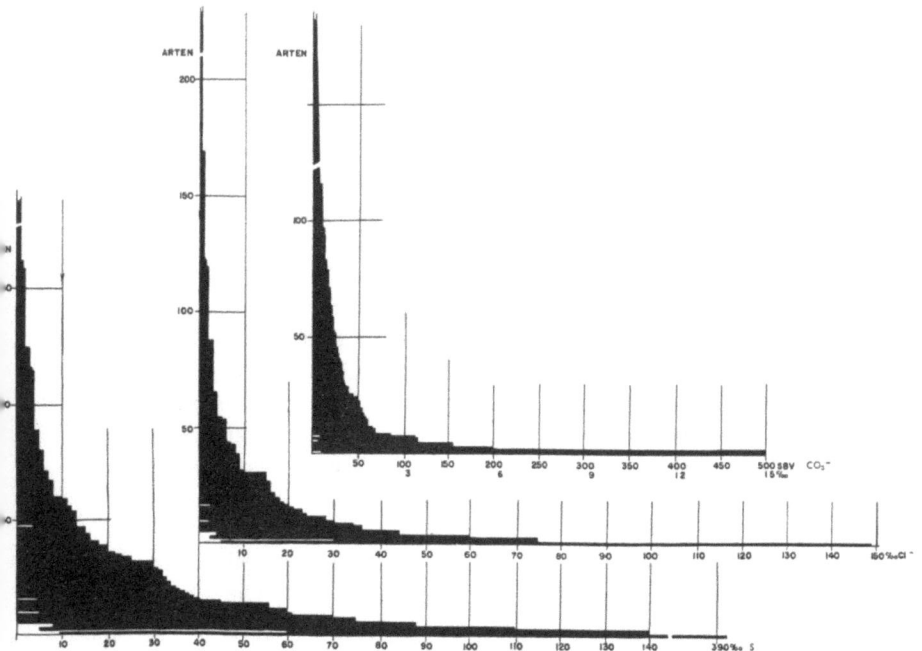

Abb. 6.46. Verteilung der Anzahl der Kleinkrebsarten („Entomostraca") auf die verschiedenen Salinitäts- (S) und Chloridgehaltsstufen (Cl⁻) sowie auf die Gesamtkarbonatgehalte (CO_3^{2-}) (gemessen als Säurebindungsvermögen, SBV). Bezogen auf den Gesamtionengehalt treten in den Karbonatseen die geringsten Artenzahlen auf (Messungen in ‰). (Aus Löffler 1961)

stärker CO_3^{2-} und HCO_3^- sind typische Stressoren. Sie bewirken in höheren Konzentrationen zunächst eine Einschränkung oder den Verlust der Fertilität. Es existieren jedoch auch halophile und halobionte Arten mit einer zum Teil erstaunlich hohen Toleranz (vgl. S. 214). Unter den mitteleuropäischen Süßwasserfischen ertragen drei- und neunstachliger Stichling (*Gasterosteus aculeatus, Pungitius pungitius*) die höchsten Salzgehalte, beobachtet wurden bis 60 bzw. 29‰. Der dreistachlige Stichling vermehrt sich noch bei 20‰ (Thienemann 1913; Hammer 1986).

6.4.3 Beispiele verschiedener Typen der Salzseen

Das **Tote Meer** liegt im nördlichen Teil des afrikanisch-syrischen Grabenbruchs und ist etwa 320 m tief. Es liegt in einem abflußlosen

Becken, 392 m unter dem Meeresspiegel. Sein Wasser ist eine (fast) gesättigte Salzlösung mit ca. 350 g/l. Als Anion überwiegt Chlorid, als Kation Magnesium (Tabelle 6.6). Der Zufluß durch den Jordan überlagerte früher das Seewasser von Norden her aufgrund seiner geringen Dichte. Diese Überlagerung verhinderte eine tief reichende vertikale Zirkulation. Durch zunehmende Nutzung des Flußwassers für Bewässerungszwecke kommt dieser Prozeß heute zum Erliegen und 1979 konnte erstmals eine Vollzirkulation registriert werden (Burgis u. Morris 1987). In diesem See leben nur Bakterien. *Halobacterium* als dominierende Gattung enthält rötliche Carotinoide. Bei hoher Dichte, es wurden bis zu $19 \cdot 10^6$ Zellen/ml gefunden, erscheint das Wasser insgesamt rötlich gefärbt. Mit Hilfe des Pigments Bacteriorhodopsin kann Lichtenergie genutzt werden, doch bleibt die Oxidation organischer Verbindungen, insbesondere von Proteinen und Aminosäuren, die Hauptquelle der Energiegewinnung. Die Halobacterien sind Halobionten, die zwischen 25 und 30% Salzgehalt optimale Wachstumsbedingungen finden und unterhalb 12% die Entwicklung einstellen (Rheinheimer 1991).

Im **Großen Salzsee** in Utah (USA) werden zeitweilig ähnlich hohe Salzkonzentrationen wie im Toten Meer erreicht. Die Organismengemeinschaft ist jedoch vielfältiger. Nemenz (1970) vermutet daher einen negativen Einfluß der relativ hohen Bromidkonzentrationen im Toten Meer. Bemerkenswert in der Geschichte des Großen Salzsees sind seine großen Wasserspiegelschwankungen aufgrund wechselnder Ergiebigkeit der Zuflüsse (Abb. 6.47). Dementsprechende Veränderungen zeigt der

Abb. 6.47. Wasserstandschwankungen im Großen Salzsee. Die Wasserstandsschwankungen sind von erheblichen Änderungen der Größe der Seefläche begleitet. (Aus Burgis u. Morris 1987)

Salzgehalt. Das Wasserstandsminimum verleitete in den 1960er Jahren zu der Annahme, es handle sich um einen irreversiblen Prozeß, obgleich eine historische Betrachtung den neuerlichen Anstieg seit 1965 hätte erwarten lassen müssen. Der See ist abflußlos, das Klima kontinental mit heißen Sommern und kalten Wintern. Das Januarmittel der Temperatur beträgt − 5, das Julimittel + 30 °C. Da die Verdunstung im Winter gering, der Zufluß vor allem im Frühjahr zur Zeit der Schneeschmelze hoch ist, ergeben sich jahresperiodische neben den langfristigen Wasserspiegelschwankungen. Ihre Amplitude beträgt ca. 60 cm. Während des heißen Sommers bilden sich am Ufer sowie in flachen Lagunen dichte Salzkrusten und auch im freien Wasser kristallisiert Salz aus. Im Winter, bei Temperaturen unter 4 °C, entsteht eine breiige Schicht aus kristallisiertem Natriumsulfat über dem Boden, die vom Wind ans Ufer geschwemmt und dort abgelagert wird. Die Frühjahrsregen waschen sie wieder weg. In Phasen hohen Salzgehaltes und hoher Temperaturen bleibt der Sauerstoffgehalt auch unter der Wasseroberfläche gering: Meist liegt er bei 0,6, selten steigt er auf 1 mg/l.

Erstaunlicherweise besiedelt unter diesen extremen Bedigungen eine zwar artenarme aber außerordentlich individuenreiche mehrgliedrige Biozönose diesen See. Die einzellige Grünalge *Dunaliella salina* und Bakterien der Gattung *Halobacterium*, die bei hohen Salzgehalten beide rot pigmentiert sind, bilden die Nahrung der filtrierenden Salinenkrebse (*Artemia salina*) und der Larven von *Ephydra* (Diptera: Ephydridae). Am Strand findet man zu manchen Zeiten zahllose Imagines dieser grauschwarzen Salzseefliegen, die in mehreren Arten auch viele Salzgewässer in anderen Teilen der Erde besiedeln. Die Larve ist, wie *Artemia*, zu hyper- und hypotonischer Regulation in der Lage. Sie kann über ein Atemrohr atmosphärischen Sauerstoff aufnehmen, bei besonders hoher Salzkonzentration aber auch gänzlich untergetaucht mit Hautatmung existieren (Beyer 1940). *Artemia salina* bildet Dauereier, die im ausgetrockneten Zustand extrem niedrige und hohe Temperaturen ertragen (Kryptobiose) und so mehrere Jahre überdauern können. Das ermöglicht es ihnen, sich auch in episodischen Gewässern zu entwickeln. Die Befruchtung der Eier und der größte Teil der Embryonalentwicklung vollzieht sich im Eibehälter der ♀, so daß in den getrockneten Eiern ein weit fortgeschrittenes Entwicklungsstadium vorliegt und die Larven nach einer Überschwemmung innerhalb von 24 bis 38 Stunden schlüpfen. Während der Periode hohen Wasserstandes und geringer Salzkonzentration um das Jahr 1965 gab es im Großen Salzsee einen gravierenden Rückgang der *Artemia*-Besiedlung. Corixiden als typische Opportunisten mit erheblicher Salinitätstoleranz erschienen etwa gleichzeitig und erreichten bald hohe Siedlungsdichten. Sie sind polyphag und sollen den Zusammenbruch der *Artemia*-Population verursacht oder mindestens beschleunigt haben. Gegenüber Prädatoren ist *Artemia* weitgehend ungeschützt. Die Besiedlung des extremen Lebensraumes wird möglich, weil effektive Konkurrenten und Feinde ihm dorthin nicht folgen können (Burgis u. Morris 1987).

In den Karbonatgewässern (= Sodaseen) finden wir die stärkste Beschränkung im Spektrum resistenter Arten. So fehlen *Artemia* und *Ephydra* sowie weitere Dipteren und der größte Teil der Fische, die in Chlorid- und Sulfatseen gleicher und höherer Salinität vorkommen. In der östlichen der ostafrikanischen Grabenbruchzonen gibt es eine größere Anzahl abflußloser Sodaseen, darunter der Nakurusee (vgl. S. 121). Bei einer Fläche von 440 km^2 erreicht er eine maximale Tiefe von 2 bis 4 m. Die Salinität wechselt zwischen 11 und 32‰. Aufgrund der geringen Tiefe und der Lage nahe dem Äquator gibt es nur eine mittägliche Temperaturschichtung des Wasserkörpers, die in jeder Nacht wieder zusammenbricht. Das Schema des Energieflusses und der Nahrungskette ist relativ einfach (Abb. 6.48a): 98% der Biomasse der Primärproduzenten stellt die Blaualge *Spirulina platensis*, die in tropischen Salzseen weit verbreitet ist. Die restlichen 2% stellen einige andere Cyanobakterien und zwei Diatomeen-Arten. Die Algenbiomasse ist mit 175 g TG/m^3 im Vergleich zu „normalen" Seen sehr hoch. Aufgrund der hohen Algendichte ist die Eindringtiefe des Lichtes mit ca. 35 cm niedrig, was eine im Verhältnis zur Biomasse geringe Produktionsrate zur Folge hat. Demgemäß übersteigt die Respiration die Sauerstoffproduktion in ca. 90% des Seevolumens. Alle Konsumenten zusammen stellen nur 5,1% der Gesamtbiomasse; im Lago Maggiore – als Beispiel eines „normalen" Sees – sind es ca. 27%. Hauptkonsument ist der Zwergflamingo (*Phoeniconaias minor*), der in

---

Abb. 6.48a, b. Engergieflußdiagramme für den Nakurusee (Ostafrika). a Hohe Algendichte: Primärkonsumenten (von links): Zwerflamingo: (*Phoeniconaias minor*), Buntbarsch: *Sarotherodon alcalicus*, Ruderfußkrebs: *Lovenula africana*, Zuckmücke: *Leptochironomus deribae*, Rädertier: *Brachionus dimidiatus* und *plicatilis*, Ruderwanze: *Micronecta jenkinae*. Sekundärkonsumenten: Afrikanischer Seeadler: *Haliaeëtus vocifer*, Pelikane: *Pelecanus onocrotalus* u. *P. rufescens*. Großer Flamingo (*Phoenicopterus ruber*) Wasserwanze (Notonectidae): *Anisops varia*. Die basale Leiste repräsentiert Detritus und Mikroorganismen. Die Kreisfläche entspricht dem Logarithmus der Biomasse, die obere Zahl im Kreis = Biomasse der Organismen (vgl. Erläuterungen in der Nebenzeichnung oben rechts), untere Zahl = Produktion. Pfeilbreite: Lagarithmus der Konsumptionsrate, dazu die Zahl im Pfeil. Oberer Pfeil: Gesamtstrahlungsenergie. Gestrichelte Situation bei geringer Algendichte. (Aus Vareschi u. Jacobs 1985, verändert)

Binnenländische Salzgewässer

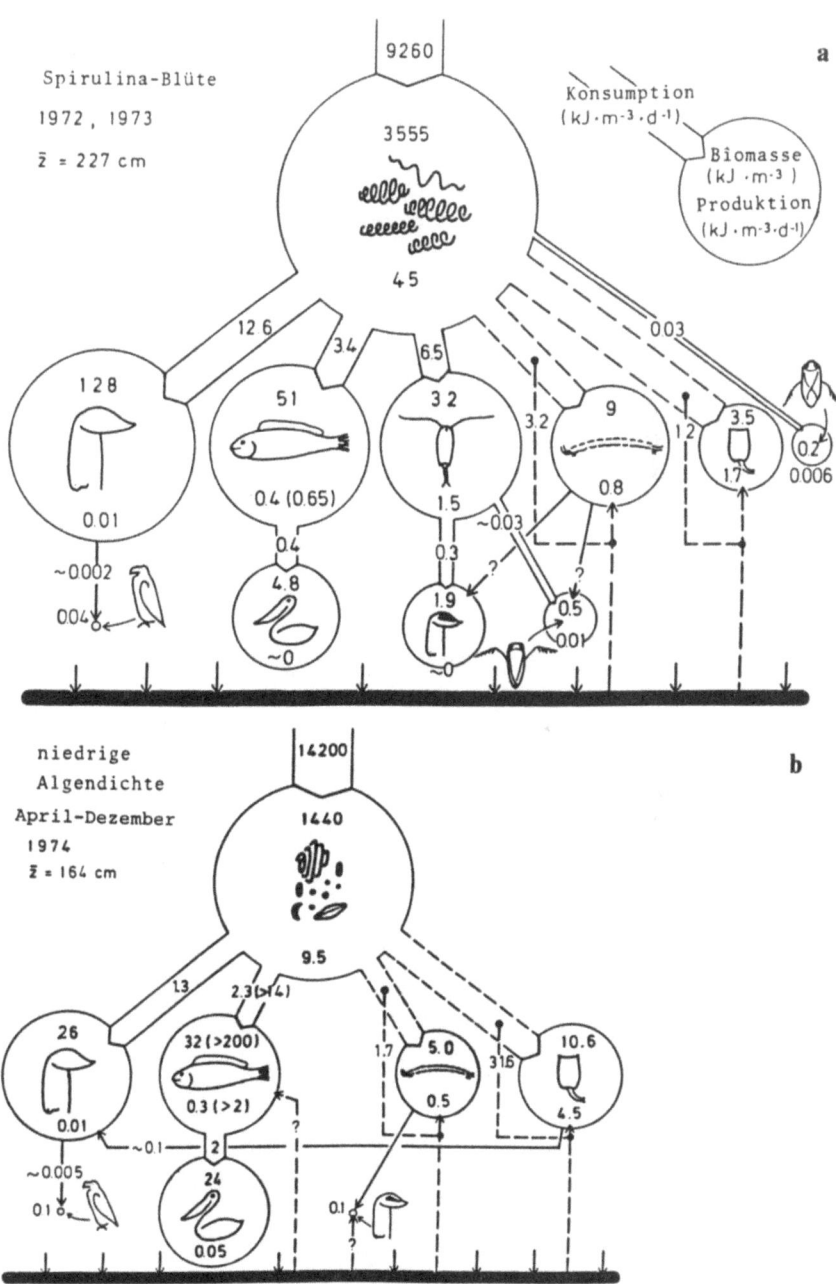

riesigen Schwärmen – bis über 1 Million Exemplare – das Seenpanorama belebt. Daneben spielen ein Copepode, eine Chironomide und ein Rotator eine gewisse Rolle. Hinzu kommt der Buntbarsch (Cichlidae) *Sarotherodon* (= *Oreochromis*, = *Tilapia*) *alcalius grahami*. Diese Tiere konsumieren täglich ca. 80% der Primärproduktion, an bewölkten Tagen sogar über 100%. Als Sekundärkonsumenten treten Fischadler, Pelikane, *Anisops* (Notonectidae) und der große Flamingo (*Phoenicopterus ruber*) als Copepoden- und Chironomidenfresser auf. Die Flamingos besitzen einen Seihschnabel zum Ausfiltern von Kleinorganismen (Vareschi u. Jacobs 1985). Beim Zwergflamingo ist die Struktur und die Dichte der Schnabellamellen so fein, daß nur Partikel von 40 bis 200 × 20 bis 50 µm Größe zurückgehalten werden. Im typischen Lebensraum ist dies fast ausschließlich *Spirulina platensis*. Pro Stunde filtriert ein Zwergflamingo ca. 30 l Wasser. Er benötigt fast die gesamte Hellphase von 12 Stunden, um ausreichend Nahrung zu gewinnen. Wenn die Algendichte erheblich sinkt, wird das Verhältnis von Ingestionsrate zu der für den Nahrungserwerb aufgewandten Energie zu ungünstig.

Im Jahre 1974 sank der Wasserspiegel des Sees, die Algenbiomasse sank um 30%, die Sichttiefe stieg, der Anteil von *Spirulina platensis* sank zu Gunsten anderer Algenarten. Die Zahl der Zwergflamingos fiel infolgedessen von ca. 1,4 Millionen auf etwa 100000 ab. Unter den Primärkonsumenten rückte das Rädertier *Brachionus plicatilis* auf den zweiten Rang nach den Fischen. Der Abbauweg über die Bakterien zum Detritus nahm zu. Die gesamte Primärkonsumption überstieg die Primärproduktion, was den erwähnten Rückgang der Algenbiomasse zur Folge hatte (Abb. 6.48b). Die Zwergflamingos brüteten niemals im Nakuru-, sondern überwiegend im südlich davon gelegenen Natronsee. Von dort aus werden drei bis maximal fünf weitere Seen zum Nahrungserwerb aufgesucht, die bis über 200 km entfernt liegen. Die Unregelmäßigkeiten in der ökologischen Situation dieser Seen, wie die geschilderten Wasserstandsschwankungen und ihre Folgen, machen es anscheinend notwendig, dieses weiträumige Gebiet in Anspruch zu nehmen, um das Überleben zu sichern.

Sarotherodon alcalicus ist mit zwei Rassen die einzige afrikanische Fischart, die die extremen Lebensbedingungen der Soda- oder Karbonatseen erträgt. *S. alcalicus grahami* entstammt dem Magadisee, wo er in Quellen und Lagunen bei Wassertemperaturen bis 42 °C, einem Salzgehalt von ca. 30‰ und pH-Werten um 10,5 lebt. Die Art wurde 1960 in den Nakurusee eingeführt, der die deutlich geringere Temperatur von 19 bis 25 °C und stärkere Schwankungen des Salzgehaltes hat. Die Art akklimatisierte sich im neuen Lebensraum unter Ausbildung einiger

Veränderungen: Es fand ein Wechsel von benthischer Blaualgennahrung zum Filtrieren des Planktons mit seinem hohen Anteil an *Spirulina platensis* statt. Damit verbunden war eine Bevorzugung der oberen Schichten des Pelagials mit tagesperiodischen Wanderungen zwischen dem ufernahen und uferfernem Bereich. Im Gesamtökosystem des Sees zog die Bereicherung der Wasserfauna eine Ausweitung des Nahrungsnetzes nach sich, weil fischfressende Vögel, insbesondere Pelikane sich einstellten (Vareschi 1979).

Eine zweite Fischart, die in einem Sodasee lebt, ist der Cyprinide *Chalcalburnus tarichi*, im Vansee in Ostanatolien. Dieser See ist mit einer Fläche von 3522 km² und einer maximalen Tiefe von 450 m der größte aller Sodaseen. Er hat einen Salzgehalt von 22,7‰, einen pH-Wert von 9,81 ± 0,02. Die Alkalinität und der Chloridgehalt erreichen jeweils etwa 153, das Hauptkation, Natrium, 337 Milliäquivalent. Der Sauerstoffgehalt ist mit 7 bis 9 mg/l hoch, wie die Sichttiefe mit etwa 14 m (Gessner 1959). Anorganischer Stickstoff ist nur in niedrigen Konzentrationen vorhanden und gilt als produktionslimitierend. An Stellen, wo kalziumreiches Süßwasser aus Quellen oder oberirdischen Zuflüssen in den See eintritt, wird Kalk ausgefällt: Es entstehen stellenweise reich strukturierte Klaktuffsäulen. Ihre Umgebung ist durch niedrigere Leit- und pH-Werte ausgezeichnet und wird von einer relativ reichhaltigen benthischen Lebensgemeinschaft mit reichem Algenaufwuchs und Chironomiden und Enchytraeiden (Oligochaeta) in der Zoozönose besiedelt. Im übrigen See fehlen größere Wirbellose und ebenso die höheren Pflanzen. Gessner (1959) bemerkt: „Es gehört zum überaus charakteristischen Bild des Van-Sees, daß es keine einzige höhere Pflanzenart gibt, die die Berührung mit seinem Wasser verträgt. So finden wir weder eine submerse noch eine emerse Wasserflora von Phanerogamen, während die süßen Zuflüsse überreich sind an Wasserpflanzen und Tieren". Nur relativ wenige benthische Algen besiedeln einen Streifen von ca. 40 cm Breite über und unter der Wasseroberfläche. Sie reichen trotz großer Klarheit des Wassers nicht tiefer. Das Phytoplankton wird durch die Kieselalge *Chaetoceros orientalis* dominiert.

Chalcalburnus tarichi ernährt sich vorwiegend von planktischen Copepoden sowie den Larven und Puppen der Chironomiden, die anscheinend überwiegend aus der Zone der Kalktuffsäulen stammen. Die Produktivität ist groß genug, um eine intensive menschliche Nutzung zu ermöglichen. Zum Laichen wandern diese Fische bis zu 20 km in die einmündenden Flüsse und erweisen sich damit als euryhalin. *Chalcalburnus tarichi* hat während des Aufenthalts im Vansee annähernd isoosmotisches Blut mit ca. 483 milliosmol. Das Seewasser hat 551 milliosmol Salzgehalt. Während des Laichaufenhaltes in den Flüssen sinkt die Osmolarität erheblich ab (Danulat u. Selcuk 1992). *Sarotherodon* im Magadisee bleibt dagegen hypoosmotisch und entspricht damit dem bei Fischen üblichen.

Literatur

Allanson BR, Hart RC, O'Keette JH, Robarts RD (1990) Inland waters of southern Africa. Kluwer Dordrecht pp 122–129
Ambühl H (1959) Die Bedeutung der Strömung als ökologischer Faktor. Schweiz Z Hydrol 21:133–264
Antipa Gr (1927, 28) Die biologischen Grundlagen und der Mechanismus der Fischproduktion in den Gewässern der unteren Donau. Bull Sect Scientif XI:21–40
Arens W (1987) Vergleichende Untersuchungen zur Funktionsmorphologie der Mundwerkzeuge aufwuchsfressender Bergbachtiere – Adaptationen und Konvergenzen. Dissertation, Universität Freiburg
Arens W (1989) Comparative functional morphology of the mouthparts of stream animals feeding on epilithic algae. Arch Hydrobiol [Suppl] 83:253–354
Armitage PD, Gunn RJM, Furse MT, Wright JF, Moss D (1987) The use of prediction to assess macroinvertebrate response to river regulation. Hydrobiologia 144:25–32
Bärlocher F, Murdoch JH (1989) Hyporheic biofilms – a potential food source for interstitial animals. Hydrobiologia 184:61–67
Baldner L (1666) Herausgegeben unter dem Titel: „Das Vogel-, Fisch- und Tierbuch des Straßburger Fischers Leonhard Baldner aus dem Jahre 1666" von R Lauterborn, Ludwigshafen 1903
Barner J (1987) Hydrologie. Quelle u. Meyer, Heidelberg Wiesbaden
Barnes RSK, Mann KH (1980) Fundamentals of aquatic ecosystems. Blackwell, Oxford London
Bayley PB (1989) Aquatic environments in the Amazon basin, with an analysis of carbon sources, fish production, and yield. Can Spec Publ Fish Aquat Sci 106:399–407
Beadle LC (1981) The inland waters of tropical Africa, 2nd edn. Longman, London New York
Becker G (1987) Lebenszyklus, Reproduktion und ökophysiologische Anpassungen von Hydropsyche contubernalis, einer Köcherfliege mit Massenvorkommen im Rhein. Dissertation, Universität Köln
Becker G (1990) Comparison of dietary composition of epilithic trichopteran species in a first-order stream. Arch Hydrobiol 120:13–40
Bengtsson J (1986) Life histories and interspecific competition between three Daphnia species in rockpools. J Animal Ecology 55:641–655
Benndorf J (1992) The control of indirect effects of biomanipulation. In: Sutcliffe DW, Jones JG (eds) Eutrophication: Research and application to water supply. Freshwater Biological Association, Ambleside, Cumbria

Benndorf J, Henning A (1989) Daphnia and toxic blooms of Microcystis aeruginosa in Bautzen Reservoir (GDR) Int Rev Ges Hydrobiol 74:233-248
Benndorf J, Kneschke H, Kossatz K, Penz E (1984) Manipulation of pelagic foodweb by stocking with predacious fishes. Int Rev Ges Hydrobiol 69:407-428
Bentley PJ (1966) Adaptations of Amphibia to arid environments. Science 152:619-623
Bergquist AM, Carpenter SR, Latino JC (1985) Shifts in phytoplankton size, structure and community composition during grazing by contrasting zooplankton assemblages. Limnol Oceanogr 30:1037-1045
Berns S, Peters HM (1968) On the reproductive behavior of Ctenopoma Muriei and Ctenopoma Damasi (Anabantidae). East African Freshwater Fisheries Research. Org Ann Rep Jinja Uganda: 44-49
Best RC (1984) The aquatic mammals and reptiles of the Amazon. In: Sioli H (ed) The Amazon. Junk, The Hague Boston
Beyer A (1940) Morphologische, ökologische und physiologische Studien an den Larven der Fliegen: Ephydra riparia Fallen, E. micans Haliday and Caenia fumosa Stenhammar. Kieler Meeresforsch III:265-320
Bleiwas AH, Stokes PM (1985) Collection of large and small particles by Bosmina. Limnol Oceanogr 30:1090-1092
Bless R (1983) Untersuchungen zur Substratpräferenz der Groppe, Cottus gobio L. 1758 (Pisces, Cottidae). Senckenbergiana Biol 63:161-165
Bless R (1992) Einsichten in die Ökologie der Elritze. Schriftenreihe für Landschaftspflege und Naturschutz 35
Bodznick D, Northcutt RG (1981) Electroreception in lampreys: Evidence that earliest vertebrates were electroreceptive. Science 212:465-467
Bohl E (1980) Diel pattern of pelagic distribution and feeding in planktivorous fish. Oecologia 44:368-375
Bohle HW (1972) Vergleichende Untersuchungen über den frühlarvalen Köcherbau der Brachycentridenarten Micrasema minimum McLachlan und Brachycentrus montanus Klapalek (Trichoptera, Insecta). Zool Jb Syst 99:507-544
Bohle HW (1978) Beziehungen zwischen dem Nahrungsangebot, der Drift und der räumlichen Verteilung bei Larven von Baetis rhodani (Pictet) (Ephemeroptera, Baetidae). Arch Hydrobiol 84:500-525
Bohle HW (1983) Driftfang und Nahrungserwerb der Larven von Drusus discolor (Trichoptera: Limnephilidae). Arch Hydrobiol 97:455-470
Bohle HW (1987) Driftfangende Köcherfliegen unter den Drusinae (Trichoptera: Limnephilidae). Entomol Gener 12:119-132
Bohle HW, Potabgy G (1992) Metreletus balcanicus (Ulmer 1920), Siphlonurus armatus (Eaton 1870) (Ephemeroptera, Siphlonuridae) und die Fauna sommertrockener Bäche. Lauterbornia 10:43-60
Bohle HW, Engel-Methfessel E (1993) Grundzüge für die ökologische Bewertung des amphibischen Lebensraums. Wasser Abwasser Abfall 11:262-274
Borchardt D (1993) Effects of flow and refugia on drift loss of benthic macroinvertebrates: implications for habitat restoration in lowland streams. Freshwater Biology 29:221-227
Bouvet G (1978) Adaptations physiologiques et comportementales du cycle biologique de Stenophylax (Trichoptera, Limnephilidae) aux eaux temporaires. In: Proc 2nd Int Symp Trichoptera. Junk, The Hague, pp 117-119
Bowen SH (1984) Detritovory in neotropical fish communities. In: Zaret TM (ed) Evolutionary ecology of neotropical freshwater fishes. Junk, The Hague, Boston

Braukmann U (1987) Zoozönologische und saprobiologische Beiträge zu einer allgemeinen, regionalen Bachtypologie. Arch Hydrobiol, Beiheft 26

Bretschko G (1981) Vertical distribution of zoobenthos in an alpine brook of the Ritrodat-Lunz study area. Verh Internat Verein Limnol 21:873–876

Bretschko G (1990) A flexible larval development strategy in Siphlonurus aestivalis Eaton exploiting an unstable biotope. Mayflies and stoneflies (Series entomologica, vol 44) Kluwer, Dordrecht

Bretschko G (1991) Bed sediments, ground water and stream limnology. Verh Internat Verein Limnol 24:1957–1960

Brickenstein C (1955) Über den Netzbau der Larve von Neureclipsis bimaculata L. (Trichoptera, Polycentropidae). Abh Bayer Akad Wiss Mathem Phys Kl 69:1–44

Brien P, Bouillon J (1959) Ethologie des larves de Protopterus dolloi Blgr. et étude de leurs organes respiratoires. Ann Mus R Congo Belge, Sci Zool 71:25–70

Brien P, Poll M, Bouillon J (1959) Ethologie de la reproduction de Protopterus dolloi Boulenger. Ann Mus R Congo Belge, Sci Zool 71:2–21

Bristow JM (1974) Nitrogen fixation in the rhizosphere of freshwater angiosperms. Canad J Botany 52:217–221

Brittain JE, Eikeland TR (1988) Invertebrate drift, a review. Hydrobiologia 166:77–93

Brodsky KA (1980) Mountain torrent of the Tien Shan. W Junk, The Hague Boston

Brown GW (ed) (1969) Desert biology, vol I. Academic Press, London New York

Buddensiek V, Ratzbor G, Wächtler K (1993) Auswirkungen von Sandeintrag auf das Interstitial kleiner Fließgewässer im Bereich der Lüneburger Heide. Natur und Landschaft 68:47–51

Burgis MJ, Morris P (1987) The natural history of lakes. Cambridge University Press, Cambridge

Burns CW (1968) The relationship between body size of filter-feeding Cladocera and the maximum size of particle ingested. Limnol Oceanogr 13:675–678

Carney HJ, Elser JJ (1990) Strength of zooplankton-phytoplankton-coupling in relation to lake trophic state. In: Tilzer M, Serruya C (eds) Large lakes. Springer, Berlin Heidelberg New York Tokyo

Coleman MJ, Hynes HBN (1970) The vertical distribution of the invertebrate fauna in the bed of a stream. Limnol Oceanogr 15:31–46

Connell JH (1978) Diversity in tropical rainforests and coral reefs. Science 199:1302–1310

Coulter GW (ed) (1991) Lake Tanganyika and its life. Oxford University Press Oxford

Croghan PC (1958) The osmotic a. ionic regulation of Artemia salina (L.). J Exp Biol 35:219–238

Cummins KW (1979) The natural stream ecosystem. In: Ward JV, Stanford JA (eds) The ecology of regulated streams, Plenum, New York London

Danielopol DL (1989) Groundwater fauna associated with riverine aquifers. JN Am Benthol Soc 8:18–35

Danulat E, Selcuk B (1992) Life history and environmental conditions of the anadromous Chalcalburnus tarichi (Cyprinidae) in the highly alkaline Lake Van, Eastern Anatolia, Turkey. Arch Hydrobiol 126:105–125

Darlington JPE (1977) Temporal and spatial variation in the benthic invertebrate fauna of Lake George, Uganda. J Zool 181:95–111

Darlington PJ (1957) Zoogeography. Wiley, New York
Deacon JE, Minckley WL (1974) Desert fishes. In: Brown jr. GW (ed) Desert biology II. Academic Press, New York London, pp 385–488
De Mott W (1989) The role of competition in zooplankton succession. In: Sommer M (ed) Plankton ecology. Springer, Berlin Heidelberg New York Tokyo
Diesel R (1989) Parental care in an unusual environment: Metopaulius depressus (Decapoda: Grapsidae), a crab that lives in epiphytic bromeliads. Anim Behav 38:561–575
Diesel R (1992) Managing the offspring environment: brood care in the bromeliad crab, Metopaulius depressus. Behav Ecol Sociobiol 30:125–134
Dister E (1980) Geobotanische Untersuchungen in der hessischen Rheinaue als Grundlage für die Naturschutzarbeit. Dissertation, Universität Göttingen
Dittmar H (1955) Ein Sauerlandbach. Arch Hydrobiol 50:305–552
Dole-Olivier MJ, Marmonier P (1992) Patch distribution of interstitial communities: Prevailing factors. Freshwater Biology 27:177–191
Dorn E (1983) Über die Atmungsorgane einiger luftatmender Amazonasfische. Amazoniana 7:375–395
Duellmann WE, Trueb L (1986) Biology of amphibians. McGraw-Hill, New York St Louis San Franscisco
DVWK (1983) Einfluß der Landnutzung auf den Gebietswasserhaushalt. DVWK-Schriften Nr. 5. Parey, Hamburg Berlin
DVWK (1988) Bedeutung biologischer Vorgänge für die Beschaffenheit des Grundwassers. DVWK-Schriften Nr. 80. Parey, Hamburg Berlin
Eade BJ, Vanderploeg HA, Robbins JA, Bell GL (1990) Significance of sediment resuspension and particle settling. In: Tilzer M, Serruya C (eds) Large lakes. Springer, Berlin Heidelberg New York Tokyo, pp 196–209
Edmunds jr. GF, Jensen SL, Berner L (1976) The mayflies of North and Central America. University of Minnesota Press, Minneapolis
Ellenberg H (1986) Die Vegetation Mitteleuropas mit den Alpen in ökologischer Sicht, 4. Aufl. Ulmer, Stuttgart
Elliott JM (1971) Upstream movement of benthic invertebrates in a Lake District stream. J Anim Ecol 40:235–252
Elliott JM (1973) The food of brown and rainbow trout (Salmo trutta and S gairdneri) in relation to the abundance of drifting invertebrates in a mountain stream. Oecologia 12:329–347
Englund G (1993) Interactions in a lake outlet stream community: direct and indirect effects of net-spinning caddis larvae. Oikos 66:431–438
Eriksen CH, Moeur JE (1990) Respiratory functions of motile tracheal gills in Ephemeroptera nymphs, as exemplified by Siphlonurus occidentalis Eaton. Mayflies and stoneflies. Series Entomologica, vol 44, Kluwer, Dordrecht
Ernst D, Reinhardt D (1980) Primary productivity measurements and carbon metabolism in Steinhuder Meer and Lake Dümmer. In: Dokulil et al (eds) Shallow lakes. Developments in Hydrobiol 3. Junk, The Hague Boston
Feldmate BW, Williams DD (1991) Evaluation of predator induced stress on field populations of stoneflies (Plecoptera). Ecology 72:1800–1806
Fiebig, DM, Lock MA (1991) Immobilisation of dissolved organic matter from ground water discharging through the stream bed. Freshwater Biology 26:45–55.

Fiebig DM, Marxsen J (1992) Immobilisation and mineralisation of dissolved free amino-acids by stream bed biofilms. Freshwater Biology 28:129–140
Fiedler K (1991) Fische. In: Lehrbuch der speziellen Zoologie, Bd II 2. Fischer, Jena
Fink TJ, Soldan T, Peters JG, Peters WL (1991) The reproductive life history of the predacious, sand-burrowing mayfly Dolania americana (Ephemeroptera: Behningiidae) and comparisons with other mayflies. Can J Zool 69:1083–1093
Fischer J (1993) Hygropetrische Faunenelemente als Bestandteile naturnaher Quellbiotope. Crunoecia 2:69–77
Fittkau EJ, Reiss F (1983) Versuch einer Rekonstruktion der Fauna europäischer Ströme und ihrer Auen. Arch Hydrobiol 97:1–6
Flecker AS (1992) Fishpredation and the evolution of invertebrate drift periodicity: Evidence from neotropical streams. Ecology 7:438–448
Forbes ST (1887) The lakes as a microcosm. Bull. Peoria (Illinois) Scient Ass 77–87
Forel FA (1901) Handbuch der Seenkunde. Engelhorn, Stuttgart
Forsberg C (1979) Die physiologischen Grundlagen der Gewässereutrophierung. Z Wasser Abwasser-Forsch 12:40–45
Frank JH, Lounibos LP (eds) (1983) Phytotelmata: Terrestrial plants as hosts for aquatic insect communities. Plexus, Medford, New Jersey
Franke C (1983) Transversal migration of 4th instar larval and pupae of Chaoborus flavicans (Meigen 1818) (Diptera, Chaoboridae) in Lake Heiligensee (Berlin-West). Arch Hydrobiol 99:93–105
Franz H (1990) Schwebstoffe im Rhein. Limnologie aktuell, Bd 1: Biologie des Rheins. Fischer, Stuttgart, pp 161–180
Frenzel P (1990) The influence of chironomid larvae on sediment oxygen microprofiles. Arch Hydrobiol 119:427–437
Friedrich G (1990) Das Plankton des Rheins als Indikator. Limnologie aktuell, Bd 1: Biologie des Rheins. Fischer, Stuttgart, pp 181–187
Fryer G, Iles TD (1972) The Cichlid fishes of the Great Lakes of Africa. Oliver and Boyd, Edinburgh
Fryer G, Murphy S (1991) A natural history of the lakes, tarns and streams of the English Lake District. Freshw Biol Assoc, Ambleside, England
Fukuhara H, Sakamoto M (1988) Ecological significance of bioturbation of zoobenthos community in nitrogen release from bottom sediments in a shallow eutrophic lake. Arch Hydrobiol 113:425–445
Furch KA, Junk W (1992) Nutrient dynamics of submersed decomposing Amazonian herbaceous plant species Paspalum fasciculatum and Echinochloa polystachya. Rev Hydrobiol Trop 25:75–85
Gabriel W, Thomas B (1988) Vertical migration of zooplankton as an evolutionary stable strategy. Am Naturalist 132:199–216
Geissler P (1975) Psychrorhithral, Pagorhithral und Kryokrene – drei neue Typen alpiner Fließgewässer. Ber Schweiz Bot Ges 85:303–309
Geller W (1986) Diurnal vertical migration of zooplankton in a temperate great lake (L. Constance). Arch Hydrobiol [Suppl] 74:1–60
Geller W, Müller H (1981) The filtration apparatus of Cladocera: Filter meshsizes and their implications on food selectivity. Oecologia 49:316–321
Gerken B (1988) Auen. Rombach, Freiburg
Gessner F (1955, 1959) Hydrobotanik I, II. VEB Deutscher Verlag d. Wissenschaft, Berlin

Gessner F (1961) Der Sauerstoffhaushalt des Amazonas. Int Rev Ges Hydrobiol 46:542–561

Gessner MO, Schwoerbel J (1989) Leaching kinetics of fresh leaf-litter with implications for the current concept of leaf processing in streams. Arch Hydrobiol 115:81–90

Gibert J (1991) Groundwater systems and their boundaries: Conceptual framework and prospects in groundwater ecology. Verh Internat Verein Limnol 24:1605–1608

Gilbert JJ, Bogdan KG (1984) Rotifer grazing: in situ studies on selectivity and rates. In: Meyers DG, Strickler JR (eds) Trophic interaction within aquatic ecosystems. AAAS Selected Symposium 85. Westview Press, Boulder, CO

Giller PS, Sangpradub N, Twomey H (1991) Catastrophic flooding and macroinvertebrate structure. Verh Internat Verein Limnol 24:1724–1729

Gliwicz ZM (1977) Food size selection and seasonal succession for filter feeding zooplankton in an eutrophic lake. Ekologia Polska 25:179–225

Gliwicz ZM (1986) Predation and the evolution of vertical migration behavior in zooplankton. Nature 320:746–748

Gliwicz ZM, Pijanowska J (1989) The role of predation in zooplankton succession. In: Sommer U (ed) Plankton ecology. Springer, Berlin Heidelberg New York Tokyo

Gliwicz ZM, Siedlar E (1980) Food size limitation and algae interfering with food collection in Daphnia. Arch Hydrobiol 88:155–177

Golterman HL (1975) Physiological limnology. Elsevier, Amsterdam Oxford New York

Gophen M, Geller W (1984) Filter mesh size and food particle uptake by Daphnia. Oecologia 64:408–412

Gottsberger G (1978) Seed dispersal by fish in the inundated regions of Humaitá, Amazonia. Biotropica 10:170–183

Goulding M (1980) The fishes and the forest. Univ California Press, Berkeley

Granéli W (1979) The influence of Chironomus plumosus larvae on the oxygen uptake of sediment. Arch Hydrobiol 87:385–403

Grassé PP (ed) (1958) Traité de Zoologie XII, Paris

Greenwood PH (1958) Reproduction in the east African lungfish Protopterus aethiopicus Heckel. Proc Zool Soc London 130:547–567

Grün G (1984) Siebenhundert Arten in drei Seen. Zur Vielfalt der afrikanischen Buntbarsche. Biologie in unserer Zeit 14:20–27

Güde H (1988) Direct and indirect influences of crustacean zooplankton on bacterioplankton of Lake Constance. Hydrobiologia 159:63–73

Güde H (1989) The role of grazing on bacteria in plankton succession. In: Sommer U (ed) Plankton ecology. Springer, Berlin Heidelberg New York Tokyo

Gümbel D (1976) Emergenzvergleich zweier Mittelgebirgsquellen 1973. Arch Hydrobiol [Suppl] 50:1–53

Halbach U (1969) Das Zusammenwirken von Konkurrenz und Räuber-Beute-Beziehungen bei Rädertieren. Zool Anz [Suppl] Verh Zool Ges 38:72–79

Halbach U (1971) Zum Adaptionswert der zyklomorphen Dornenbildung von Brachionus calyciflorus Pallas (Rotatoria). Oecologia 6:267–288

Hammer UT (1986) Saline lake ecosystems of the world. Junk, The Hague Boston

Haney JF, Hall DJ (1975) Diel vertical migration and filter-feeding activities of Daphnia. Arch Hydrobiol 75:413–441

Hantke R (1993) Flußgeschichte Mitteleuropas. Enke, Stuttgart
Hart DD (1985) Grazing insects mediate algal interactions in a stream benthic community. Oikos 44:40–46
Haslam SM (1978) River plants. Cambridge University Press, Cambridge
Havel JE (1987) Predator-induced defenses: A review. In: Kerfoot, Sih (eds) Predation. University Press of New England, Hannover NH London
Hawkes HA (1975) River zonation and classification. In: Whitton BA (ed) River ecology. Univ California Press, Berkeley
Hayden W, Clifford HF (1974) Seasonal movements of the mayfly Leptophlebia cupida (Say) in a brown water stream of Alberta, Canada. Am Midland Naturalist 91:90–102
Hebert PD, Grewe PM (1985) Chaoborus induced shifts in the morphology of Daphnia ambigua. Limnol Oceanogr 30:1291–1297
Hershey A, Pastor J, Peterson B, Kling G (1993) Stable isotopes resolve the drift paradox for Baetis mayflies in an arctic river. Ecology 74:2315–2325
Hesse R (1924) Tiergeographie auf ökologischer Grundlage. Fischer, Jena
Hessen DO (1985) Filtering structures and particle size selection in coexisting Cladocera. Oecologia 66:368–372
Heusser HR (1970) Niedere Froschlursche, höhere Froschlursche. In: Grzimeks Tierleben 5. Kindler, Zürich
Hildrew AG, Edington JM (1979) Factors facilitating the coexistence of Hydropsychid caddis-larvae (Trichoptera) in the same river system. J Anim Ecol. 48:557–576
Hinterlang D (1992) Vegetationsökologie der Weichwassergesellschaften zentraleuropäischer Mittelgebirge. Crunoecia 1:5–117.
Hinton HE (1953) Some adaptations of insects to environments that are alternately dry and flooded, with some notes on the habits of Stratiomyidae. Trans Soc Br Entom 11:209–227
Hölting B (1989) Hydrogeologie, 3. Aufl. Enke, Stuttgart
Hrbáčková M, Hrbáček J (1979) Rate of the postembryonic development in several populations of the group of the species Daphnia hyalina Leydig at various concentrations of food. Vestnik Československé. Společnosti zoologické 43:253–259
Huet M (1962) Influence du courant sur la distribution des poissons dans les eaux courantes. Schweiz Z Hydrol 24:412–432
Husmann S (1958) Untersuchungen über die Sandlückenfauna der bremischen Landsamfilter. Abh Braunschweig Wiss Ges 10:93–116
Husmann S (1970) Weitere Vorschläge für eine Klassifizierung subterraner Biotope und Biocoenosen der Süßwasserfauna. Int Rev Ges Hydrobiol 55:115–129
Husmann S (1978) Die Bedeutung der Grundwasserfauna für biologische Reinigungsvorgänge im Interstitial von Lockergesteinen. GWF/Wasser/Abwasser 119:293–302
Hutchinson GE (1957) A treatise on limnology, vol 1. Wiley, New York
Hutchinson GE (1961) The paradox of Plankton. Am Naturalist 95:137–147
Hutter K (1983) Strömungsdynamische Untersuchungen im Zürich- und im Luganersee. Schweiz Z Hydrol 45:101–144
Hynes HBN (1970) The ecology of running waters. Univ Press, Liverpool
Hynes HBN (1975) The stream and its valley. Verh Internat Verein Limnol 19:1–15

Illies J (1956) Seeausfluß-Biozönosen lappländischer Waldbäche. Entom Tidsskr 77:138–153
Illies J (1961) Versuch einer allgemeinen biozönotischen Gliederung der Fließgewässer. Int Rev Ges Hydrobiol 46:205–213
Illies J, Botosaneanu L (1963) Problèmes et méthodes de la classification et de la zonation écologique des eaux courantes, considerées surtout du point de vue faunistique. Int Ver Theor Angew Limnol Mitteilung 12
Irion G, Negendank JFW (Hrsg) (1984) Das Meerfelder Maar. Cour Forsch Inst Senckenberg 65
Irmler U (1981) Überlebensstrategien von Tieren im saisonal überfluteten amazonischen Überschwemmungswald. Zool Anz 206:26–38
Jacobs J (1978) Coexistence of similar zooplankton species by differential adaptation to reproduction and escape in an environment with fluctuating food and enemy densities. Oecologia 35:35–54
Jacobsen, Dean (1993) Trichopteran larvae as consumers of submerged angiosperms in running waters. Oikos 67:379–383
Janson M (1980) Role of benthic algae in transport of nitrogen from sediment to lakewater in a shallow clearwater lake. Arch Hydrobiol 89:101–109
Janssen J (1978) Feeding-behavior repertoire of the alewife, Alosa pseudoharengus, and the Ciscoes Coregonus hoyi and C. artedii. J Fish Res Board Can 35:249–253
Johnson RK (1985) Feeding efficiencies of Chironomus plumosus (L.) and C. anthracinus. Zett. (Diptera Chironomidae) in mesotrophic Lake Erken. Freshwater Biology 15:605–612
Jónasson PM (1972) Ecology and production of the profundal benthos in relation to phytoplankton in lake Esrom. Oikos [Suppl] 14:1–148
Jónasson PM, Kristiansen J (1967) Primary and secondary production in Lake Esrom. Growth of Chironomus anthracinus in relation to seasonal cycles of phytoplankton and dissolved oxygen. Int Rev Ges Hydrobiol 52:163–217
Jones NV, Litterick MR, Pearson RG (1977) Stream flow and the behaviour of caddis larvae. In: Proc 2nd Int Symp Trichoptera. Junk, The Hague Boston, pp 259–266
Jones RJ (1991) Advantages of diurnal vertical migrations to phytoplankton in sharply stratified, humic forest lakes. Arch Hydrobiol 120:257–266
Jüttner F, Faul H (1984) Organic activators and inhibitors of algal growth in water of a eutrophic shallow lake. Arch Hydrobiol 102:21–30
Junk W (1973) Investigations on the ecology and production biology of the "floating meadows" (Paspalo-Echinochloetum) on the middle Amazon. Part II: The aquatic fauna in the root zone of floating vegetation. Amazoniana 4:9–102
Junk WJ (1980) Die Bedeutung der Wasserstandsschwankungen für die Ökologie von Überschwemmungsgebieten, dargestellt an der Varzea des mittleren Amazonas. Amazoniana VII:19–29
Junk WJ (1989) Flood tolerance and tree distribution in central Amazonian floodplains. In: Holm-Nielsen LB (ed) Symposium on tropical forests. Academic Press, London New York, pp 47–64
Junk WJ, Bayley PB, Sparks RE (1989) The flood pulse concept in river-floodplain systems. In: Dodge DP (ed) Proceedings of the International Large River Symposium. Special Publ Canad J Fish Aquatic Sci 106:110–127
Junk WJ, Welcomme RL (1990) Floodplains. In: Patten BC et al (eds) Wetlands and shallow continental water bodies, vol 1. Acad Publ, The Hague, pp 491–524

Kalbe L (1981) Ökologie der Wasservögel. Ziemsen, Wittenberg Lutherstadt
Kalk M, McLachlan AJ, Howard-Williams C (eds) (1979) Lake Chilwa, Studies of change in a tropical ecosystem. Junk, The Hague Boston
Katona SK (1973) Evidemce for sex pheromones in planktonic copepods. Limnol Oceanogr 18:574–583
Kaushik NK, Hynes HPN (1971) The fate of dead leaves that fall into streams. Arch Hydrobiol 68:465–515
Keating KJ (1977) Allelopathic influence on blue-green bloom sequence in a eutrophic lake. Science 196:885–887 (1978)
Keating KJ (1978) Blue-green algae inhibition of diatom growth: transition from mesotrophic to eutrophic community structure. Science 199:971–973
Keenleyside MHA (1979) Diversity and adaptation in fish behaviour. Springer, Berlin Heidelberg New York Tokyo
Keller A (1975) Die Drift und ihre ökologische Bedeutung. Experimentelle Untersuchung an Ecdyonurus venosus (Fabr.) in einem Fließwassermodell. Schweiz Z Hydrol 37:294–321
Kerfoot WC, Pastorok RA (1978) Survival versus competition: evolutionary compromises and diversity in the zooplankton. Verh Internat Verein Limnol 20:362–374
Kerfoot WC (ed) (1980) Evolution and ecology of zooplankton communities. Univ Press of New England, Hanover NH London
Kerfoot WC (1987) Cascading effects and indirect pathways. In: Kerfoot WC, Sih A (eds) Predation. University Press of New England, Hanover NH London
Kerfoot WC, De Mott WR (1980) Foundations for evaluating community interactions: The use of enclosures to investigate coexistence of Daphnia and Bosmina. In: Kerfoot WC (ed) Evolution and ecology of zooplankton communities. Univ Press of New England, Hanover NH London
Kerfoot WC, Sih A (eds) (1987) Predation. Direct and indirect impacts on aquatic communities. Univ Press of New England, Hanover NH London
Kiefer F (1972) Naturkunde des Bodensees, 2. Aufl. Thorbecke, Sigmaringen
Kirchengast M (1984) Das hyporheische Interstitial des Flusses Mur (Steiermark, Österreich). Int Rev Ges Hydrobiol 69:729–746
Klausewitz W (1965) Echte Fische. In: Handbuch der Biologie, Bd VI/2. Akad Verl Ges Athenaion, Konstanz
Knebel A (1991) Zum Sauerstoffbedarf einiger makroinvertebrater Fließwasserorganismen. Diplomarbeit, FB Biologie, Universität Marburg
Kohler SL (1985) Identification of stream drift mechanisms: an experimental and observational approach. Ecology 66:1749–1761
Kohler SL, McPeek MA (1989) Predation risk and the foraging behavior of competing stream insects. Ecology 70:1811–1825
Kozhov M (1963) Lake Baikal and its life. Junk, The Hague Boston, Monogr Biol XI
Krumbiegel G, Rüffle L, Haubold H (1983) Das eozäne Geiseltal, ein mitteleuropäisches Braunkohlenvorkommen und seine Tier- und Pflanzenwelt. Ziemsen, Wittenberg Lutherstadt
Kurek A (1992 a) Das Massenschwärmen der Eintagsfliegen im Rhein. Zur Rückkehr von Ephoron virgo (Olivier 1791). Natur und Landschaft 67:407–409
Kurek A (1992b) Neue Tiere im Rhein. Naturwiss 79:533–540
Ladle M, Cooling DA, Welton JS, Bass AB (1985) Studies on Chironomidae in experimental recirculating stream systems II. Freshwater Biology 15:243–255

Lampert W (1978) Release of disvolved organic carbon by grazing zooplankton. Limnol Oceanogr 23:831–834

Lampert W, Schober U (1978) Das regelmäßige Auftreten von Frühjahrs-Algenmaximum und „Klarwasserstadium" im Bodensee als Folge von klimatischen Bedingungen und Wechselwirkungen zwischen Phyto- und Zooplankton. Arch Hydrobiol 82:364–386

Lampert W (1981) Toxicity of the blue-green Microcystis aeruginosa: Effective defence mechanism against grazing pressure by Daphnia. Verh Intern Verein Limnol 21:1436–1440

Lampert W, Fleckner W, Rai H, Taylor BE (1986) Phytoplankton control by grazing zooplankton: a study on the spring clear-water phase. Limnol Oceanogr 31:478–490

Lampert W (1989) The adaptive significance of diel vertical migration of zooplankton. Functional Ecology 3:21–27

Lampert W, Sommer U (1992) Limnoökologie. Thieme, Stuttgart New York

Lange G, Lecher K (1986) Gewässerregelung, Gewässerpflege. Naturnaher Ausbau und Unterhaltung von Fließgewässern. Parey, Hamburg Berlin

Langeland A (1982) Interactions between zooplankton and fish in a fertilized lake. Holarctic Ecology 5:273–310

Lászlóffy W (1967) Die Hydrographie der Donau. In: Liepolt R (Hrsg) Limnologie der Donau. Schweizerbart'sche Verlagsbuchhandlung, Stuttgart

Latzel P (1984) Hydrodynamische Untersuchungen an aquatischen Insektenlarven. Diplomarbeit, FB Biologie, Universität Marburg

Lauterborn R (1916, 1917, 1918) Die geographische und biologische Gliederung des Rheinstroms. Sitzungsbericht Heidelberger Akad Wiss, Math Nat Kl. VIIIB

Lehmann JT (1980) Release and cycling of nutrients between planktonic algae and herbivores. Limnol Oceanogr 25:620–637

Lehmann JT, Scavia D (1982) Microscale patchiness of nutrients in plankton communities. Science 216:729–730

LeRoy Poff N, de Cino RD, Ward JV (1991) Size dependent drift response of mayflies to experimental hydrologic variation: active predator avoidance or passive hydrodynamic displacement. Oecologia 88:577–586

Leuchs H (1986) Die Schlängelaktivität von Chironomuslarven (Diptera) aus flachen und tiefen Gewässern und die resultierenden Wasserzirkulationen in Abhängigkeit von Temperatur und Sauerstoffangebot. Arch Hydrobiol 108:281–299

Likens GE, Bornmann FH (1974) Linkages between terrestrial and aquatic ecosystems. Bio Science 24:447–456

Ließ M (1993) Zur Ökotoxikologie der Einträge von landwirtschaftlich genutzten Flächen in Fließgewässer. Dissertation, Universität Braunschweig, Cuvillier. Verlag, Göttingen

Löffler H (1961) Beiträge zur Kenntnis der iranischen Binnengewässer II. Int Rev Ges Hydrobiol 46:309–406

Löffler H (ed) (1979) Neusiedlersee: The limnology of a shallow lake in central Europe. Junk, The Hague Boston (Monogr Biol 37)

Lomholt JP, Johansen K, Maloiy GMO (1975) Is the aestivating lungfish the first vertebrate with suctorial breathing? Nature 257:787–788

Lowe RL, Golladay SW, Webster JR (1986) Periphyton response to nutrient manipulation in streams draining clearcut and forested watersheds. JN Am Benthol Soc 5:221-229

Lowe-McConnell RH (1975) Fish communities in tropical freshwaters. Longman, London New York

Lowrance RR, Todd R, Fail J, Hendrickson O jr, Leonard R, Asmussen L (1984) Riparian forests as nutrient filters in agricultural watersheds. Bio Science 34:374-377

Lund JWG (1965) The ecology of freshwater phytoplankton. Biol Rev 40:231-293

Macan TT (1974) Freshwater ecology, 2nd edn. Longman, London New York

Madsen BL (1968) The distribution of nymphs of Brachyptera risi Mort. and Nemoura flexuosa Aub. (Plecoptera) in relation to oxygen. Oikos 19:304-310

Malmquist B (1993) Interactions in stream leaf packs: effects of stonefly predator on detritovores and organic matter processing. Oikos 66:454-462

Mangelsdorf J, Scheurmann K (1980) Flußmorphologie. Oldenburg-Verlag, München Wien

Mann KH (1975) Patterns of energy flow. In: Whitton BA (ed) River ecology. Univ Calif Press, Berkeley

Margalef R (1983) Limnologia. Ediciones Omega, Barcelona

Marmonier P, Creuzé des Chatelliers M (1991) Effects of spates on interstitial assemblages of the Rhone river. Importance of spatial heterogenity. Hydrobiologia 210:243-251

Marten M (1994) Faunistics of the upper Rhine River: Changes in the faunal composition caused by industrial contamination. Verh Int Ver Limnol 25:

Marxsen J (1988) Evaluation of the importance of bacteria in the carbon flow of a small open grassland stream, the Breitenbach. Arch Hydrobiol 111:339-350

Matile P (1986) Blattseneszenz. Biol Rundsch 24:349-365

Mattheß G (1982) Die Beschaffenheit des Grundwassers. Bornträger, Berlin Stuttgart

Matthias U (1982) Der Einfluß der Wasserstoffionenkonzentration auf die Zusammensetzung von Bergbachbiozönosen, dargestellt an einigen Bergbächen des Kaufunger Waldes. Nordhessen/Südniedersachsen. Dissertation, Gesamthochschule Kassel

Mayhew WH (1968) Biology of desert amphibians and reptiles. In: Brown GW (ed) Desert biology, vol 1, pp 195-356

McCall PL Fisher JB (1980) Effects of Tubificid-Oligochaetes on physical and chemical properties of Lake Erie sediments. In: Brinkhurst RO, Cook DG (eds) Aquatic Oligochaete biology. Plenum Press, New York London

McGowan JM (1974) Ecological studies on Chaoborus (Diptera, Chaoboridae) in Lake George, Uganda. Freshwater Biology 4:483-505

McIntyre CJ (1966) Some effects of current velocity on periphyton communities in laboratory streams. Hydrobiologia 27:559-570

Meijering MPD (1980) Drift, upstream migration, and population dynamics of Gammarus fossarum Koch, 1835. Crustaceana [Suppl] 6:194-203

Merkel FW (1980) Orientierung im Tierreich. Fischer, Stuttgart New York

Merritt RW, Cummins KW (1978) An introduction to the aquatic insects of North America. Kendall/Hunt, Dubuque

Mossewitsch NA (1961) Sauerstoffdefizit in den Flüssen des westsibirischen Tieflandes, seine Ursachen und Einflüsse auf die aquatische Fauna. Verh Int Verein Theor Angew Limnol 14:447-450

Moyle PB, Senanayake FR (1984) Resource partitioning among the fishes of rainforest streams in Sri Lanka. J Zool Lond 202:195–223

Müller K (1966) Die Tagesperiodik von Fließwasserorganismen. Z Morph Ökol Tiere 56:93–142

Müller K (1974) Stream drift as a chronobiological phenomenon in running water ecosystems. Ann Rev Ecol Syst 5:309–323

Müller K (1982a) The fish fauna of the river Angeran. In: Müller K (ed) Coastal research in the Gulf of Bothnia. Junk, The Hague Boston, pp 53–57

Müller K (1982b) The colonisation cycle of freshwater insects. Oecologia 52:202–207

Müller-Haeckel A (1966) Diatomeendrift in Fließgewässern. Hydrobiologia 28:73–87

Münster U, Chróst RJ (1990) Origin, composition and microbial utilisation of dissolved organic matter. In: Oberbeck J, Chróst RJ (eds) Aquatic microbial ecology. Springer, Berlin Heidelberg New York Tokyo

Mutz M (1989) Muster von Substrat, sohlennaher Strömung und Makrozoobenthos auf der Gewässersohle eines Mittelgebirgsbaches. Dissertation, Universität Freiburg

Nachtigall W (1982) Biophysik der Fortbewegung im Wasser. In: Hoppe W et al. (Hrsg) Biophysik, 2. Aufl. Springer, Berlin Heidelberg New York Tokyo, S 608–622

Nack-Litzenburger B (1985) Luftatmung bei südamerikanischen Harnischwelsen, Pterygoplichtheys, Plecostomus und Ancistrus (Loricariidae). Verh Dtsch Zool Ges 78:253

Nemenz H (1970) Ionenverhältnisse und die Besiedlung hyperhaliner Gewässer, besonders durch Insekten. Acta Biotheoretica 19:148–170

Neumann D, Graef H, Leuchs H, Scharwächter P (1986) Ökophysiologische Anpassungen von einigen limnischen Makrozoobenthos-Arten. Verh Dtsch Zool Ges 79:314–315

Niemeyer-Lüllwitz A, Zucchi H (1985) Fließgewässerkunde. Diesterweg, Frankfurt

Niessen F, Sturm M (1987) Die Sedimente des Baldeggersees (Schweiz) – Ablagerungsraum und Eutrophierungsentwicklung während der letzten 100 Jahre. Arch Hydrobiol 108:365–383

Nikolskii GW (1957) Spezielle Fischkunde. VEB Deutscher Verlag d. Wissenschaft, Berlin

O'Brien WJ, Kettle D, Riessen H (1979) Helmets and invisible armor: structures reducing predation from tactile and visual planctivores. Ecology 60:287–294

Olsson T, Söderström O (1978) Springtime migration and growth of Parameletus chelifer (Ephemeroptera) in a temporary stream in northern Sweden. Oikos 31:284–289

Otter HH (1989) Larvalentwicklung und Larvalbiologie von Glossosomatiden (Trichoptera) eines kleinen Waldbachs. Diplomarbeit, Fachbereich Biologie, Universität Marburg

Pajunen J, Jansson A (1969) Dispersal of rock-pool corixids Arctocorixa carinata (Sahler) and Callicorixa producta (Reut.) (Heteroptera, Corixidae). Ann Zool Fenn 6:291–427

Palmer MA, Bely AE, Berg KE (1992) Response of invertebrates to lotic disturbance: a test of the hyporheic refuge hypothesis. Oecologia 89:182–194

Patalas K (1990) Patterns in zooplankton distribution and their causes in North American Great Lakes. In: Tilzer H, Serruya C (eds) Large lakes. Springer, Berlin, Heidelberg New York Tokyo

Pattée E (1970) Coefficients thermiques et écologie de quelques planaires d'eau douce. Ann Limnol 5:9–24

Pechlaner R, Bretschko G, Gollmann P, Pfeifer H, Tilzer M, Weissenbach HP (1973) Ein Hochgebirgssee als Objekt der Ökosystemforschung. Das Ökosystem Vorderer Finstertaler See. In: Ellenberg H (Hrsg) Ökosystemforschung. Springer, Berlin Heidelberg New York Tokyo

Peckarsky BL (1980) Predator-prey-interactions between stoneflies and mayflies: behavioral observations. Ecology 61:932–943

Pedros-Alió C (1989) Toward an autecology of bacterioplankton In: Sommer U (ed) Plankton ecology. Springer, Berlin Heidelberg New York Tokyo

Pelz GR (1985) Fischbewegungen über verschiedenartige Fischpässe am Beispiel der Mosel. Cour Forsch Inst Senckenberg 76:1–190

Peters N jr (1963) Embryonale Anpassungen oviparer Zahnkarpfen aus periodisch austrocknenden Gewässern. Intern Rev Ges Hydrobiol 48:257–313

Peters WL (1967) New species of Prosopistoma from the oriental region. Tijdschr Entomol 110:207–222

Petersen RC jr, Petersen LB-M, Lacourière J (1991) A building block model for stream restoration. In: Boon, Petts, Calow (eds) The conservation and management of rivers. Wiley, New York Chichester

Petrere M (1983) Relationships among catches, fishing effort and river morphology for eight rivers in Amazonas state during 1976–1978. Amazoniana 8:281–296

Pickett STA, White PS (1985) The ecology of natural disturbance and patch dynamics. Academic Press, London New York

Pieper H-G (1976) Die tierische Besiedlung des hyporheischen Interstitials eines Urgebirgsbaches unter dem Einfluß von allochthoner Nährstoffzufuhr. Int J Speleol 8:53–68

Pinay G, Decamps H, Chauvet E, Fustec E (1990) Functions of ecotones in fluvial systems. In: Naiman J, Decamps (eds) The ecology and management of aquatic-terrestrial ecotones. Man and the biosphere series. Parthenon, Casterton Hall

Pollingher U (1990) Effects of latitude on phytoplankton composition and abundance in large lakes. In: Tilzer H, Serruya C (eds) Large lakes. Springer, Berlin, Heidelberg New York Tokyo

Poltz J (1977) Bericht über die limnologische Unterrsuchung des Bederkesaer Sees. Mitt Nieders Wasseruntersuchungsamt Hildesheim 2:81–156

Poltz J (1980) Some studies on the problem „Treibmudde" in Steinhuder Meer. In: Dokulil et al. (eds) Shallow lakes. Developments Hydrobiol 3. Junk, The Hague Boston

Power ME (1987) Predator avoidance by grazing fishes in temperate and tropical streams: Importance of stream depth and prey size. In: Kerfoot Sih (eds) Predation. University of New England Press, Hannover NH London

Power ME, Stewart AJ (1987) Disturbance and recovery of an algal assemblage following flooding in an Oklahoma stream. Am Midland Naturalist 117:333–345

Power ME, Stewart AJ, Matthews WJ (1988) Grazer control of algae in anozark mountain stream: effects of short-term exclusion. Ecology 69:1894–1898

Power ME, Stout RJ, Cushing CE, Harper PD, Hauer FR, Mattheus WJ, Moyle PB, Statzner B, Wais de Badgen JR (1988) Biotic and abiotic controls in river and stream communities. JN Am Benthol Soc 7:456–479

Preißler, K (1983) Anpassungen in Körperbau und Orientierungsverhalten von Rotatorien und Crustaceen aus der Litoral- und Pelagialregion. Verh Ges Ökologie X:575–582

Puhe J, Ulrich B (1985) Chemischer Zustand von Quellen im Kaufunger Wald. Arch Hydrobiol 102:331–342

Pusch M, Schwoerbel J (1994) Community respiration in hyporheic sediments of a mountain stream (Steina, Black Forest). Arch Hydrobiol 130:35–52

Reich M, (1991) Grashoppers (Orthoptera, Saltatoria) on alpine and dealpine riverbanks and their use as indicators for natural floodplain dynamics. Regulated Rivers 6:333–339

Reisen WK, Spencer DJ (1970) Succession and current demand relationships of diatoms on artificial substrates in Prater's Creek, South Carolina. J Physiol 6:117–121

Resh VH, Rosenberg DM (eds) (1984) The ecology of aquatic insects. Praeger, New York, pp 430–455

Resh VH, Brown AV, Covich AP, Gutz ME, Li HW, Minshall GW, Rein SR, Sheldon AL, Wallace JB, Wissmar RC (1988) The role of disturbance in stream ecology. JN Am Benthol Soc 7:433–455

Rheinheimer G (1991) Microbiologie der Gewässer, 5. Aufl. Fischer, Stuttgart

Riemann B, Jorgensen NOG, Lampert W, Fuhrmann JA (1986) Zooplankton induced changes in dissolved free amino acids and in production rates of freshwater bacteria. Microbial Ecology 12: 247–258

Ross DH, Craig DA (1980) Mechanisms of fine particle capture by larval black flies (Diptera: Simuliidae). Can J Zool 58:1186–1192

Rutte E (1987) Rhein-Main-Donau. Eine geologische Geschichte. Thorbecke Sigmaringen

Ruttner-Kolisko A (1964) Kleingewässer am Ostrand der persischen Salzwüste. Ein Beitrag zur Limnologie arider Gebiete. Verh Int Verein Limnol XV:201–208

Rzóska J (1976a) Descent to the Sudan plains. In: Rzóska J (ed) The Nile. Monogr Biol 29. Junk, The Hague Boston

Rzóska J (ed) (1976b) The Nile, biology of an ancient river. Monogr Biol 29. Junk, The Hague Boston

Rzóska J (1984) Temporary a. other waters. In: Cloudsley-Thompson JL (ed) Sahara desert. Pergamon, Oxford

Sand-Jensen K, Søndergaard AM (1981) Phytoplankton and epiphyte development and their shading effect on submerged macrophytes in lakes or different nutrient status. Int Revue Ges Hydrobiol 66:529–552

Sattler W (1963) Über den Körperbau, die Ökologie und Ethologie der Larve und Puppe von Macronema Pict. (Hydropsychidae), ein als Larve sich von „Microdrift" ernährendes Trichopter aus dem Amazonasgebiet. Arch Hydrobiol 59:26–60

Sattler W (1967) Über die Lebensweise, insbesondere das Bauverhalten neotropischer Eintagsfliegen-Larven (Ephemeroptera, Polymitarcidae). Beitr Neotrop Fauna V:89–110

Schaal S, Ziegler W (Hrsg) (1988) Messel – ein Schaufenster in die Geschichte der Erde und des Lebens. Senckenberg-Buch 64. Verlag Waldemar Kramer, Frankfurt

Scharf BW (1987) Limnologische Beschreibung, Nutzung und Unterhaltung von Eifelmaaren. Min Umwelt und Gesundheit Rheinland-Pfalz

Scharf BW (1991) Ectogene, krenogene und biogene Meromixie in Maarseen der Eifel. Deutsche Gesellschaft für Limnologie, erweiterte Zusammenfassungen der Jahrestagung 1991, S 138–142

Schiemer F (1988) Gefährdete Cypriniden. Indikatoren für die ökologische Intaktheit von Flußsystemen. Natur und Landschaft 63:370–373

Schiemer F, Spindler T (1989) Endangered fish species of the Danube river in Austria. Regulated Rivers 4:397–407

Schlieper C, (1952) Versuch einer physiologischen Analyse der besonderen Eigenschaften einiger eurythermer Wassertiere. Biol Zentralbl 71:449–461

Schmitz W (1961) Fließwasserforschung-Hydrographie und Botanik. Verh Intern Verein Limnol 14:541–586

Schneider J, Röhrs J, Jäger P (1990) Sedimentation and eutrophication history of Austrian alpine lakes. In: Tilzer H, Serruya C (eds) Large lakes. Springer, Berlin Heidelberg New York, Tokyo, pp 316–335

Schönborn W (1992) Fließgewässerbiologie. Fischer, Stuttgart

Schofield K, Townsend CR, Hildrew AG (1988) Predation and the prey community of a headwater stream. Freshwater Biology 20:85–95

Scholz CA, Rosendahl BR (1988) Low lake stands in lakes Malawi, Tanganyika, East Africa, delineated with multifold seismic data. Science 240:1645–1648

Schuchhardt B, Schirmer M (1986) Langfristige Veränderungen der planktischen Crustaceenzönose und des Sauerstoff-Vertikalprofils des Großen Plöner Sees. Landschaftsentwicklung und Umweltforschung 40, Beiträge zur Limnologie 281–286

Schuchhardt B, Busch D, Schirmer M, Schröder K (1985) Die aus Fangstatistiken rekonstruierbare Bestandsentwicklung der Fischfauna der Unterweser seit 1891. Natur Landschaft 60: 441–444

Schweder H (1985) Experimentelle Untersuchungen zur Ernährungsökologie der Larve von Ecdyonurus venosus (Fabr.) (Ephemeroptera, Heptageniidae). Dissertation, Universität Freiburg

Schwoerbel J (1967) Das hyporheische Interstitial als Grenzbiotop zwischen oberirdischem und subterranem Ökosystem und seine Bedeutung für die Primärevolution von Kleinsthöhlenbewohnern. Arch Hydrobiol Suppl 33:1–62

Schwoerbel J (1993) Einführung in die Limnologie, 7. Aufl. Fischer, Stuttgart

Sernow SA (1958) Allgemeine Hydrobiologie. VEB Deutscher Verlag d. Wissenschaft, Berlin

Siebeck O (1968) „Uferflucht" und optische Orientierung pelagischer Crustaceen. Arch Hydrobiol [Suppl] XXXV:1–118

Siebeck O (1979) The importance of the spatial orientation of pelagic Copepods for their horizontal distribution. Naturwiss 66:266

Siebeck O (1982) Der Königssee, eine limnologische Projektstudie. Nationalpark Berchtesgaden, Forschungsberichte 5. Nationalparkverwaltung Berchtesgaden (Hrsg), im Auftr d Bayer Staatsmin f Landesentw

Simon M, Tilzer MM (1987) Bacterial responses to seasonal primary production and phytoplankton biomass in Lake Constance. J Plankton Research 9:535–552

Sioli H (1964) General features of the limnology of Amazonia. Verh Int Verein Limnol 15:1053–1058

Sioli H (1975) Tropical river: The Amazon. In: Whitton BA (ed) River ecology. Blackwell, Oxford London Edinburgh Melbourne

Sioli H (1983) Amazonien, Grundlagen der Ökologie des größten tropischen Waldlandes. Wiss Verlagsgesellschaft, Stuttgart

Smith JA, Dartnall AJ (1980) Boundary layer control by water pennies (Coleoptera: Psephenidae). Aquatic Insects 2:65–72

Söderström O (1987) Upstream movements of invertebrates in running waters: a review. Arch Hydrobiol 111:197–208

Solem JO (1983) Temporary pools in Dovre mountains, Norway, and their fauna of Trichoptera. Acta Entomol Fenn 42:82–85

Solem JO, Bongard T (1987) Flight pattern of three species of lotic caddisflies. Proc 5th Int Symp Trichoptera. Ser Entomologica 39. Junk, The Hague Boston, pp 223–228

Sommer U (1989) The role of competition for resources in phytoplankton succession. In: Sommer U (ed) Plankton ecology. Springer, Berlin Heidelberg New York Tokyo

Sommer U (1991) Phytoplankton: Directional succession and forced cycles. In: Remmert H (ed) The mosaic cycle concept of ecosystems (Ecological Studies 85). Springer, Berlin Heidelberg New York Tokyo

Stabel H, Tilzer M (1981) Nährstoffkreisläufe im Überlinger See und ihre Beziehungen zu den biologischen Untersuchungen. Verhandl Ges Ökologie IX:23–32

Stanford JA, Ward JV (1988) The hyporrheic habitat of river ecosystems. Nature 335:64–66

Statzner B (1978) The effects of flight behaviour on the larval abundance of Trichoptera in the Schierenseebrooks (North Germany). Proc 2nd Int Symp Trichoptera. Junk, The Hague Boston

Statzner B (1988) Growth and Reynolds number of lotic macroinvertebrates: a problem of adaptation of shape to drag. Oikos 51:84–87

Statzner B, Bittner A (1983) Nature and causes of migrations of Gammarus fossarum Koch (Amphipoda)-a field study using a light intensifier for the detection of nocturnal activities. Crustaceana 44:271–291

Statzner B, Higler B (1985) Questions and comments on the river continuum concept. Can J Fish Aquat Sci 42:1032–1044

Statzner B, Higler B (1986) Stream hydraulics as a major determinant of benthic invertebrate zonation patterns. Freshw Biology 16:127–139

Statzner B, Holm TF (1982) Morphological adaptations of benthic invertebrates to stream flow – an old question studied by means of a new technique (Laser Doppler Anemometry). Oecologia 53:290–292

Statzner B, Holm TF (1989) Morphological adaptation of shape to flow: Micro currents around lotic microinvertebrates with known Reynolds numbers at quasi natural flow conditions. Oecologia 78:145–157

Steffan AW (1974) Die Lebensgemeinschaft der Gletscherbach-Zuckmücken (Diptera: Chironomidae) – eine Extrembiozönose. Entomol Tidsskr [Suppl] 95:225–232

Steinberg C, Melzer A (1984) Stoffkreisläufe in Binnengewässern. In: Besch U et al (Hrsg) Limnologie für die Praxis. Ecomed, Landsberg Lech, S 5–91
Steiner K (1991) Food preferences in larvae of Protonemura nitida (Plec.) Verh Internat Verein Limnol 24:1948–1952
Steinmann AD, McIntire CD, Gregory St V, Lambert GA, Ashkenas LR (1987) Effects of herbivore type and density on taxonomic structure and physiognomy of algal assembleges in laboratory streams. JN Am Benthol Soc 6: 175–188
Steinmann P, Koch W, Scheuring L (1937) Die Wanderungen unserer Süßwasserfische, dargestellt aufgrund von Markierungsversuchen. Z Fischerei XXXV:369–467
Steleanu A (1989) Geschichte der Limnologie und ihrer Grundlagen. Haag u Herchen, Frankfurt
Stemberger RS, Gilbert JJ (1987) Defenses of planktonic rotifers against predators. In: Kerfoot, Sih (eds) Predation. University Press of New England, Hannover NH London
Stenson JAE (1976) Significance of predator influence on composition of Bosmina spp. populations. Limnol Oceanogr 21:814–822
Sterba G (1990) Süßwasserfische der Welt, 2. Aufl. Urania, Leipzig Jena Berlin
Sterner RW (1989) The role of grazers in phytoplankton succession. In: Sommer U (ed) Plankton ecology. Springer, Berlin Heidelberg New York Tokyo
Stich HB (1985) Daphnia galeata-Daphnia hyalina: Phänotypen und ökologisches Verhalten im Überlinger See. Verh Dtsch Zool Ges 78:193
Stich HB, Lampert W (1984) Growth and reproduction of migrating and non-migrating Daphnia species under simulated food and temperature conditions of diurnal vertical migration. Oecologia 61:192–196
Strenzke K (1963) Ökologie der Wassertiere. In: Bertalanffy Lv, Gessner E (Hrsg) Handbuch der Biologie. Allgemeine Biologie III 1. Akademische Verlags gesellschaft Athenaion, Konstanz
Sturmbauer C, Meyer A (1992) Genetic divergence, speciation and morphological stasis in a lineage of African cichlid fishes. Nature 358:578–581
Tachet H (1975) Recherches sur le comportement alimentaire et le comportement constructeur chez la larve de Plectrocnemia conspersa (Trichoptera, Poly centropidae). Thèse, Université Claude Bernard, Lyon I
Tatrai I (1987) The role of fish and benthos in the nitrogen budget of Lake Balaton, Hungary. Arch Hydrobiol 110:291–302
Tesch F-W (1983) Der Aal, Biologie und Fischerei, 2 Aufl. Parey, Hamburg Berlin
Tessenow U (1964) Experimentaluntersuchungen zur Kieselsäurerückführung aus dem Schlamm der Seen durch Chironomidenlarven. Arch Hydrobiol 60:497–504
Tessenow U, Baynes G (1978) Redoxchemische Einflüsse von Isoetes lacustris im Litoralsediment des Feldsees. Arch Hydrobiol 82:20–48
Tessier AJ (1986) Comparitive population regulation of two planktonic Cladocera (Holopedium gibberum and Daphnia catawba). Ecology 6:285–302
Thienemann A (1913) Die Salzwassertierwelt Westfalens. Verh Dtsch Zool Ges 56–68
Thienemann A (1925) Die Binnengewässer Mitteleuropas. Schweizerbart'sche Verlagsbuchhandlung Stuttgart. Die Binnengewässer, Bd 1
Thienemann A (1950) Verbreitungsgeschichte der Süßwassertierwelt Europas. Schweizerbart'sche Verlagsbuchhandlung Stuttgart. Die Binnengewässer, Bd XVIII

Thienemann A (1974) Chironomus. Schweizerbart'sche Verlagsbuchhandlung Stuttgart. Die Binnengewässer, Bd XX
Thompson K (1976) Swamp development in the head waters of the White Nile. In: Rzóska J (ed) The Nile. Monogr Biol 29. Junk, The Hague Boston
Tilman D, Kilham SS, Kilham P (1982) Phytoplankton community ecology: The role of limiting nutrients. Ann Rev Ecol Syst 13:349–372
Tilzer M (1973) Dynamik der planktischen Urproduktion unter den Extrembedingungen des Hochgebirgssees. In: Ellenberg H (Hrsg) Ökosystemforschung. Springer, Berlin Heidelberg New York Tokyo
Tilzer M (1990) Environmental and physiological control on phytoplankton productivity in large lakes. In: Tilzer H, Serruya C (eds) Large lakes. Springer, Berlin Heidelberg New York Tokyo
Timm T (1993) Lebensstrategie und Populationsdynamik von Nevermannia vernum, einer Kriebelmücke permanenter und periodischer Waldbäche (Diptera, Simuliidae). Zool Jb Syst 120:289–307
Tollrian R (1990) Predator-induced helmet formation in Daphnia cucullata (Sars). Arch Hydrobiol 119:191–196
Townsend CR (1980) The ecology of streams and rivers. Studies in Biology 122. Arnold, London
Townsend CR (1989) The patch dynamics concept of stream community ecology. JN Am Benthol Soc 8:36–50
Townsend CR, Hildrew G (1976) Field experiments on the drifting, colonisation and continuous redistribution of stream benthos. J Animal Ecology 45:759–772
Townsend CR, Hildrew G (1977) Predation strategy and resource utilisation by Plectrocnemia conspersa (Curtis) (Trichoptera: Polycentropidae). Proc 2nd Int Symp Trichoptera, Junk, The Hague Boston
Trewavas E, Green J, Corbet SA (1972) Ecological studies on crater lakes in West Cameroon. Fishes of Barombi Mbo' J Zool 166:15–30
Tsui PTP, Hubbard MD (1979) Feeding habits of the predacious nymphs of Dolania americana in northwestern Florida (Ephemeroptera: Behningiidae). Hydrobiologia 67:119–23
Uehlinger U, Bloesch J (1987) The influence of Crustacean zooplankton on the size and structure of algal biomass and suspended and settling seston (biomanipulation in limnocorralls II). Internat Rev Ges Hydrobiol 72:473–486
Uhlmann D, (1982) Hydrobiologie, 2. Aufl. Fischer, Stuttgart
Ulmer G (1911) Unsere Wasserinsekten. Quelle u. Meyer, Leipzig
Vaillant F (1956) Recherches sur la faune madicole (hygropétrique s.l) de France, de Corse et d'Afrique. Mémoires du Museum National d'Histoire Naturelle, Sér A, Zool 11:1–258, Paris
van Donk E (1989) The role of fungal parasites in phytoplankton succession. In: Sommer U (ed) Plankton ecology. Springer, Berlin Heidelberg New York Tokyo
van Miegrot H, Cole DW (1984) The impact of nitrification on soil acidification and cation leaching in a Red Alder ecosystem. J Environm Qual 13:586–590
Vannote RL, Minshall GW, Cummins KW Cushing CE (1980) The river continuum concept. Can J Fish Aquat Sci 37:130–137
Vareschi E (1979) The ecology of lake Nakuru (Kenya). II. Biomass and spatial distribution of fish. Oecologia 37:321–335
Vareschi E, Jacobs J (1985) The ecology of Lake Nakuru. VI. Synopsis of production and energy flow. Oecologia 65:412–424

Vaughn C, Gelwick FP, Matthews WJ (1993) Effects of algivorous minnows on production of grazing stream invertebrates. Oikos 66:119–128

Vogel S (1981) Live on moving fluids. Princeton University Press, Princeton

Vollenweider R (1976) Advances in defining critical loading levels for phosphorus in lake eutrophication. Mem Ist Ital Idrobiol 33:53–83

Vollrath H (1976) Grundzüge einer Typisierung und Systematisierung der Flußauen nach Beispielen aus Bayern. Die Erde (Ges. f. Erdkunde, Berlin) 107:273–299

von Ende CN (1979) Fish predation, interspecific predation, and the distribution of two Chaoborus species. Ecology 60:119–128

von Haaren C (1988) Eifelmaare, landschaftsökologisch-historische Betrachtung und Naturschutzplanung. Pollichia-Buch Nr 13. Bad Dürkheim

Wagner R, Schmidt HH, Marxsen J (1993) The hyporheic habitat of the Breitenbach, spatial structure and physicochemical conditions as a basis for benthic life. Limnologica 23:285–294

Wallace JB, Webster JR, Cuffney TE (1982) Stream detritus dynamics: regulation by invertebrate consumers. Oecologia 53:197–200

Wantzen M (1992) Das hyporheische Interstitial der Rheinsohle. Diplomarbeit, Universität Konstanz

Ward JV, Stanford JA (1983) The serial discontinuity concept of lotic ecosystems. In: Fontaine TD, Bartell SM (eds) Dynamics of lotic ecosystems. Ann Arbor Science Publ, Ann Arbor, MI

Weber B (1992) Der Baikal: Geographische und biologische Aspekte eines außergewöhnlichen Süßwassersees. Natur Museum 122:101–125

Weissenberger J, Spatz H-Ch, Emanns A, Schwoerbel J (1991) Measurement of lift and drag forces in the mN-range, experienced by benthic arthropods at flow velocities below 1,2 m/s. Freshwater Biology 25:1–21

Welcomme RL, Ryder RA, Sedell JA (1989) Dynamics of fish assemblages in river systems – a synthesis. In: Dodge DP (ed) Proceed Intern Large River Symp. Canad Spec Publ Fish Aquat Sci 106:569–577

Werneke U, Zwick P (1992) Mortality of terrestrial adult and aquatic nymphal life stages of Baetis vernus and Baetis rhodani in the Breitenbach, Germany (Insecta:Ephemeroptera). Freshwater Biology 28:249–255

Wesenberg-Lund C (1939) Biologie der Süßwassertiere. Wirbellose Tiere. Springer, Wien

Wesenberg-Lund C (1943) Biologie der Süßwasserinsekten. Springer, Wien

Wetzel RG (1964) A comparitive study of primary productivity of higher aquatic plants, periphyton, and phytoplankton in a large, shallow lake. Intern Rev Ges Hydrobiol 49:1–61

Wetzel RG (1983) Limnology, 2nd edn. Saunders, Philadelphia

Weygoldt P (1980) Complex brood care and reproductive behavior in captive poison arrow frogs, Dendrobates pumilio O. Schmidt. Behav Ecol Sociobiol 7:329–332

White DS (1990) Biological relationship to convective flow patterns within stream beds. Hydrobiologia 196:149–158

Whitton BA (1975) Algae. In: Whitton BA (ed) River ecology. Univ California Press, Berkeley

Wichard W, Tsui PTP, Maehler-Dewall A (1975) Chloridzellen der Larven von Caenis diminuata Walker (Ephemeroptera, Caenidae) bei unterschiedlicher Salinität. Int Rev Ges Hydrobiol 60:705–709

Williams DD (1977) Movements of benthos during the recolonisation of temporary streams. Oikos 29:306–312
Williams DD (1984) The hyporheic zone as a habitat for insects and associated arthropods. In: Resh VH, Rosenberg DM (eds) The ecology of aquatic insects. Praeger, New York, pp 430–455
Williams DD (1987) The ecology of temporary waters. Croom Helm, London Sydney, Timber Press, Portland Oregon
Williams DD, Hynes HBN (1976) The recolonisation mechanism of stream benthos. Oikos 27:265–72
Williams DD, Hynes HBN (1977) The ecology of temporary streams II. General remarks on temporary streams. Int Rev Ges Hydrobiol 62:53–61
Wohlrab B, Süßmann W, Sokollek V (1983) Der Einfluß land- und forstwirtschaftlicher Bodennutzung sowie von Sozialbrache auf die Wasserqualität kleiner Wasserläufe im ländlichen Mittelgebirgsraum. In: DVWK, Schriften No 57. Parey, Hamburg Berlin, S 55–176
Wootton RJ (1990) Ecology of teleost fishes. Chapman and Hall, London New York (Fish and Fisheries Ser 1)
Worbes M (1986) Lebensbedingungen und Holzwachstum in zentralamazonischen Überschwemmungswäldern. Scripta Geobotanica 17
Wright DJ, O'Brien WJ (1982) Differential location of Chaoborus larvae and Daphnia by fish: The importance of motion and visible size. Am Midland Naturalist 108:68–73
Yule CM (1990) The life cycle and dietary habits of Illiesoperla mayi Perkins (Plecoptera: Gripopterygidae) in Victoria, Australia. In: Campbell JC (ed) Mayflies and stoneflies. Kluwer, Dordrecht, pp 71–80
Zahner R (1964) Beziehungen zwischen dem Auftreten von Tubificiden und der Zufuhr organischer Stoffe im Bodensee. Int Rev Ges Hydrobiol 49:417–454
Zaiß U (1981) Der Kohlenstoffkreislauf im Bortalsee (Nordsaarland). Verh Ges Ökol IX: 69–77
Zaret TM (1980) Predation and freshwater communities. Yale University Press, New Haven
Ziemann H (1971) Die Wirkung des Salzgehaltes auf die Diatomeenflora als Grundlage für eine biologische Analyse und Klassifikation der Binnengewässer. Limnologica 8:505–525
Zimmermann P (1961) Experimentelle Untersuchungen über die ökologische Wirkung der Strömungsgeschwindigkeit auf die Lebensgemeinschaften des fließenden Wassers. Schweiz Z Hydrol 23:1–81
Zimmermann P (1962) Der Einfluß der Strömung auf die Zusammensetzung der Lebensgemeinschaften im Experiment. Schweiz Z Hydrol 24:408–411
Züllig H (1982) Untersuchungen über die Stratigraphie von Carotinoiden im geschichteten Sediment von 10 Schweizer Seen zur Erkundung früherer Phytoplankton-Entfaltungen. Schweiz Z Hydrol 44:1–98
Zwick P (1990) Emergence, maturation and upstream oviposition flights of Plecoptera from the Breitenbach, with notes on the adult phase as a possible control of stream insect populations. Hydrobiologia 194:207–223
Zwick P (1992) Fließgewässergefährdung durch Insektizide. Naturwiss 79:437–442

Sachverzeichnis

Aal 71
Abfluß 28
Abflußganglinie 31
abflußlose Becken 220
abflußloser Sodasee 228
Abflußregime 30
Abflußspende 30
Abflußwassermenge 29
Abramis ballerus 79
– *sapa* 79
Acari 13
Achnanthes lanceolata 41
Acipenser baeri 200
adaptive Radiation 188
Aëdes 106
– *aegypti* 213
Aerenchym 175
Afrika, tropisches 210
Agapetus fuscipes 61
Agosia chrysogaster 214
ägyptische Lotusblume 210
Ahorn, Fallaub in Fließgewässern 55
akustische Signale bei Fischen 70
Alestes dageti 206
Algen, benthische 40, 58
Algenaufwuchs 73, 87, 231
Algenblüte 165, 186
Algenfresser, Gattung *Barbus* 75
Allelopathie bei Algen 139
Alluvionen 31
Alosa 42, 160
– *aestivalis* 160
Alpen, Quellen u. Quellbäche 86
Alpenrhein 125, 130
alpine Region, Quellen und Bäche 86
Altwässer 79, 83, 105, 108, 111
Amazonas 24, 66, 114
Amazonasdelphine 114
Amazonastiefland 111

Ameisen 99
Amphipoden 13
Anabaena floss aquae 192
– *variabilis* 63
Anabas 213
– *testudineus* 214
Anabolia 51
anadrome Fische 116
– Fischwanderung 70 f
Anaerobiose bei Chironomus 180
Anguilla anguilla 71
Anisops 163, 230
Anopheles 213
Anostraca 57, 213
anoxische Bedingungen, mehrmonatige 179
– Zone im Pelagial 163
anoxisches Milieu im Benthal des Fließgewässer 81
– Profundal im eutrophen See 181
– Sediment 173
Anpassung an Sauerstoffmangel 212
– filtrierender Zooplankter 158
Anpassungstypen bei Fischen 100
Anuren 215
Apatania fimbriata 61
Aralsee 118
Archianneliden 13
Argen (Fluß) 174
aride Gebiete, Flüsse 97, 100
arktische Breiten, Energieinput 116
Armleuchteralgen 175
Artemia 228
– *salina* 224, 227
Äsche 69, 76
Asellus cavaticus 19
Asplanchna 147, 162
Aspro asper 38
– *streber* 37

Subject Index

Asterionella 184
Asterionella formosa 137
athalassischer Salzsee 220
Atyidae 193
Aue 105, 108
Auelehmbildung 30, 106
Aufwärtswanderung des
  Makrozoobenthos 94 f
Aufwuchs 39 ff, 62, 175, 177 ff
Aufwuchsalgen 40
Aufwuchsschichten 58
Ausstrombereiche des
  Interstitialwassers 80
australische Grabfrösche 215
Austrocknung in Fließgewässern 97
Austrocknung, Resistenz kleiner
  Metazoen 217
Austrocknungsschutz bei Harnischwelsen 69
Auwälder 105, 115
azoische Salzgewässer 224

Bachforelle 70
Bachquellkraut 18
Bachtypen 71
Bacillariophyceae 137
Bacteriorhodopsin bei
  Halobacterium 226
Baëtis 53, 91, 93, 95 f, 102
Baicalina 200
Baikalsee 118, 195, 202
Bakterien 5, 54, 56, 147, 165, 166
–, chemoautotrophe 5
Bakterienplankton 167
Bakterienzahl des Grundwassers 12
Balaton 202
Baldeggersee 184
Barbe 70, 76
Barbus 75, 207
– *dorsalis* 76
– *paludinosus* 207
– *pleurotaenia* 76
Bathybates 194
bathypelagische Cichliden 194
Behningiidae 74
Beilbauchfische 115
Benthal 43 f, 73, 82, 126, 179, 182, 192
Benthos des Profundals 170 f, 174
Beschattung, Periphyton 41, 177

Bestandsabfall der Vegetation in
  Quellen 21
Binnenlachse 70
binnenländische Salzgewässer 221
– Salzseen 224
Biofilm 12, 39, 73 f, 80, 173
Bioturbation 173 f, 183
Biozönose, pelagische 201
Bitterling 106
Blankaale 71
Blattachselphytotelmen 220
Blattachselzisternen 218
Blattfußkrebse 213
Blaualgen 40, 136 f
Blaualgenblüte 138, 160
Blephariceriden 53
Bodenfische 174
Bodensee 125, 131, 139, 155, 174
Borstenfilter der Cladoceren 147
Bosmina 153, 162 f
– *longirostris* 184
– *longispina* 184
Bosminiden 151
Botryococcus 137
Bottom-up-Effekt 165
Bottom-up-Steuerung 183
Brachionus 162
Brachionus plicatilis 230
Brachycentriden 63
Brachyuren 218
Brackwasserphytoplankton 223
Bradypus tridactylus 114
Braunwassersee 201
Brennessel an Quellen 18
Bromeliaceen, Bromelien 218, 220
Bromelienbewohner 219
Bruterfolg beim Hecht 110
Brutpflege in Phytotelmen 219
Bryodema tuberculata 98
Bryum 18
Buche, Fallaub in Fließgewässern 55
Buntbarsche 188

Caiman 114
Calanoidea 151
Calothrix 42
Campostoma 41
– *anomalum* 102
Carabidae 99, 218

Subject Index

Cardamine armara 18
Carex 208
Carnivore 56 f, 84, 114
carnivore Stellnetzfänger 63
Carotionoidspektrum in Seesedimenten 184
Centropomidae 193
Ceratium 157
– *hirundinella* 143
Ceratopogoniden 218, 224
Chaetoceros orientalis 231
Chalcalburnus tarichi 231
Chaoborus 147, 160, 162 ff, 172, 179, 193, 205
Characeae 175
Characiformes 66
Characium 41
Characoidea 114
Chironomiden 54, 73, 81, 101, 172 f, 179, 205, 218, 224, 230 f
Chironomus 174
– *anthracinus* 173, 179 f
– *piger* 179
– *plumosus* 179
– *thummi* 179
Chironomus-See 179
Chloridsee 221, 223
Chlorobiaceae 136
Chlorophyta 136 f
Chondrostoma 69
Chondrostoma nasus 69
Choriotope 53, 71
Choriozönosen 61, 71
Chromatiaceae 136
Chrysophyta 137
Chrysosplenium oppositifolium 18
Cichlidae, Cichliden 188, 194
Cichliden, bathypelagische 194
Ciliaten 163
Cladocera, Cladoceren 146, 147, 152, 155, 162 f, 192
Cladophora 40
Clarias 208
– *gariepinus* 207
Clariidae 213
Closterium 157
Clupeiden 193 f
Collembolen 99
Colorado-Flußsystem 100

Comephoridae 200
Conchostraca 213
Copepoden 80, 101, 146, 151 f, 193, 201, 218, 224, 230 f
Copepoditstadien 151
Coregonus autumnalis migratorius 200 f
Corixiden 216, 224, 227
Corophium curvispinum 38, 81
Cottocomephorus 201
Cottoidei 200
Cottus bairdi 93
– *gobio* 76
Cratoneuron 18
– *commutatum* 19
Crenichthys nevadae 214
Crenobia alpina 20
Crunoecia irrorata 19
Crustaceen, Ernährungstypen 57
Crustaceen-Plankton 152
Cryptocandona kieferi 14
Cryptomonas 147
Cryptophyta 137
Crystal Lake 160
Ctenopharyngodon idella 54
Ctenopoma damasi 212
Culiciden 218, 224
Curimatiden 115
C_{wx}-Wert lotischer Insekten 47
Cyanobakterien 136, 138, 201, 228
Cyanophyta, Cyanophyten 136 f
Cyclomorphose des Zooplanktons 162
Cyclopoida 151
Cyclotella bodanica 143
– *comta* 143
Cyperus papyrus 208
Cypriniden 100
Cypriniformes 66
Cyprinodon fasciatus 215
– *nevadensis* 214
Cyprinodontidae 114, 214

Dammsee, morphologischer Seentyp 120, 125
Daphnia, Daphnien 147, 151, 157, 159 f, 163, 165, 168
– *barbata* 207
– *cucullata* 147
– *galeata* 153, 159

Daphnia, Daphnien (Contd.)
- *hyalina* 153
- *longispina* 159, 184
- *magna* 159
- *pulex* 159
- *pulicaria* 138

Delta des Alpenrheins 125
Dendrobates pumilio 220
Dendrobatidae 218 f
Denitrifikation 115, 192
Denudation 22
Detritivore im hyporheischen Interstitial 80
Detritovore Fische des Amazonas 115
Detritusfresser 56 f, 84, 87, 114
diadrome Fischwanderung 69
Diamesa 87
Diapause bei Cyprinodontidae 214
Diapause, photoperiodisch induzierte 216
Diapauseeier bei Calanoiden 151
Diaphanosoma 159
- *brachyurum* 147
- *excisum* 207
Diatomeen 42, 61, 133, 136 f, 139, 201, 223, 228
dimiktischer See 130
Dinobryon 147
- *cylindricum* 143
Dinoflagellaten 137
Dinophyta 137 f
Diplectrona 86
- *felix* 85
Diskontinuitäten, räumliche in Fließgewässern 89, 105
-, zeitliche 103
Diskontinuitätsdistanz in Fließgewässern 105
Dixidae 20
Dolania americana 74
Dolinen 123
Dominanzspektrum des Makrozoobenthos 101
Donau 27, 30 f, 37 f, 66, 79, 108
Dormanz 151, 213, 215 f
Dormanzeier 160
Dreissena 42
Dreizehenfaultier 114

Drift 91, 95, 99 f
Driftfang, Methoden des Makrozoobenthos 63
Driftminimum von Ephemeropterenlarven 93
Driftraten 91
Drusus 61
Dugesia gonocephala 20
Dümmer 203
Dunaliella salina 227

Ecdyonurus 48 f, 59
- *venosus* 62, 94
Echinochloa 111
Eiablageplätze von Steinfliegen 94
Eiche, Fallaub in Fließgewässern 55
Eier der Behningiidae 74
Einbruchsbecken, morphologischer Seentyp 123
Einstrombereiche ins hyporheische Interstitial 80
Einzugsgebiet 21, 31
Eisbedeckung eines hochalpinen Sees 139
- des Baikal-Sees 195
Eisvogel 78
elektrische Organe der Nilhechte 66
Elritzen 76
Emergenz von Quellinsekten 21
Enchytraeiden 231
endemische Taxa ostafrikanischer Seen 188
Endermiten der Donau 37
- des Baikalsees 200
endorheische Senken 221
Engergiefluß im Nakuru-See 228
Entwaldung, Folgen für Stoffaustrag 37
Entwicklungsdormanz bei Cladoceren 147
Enzyme, extrazelluläre 40
Epeorus 48, 53
Ephemera 82
Ephemerella 99
Ephemeropteren 43
Epheron virgo 81, 84
Ephippien 147
Ephydra 224, 227 f
Ephydriden 179, 224

Subject Index

Epilimnion 128 ff, 152, 166
Epiphyten 178
Epischura 163
– *baicalensis* 200
episodische Gewässer 227
Eriocheir sinensis 38
Erle, Fallaub in Fließgewässern 55 f
Ernährungstypen 20, 87, 192
Erosion in Flüssen 22, 29
Erstbesiedler nach Störungen 101
Esromsee 180
Eudiaptomus gracilis 152
Eulitoral 175
eurosibirische Faunenelemente 200
euryhaline Organismen 223 f, 231
eutropher See 133
Eutrophierung 133
Eutrophierungsschübe 184
Evaporation 3
Evapotranspiration 31

Fallaub in Fließgewässern 73
Faulschlamm in Flachseen 204
Fauna hygropetrica 19 f
Feindetritus in Sandbänken 74
Feinpartikelfiltrierer 63
Feldsee 123
Filtration bei
 Chironomus-Larven 173
Filtrationswiderstand der Netze der
 Trichopterenlarven 64
filtrierende Konsumenten 42
Filtrierer 20, 56 f, 70, 83, 87, 151
Fischadler 230
Fische 37 f, 74, 93, 100, 102, 160, 224, 228
Fischerträge 108, 116
Fischlarven 162, 193
Fischsterben 188, 206
Flachseen 202 ff
Flagellaten 137, 139 f
Flechten in Fließgewässern 40
Fledermäuse als Fischfänger 79
Flohkrebse 94
Flood pulse concept 110
Flösselhecht 67, 212
Flügelreduktion bei Trichopteren 200
Flüsse, gestreckter Verlauf 29
Flußmäander 29

Flußneunauge 70
Flutwellen in Flüssen 100
Fontinalis 38
Forelle 76, 91
Fossia cuspidata 210
Fragilaria 143, 157
Fragilaria crotonensis 137
Frequenz der Störung 103
Frösche in Phytotelmen 219
Fruchtfresser, Amazonasfische 114
Frühjahrsvollzirkulation 137
Fucoxanthin in Seesedimenten 184
Fulvosäuren 167

Gabelbart 115
Galaxiidae 71
Gammaridea, Gammariden 200 f
Gammarus 91, 99
Gap limited predators 162
Garnelen 147, 193
Gasteropelecidae 115
Gasterosteus aculeatus 225
Gastromyzon 68
Gastrotrichen 218
gatherer, Substratfresser 54
Gefälle der Fließgewässer 24
Gefällekurve 31
Gemmulae 114
Geröll 31
Geschiebefracht 31
Geschiebemengen 27
Geschiebetransport 27
Gia 100
Gießen, Fließgewässer der Aue 105
Gleithang 29
Gletscherabflüsse 86
Glossosoma 47, 102
– *conformis* 44, 52
Glossosomatidae,
 Glossosomatiden 58, 61, 99
Glycera 178
Grabaktivität der Großmuscheln 172
Grabenbruchzone, morphologische
 Seentypen 118
Graskarpfen 54
Greifbarkeit der Beute für
 Zooplankton 162
Grenzschicht 44, 48, 51 f, 64
Grenzschichtdicke 49

Großer Flamingo 230
Großer Salzsee 226
Großmuscheln 172
Grünalgen 138
Grundwasser 5 f, 9, 11, 16, 79 f
– angebot 97
– ganglinie 4
– leiter 5
– metazoen 14
– neubildung 3
– stockwerk 4
– strom 14
– tiere 19
Grüner Leguan 114
Gymnodinium 147

Habitatstruktur, Veränderung nach Hochwasser 99
Haftorgane bei Bodenfischen 67
Halde im Seenlitoral 124
Halobacterium 226 f
Halobienindex 223
halobiont, Halobionten 224 ff
halophil 224 f
halotolerant 224
Haplochromis nigripinnis 205
Harnischwelse 68 f
Hartsubstrate in Fließgewässern 73
Hartwassersee 184
Hasel (Fisch) 69
Hecht 69, 109
Hechtsalmler 212
Heleioporus 215
Helmbildung der Daphnien 163
Helodidae 218
Helokrene 16, 19 ff
Hepsetus odoe 212
Heptageniidae 48, 58, 61
herbivore Zooplankter 151, 183
Herbivoren 54
Heterocysten der Blaualgen 138
Heterogonie der Rotatorien 147
Heterotis niloticus 206
heterotrophe Bakterien 166
heterotrophe Bioproduktion 23
Hochwasser 99, 101, 106, 110
Hochwasseranpassungen bei Fischen 100
Höhlenassel 19

Höhlenkrebse 19
Holopedium 159
– *gibberum* 147
Huchen 69
Hucho hucho 69
Huminstoffe 128, 167
Humussubstanz 125
hydraulische Belastung 40, 100
– Leitfähigkeit 6
hydraulischer Gradient 7
– Radius 24 ff
Hydrellia 54, 179
Hydromedusen des Tanganjikasees 193
Hydropsyche 86, 97
Hydropsyche instabilis 85
Hydropsychidae,
Hydropsychiden 64, 85
Hydrostachiaceae 38
hydrostatischer Druck, Wirkung auf Wasserpflanzen 175
Hydrurus foetidus 40 f
Hygropetrischer Lebensraum 19
Hyliden 218
hypertonische Regulation 227
Hypolimnion 128 f, 131 f, 153, 165
hyporheisches Interstitial 101
hypotonische Regulation bei Halobionten 224, 227

Ichthyochorie im Amazonasgebiet 111
Ichthyozönosen, Wirkung auf Zooplankton 160
Igápo 111
Iguana iguana 114
Illiesoperla 57
Illinois-river 66
Impatiens nolitangere 18
inaktives Uberdauern bei Hydropsyche-Larven 97
Infiltrationsvorgang des Oberflächenwassers 9
Inia geoffrensis 114
Insekten in Fließgewässern 43
Insektenfresser unter Amazonasfischen 115
Interaktion zwischen Organismen 102

Subject Index

Interstitial, hyporheisches 5, 79 ff
Interstitialwasser 173
Ironoquia dubia 216
Isoëtes 175

Jordan 226
Jungfische 78
Jungfischschwärme 164

Kaiman 114
Kalkquellen 18
Kalktuffbildung 18
Kalktuffsäulen im Van-See 231
kaltstenotherme Quellbesiedler 20
Kalzitfällung 183
Kalziumionen 125
Kannenpflanze 117
Karausche 69
Karbonatgewässer 228
Karbonatsee 221
Karpfenfische 66
Karsee 123
Karst 97
Karstgrundwasserleiter 6
Karsthydrographie 123
Kaspisee 118, 223
katadrome Fischwanderung 69, 71
Katarakte 31, 38
Kaulquappen 218 ff
Keratella 147
Kiemen, Berieselung bei Harnischwelsen 69
Kiemenreusen planktivorer Fische 160
Kiemensackwelse 207, 213
Kiemenschlitzaale 114, 213
Kieselalgen 40, 42, 171
Kieslaicher, Fische 76
Kieslückensystem der Flüsse 76
Kivusee 195
Klarwasserflüsse 111, 114
Klarwassersee 192
Klarwasserstadium 139, 155, 168
Kletterfisch 213 f
Klimaveränderung der Nacheiszeit 184
Kluftgrundwasserleiter 6
Knoblauchkröte 215

Knochenfische, Evolution in Fließgewässern 66
Köcher der Trichopterenlarven 61, 63
Köcherbau der Trichopterenlarven 63
Köcherfliegen des Baikalsees 200
Koexistenz des Phytoplanktons 141
Kohlenstoff, gelöster organischer (DOC) 12, 157
Kohlenstoffbudget der Fließgewässer 80
Kolke in Fließgewässern 27, 28
Kolonisationsflug der Fließgewässerinsekten 95
Kolonisationszyklus der Fließgewässerinsekten 93
Kongo 38, 212
Königssee 125, 126, 130, 143
Konkurrenz um Ressourcen 61, 102, 140, 160
Konkurrenzausschluß 102, 159
Konkurrenzfähigkeit im Zooplankton 158
Konsumenten, Weidegänger 62
Konsumentengesellschaft der amphibischen Zone 98
Konvektionsströmung 162
Koppe 76, 93
Krabben in Phytotelmen 219
Kraterseen 120, 188
Krebse des Grundwassers 13 f
Krenal 85
Kreuzkröte in astatischen Gewässern 106
Krokodile 210
Kryal 86
Kryptobiose während Austrocknung 213, 227

Labyrinthfische 67, 212
Lachs 70, 76
Lago Maggiore 228
Lagunen des Amazonas 111
Laichen bei Fließwasserfischen 70, 79, 109
Laichwanderungen der Fische 69 f
Lake Chilwa 207
Lake George 205
Lake Nkuegute, Uganda 188

Lake Suwa 174
Langmuir-Strömungen im Pelagial 142
Längsgliederung der Fließgewässer 84
Lartetia 19
Lates 193
– *microlepis* 194
– *niloticus* 206, 212
– *stappersi* 194
Laub in Fließgeässern 55 f
Laubfrosch 106, 218
Laubmoose der Quellen 18
Laufkäfer im amphibischen Bereich 99
Lebensraumnutzung, Aufteilung in Flüssen 74
Lemanea 40
lenitische Habitate in Fließgewässern 101
– Zonen und Wasserführung 96
Lepidosiren 114
Lepidosirenidae 213
Leptodora 162
Leptophlebia 110
Leucaspius delineatus 106
Leucotrichia 42
Leuctra 94
Lichthemmung der Photosynthese 143
Lichtlimitierung 192
Lichtlimitierung im Pelagial 137
limitierende Faktoren des Phytoplanktons 142
Limnephilidae, Limnephiliden 63, 216
Limnocnida 193
Limnodrilus 174
Limnokrenen 16
Limnothrissa 160
– *miodon* 193, 195
Liriope 81
Litoral 117, 126, 160, 164, 174, 178, 181 f
litorale Arten 152
– Vegetation 202
Littorella 175
– *uniflora* 177
Lobelia dortmanna 175

Luftatmung bei Fischen 67
Luftmagen der Harnischwelse 69
Lumbriculidae 172
Lungenfisch 67, 114, 212

Mäander 29, 30, 83
Maar 18, 120, 125, 131
Macrohectopus 200 f
Macronema 64
Magadisee 230, 232
Maifisch 42, 70
Makrobenthos des Profundal 170
Makrofauna des hyporheischen Interstitials 80
Makrophyten 54, 90, 175, 177 f
Makrozoobenthos 43, 52, 71, 81, 87, 96, 160, 181, 201, 205, 207
Malawisee 188
Margaritifera 81
marine Tiere athalassischer Salzseen 224
Marsupella 18
Massenflug 84, 182
Material, feinpartikuläres (FPOM) 54
–, grobpartikuläres (CPOM) 54
–, organisches gelöstes (DOM) 167
–, organisches partikuläres (POM) 167
Maulbrüter, Fische 194
Meerfelder Maar 186
Meerforelle 70
Meerneunauge 70
Mega-Tschad 205
Megalopa-Stadium von Brachyuren 219
Meiofauna 73 f, 80
Melanosuchus 114
Mergus 78
meromiktischer See 141
Meromixie 131, 186, 223
Mesocyclops 165
Mesofauna, s. auch Meiofauna 80
Metalimnion 129
Metamorphose bei Neunaugen u. Aalen 70 f
Metazoenplankton 169
Methanbildung 210
Methanoxidation 166
Metopaulias depressus 219

Subject Index

Michigan-See 131
Micrasema 54
– *minimum* 62
Microbial loop 169
– web 169
Microcoleus vaginatus 42
Microcystis 139, 205
Micropsectra 173
Mikrohabitate, strömungsarme 73
Mikrohabitatstruktur, Zerstörung durch Hochwässer 101
Mikrometazoen 40
Mikroorganismen 80
–, heterotrophe 12
Milben 80, 99
Milzkraut 18
Misgurnus fossilis 106
mixotrophe Flagellaten 147, 168
Moderlieschen 106
Monimolimnion 131, 186, 188, 192, 194, 223
Montia rivularis 18
Moorgewässer 159
Moose 175
Morphologie des Seebeckens 123
morphologische Anpassung rheophiler Fische 67
Mortalität 78, 91, 96, 159
Mortalität 78
– driftender Wirbelloser 91
– Larven u. Jungfische 78
– von Baëtis 96
– des Zooplanktons 159
Mundwerkzeuge, Anpassung an Nahrungserwerb 57, 61
Muscheln 56, 73

N/C-Verhältnis 173
N/P-Verhältnis 138
N_2-Fixierung 138, 140, 192
Nährstoffkreisläufe, kurze 33
Nährstofflimitierung im Pelagial 155
Nahrung, Typen 56
– der Fische 76
– der Weidegänger 61
Nahrungsangebot 54, 73, 159
Nahrungserwerb bei Weidegängern 67
– bei Cladoceren 147

– beim Hecht 109
Nahrungsketten im Pelagial 165
– im Nakurusee 228
Nahrungskettenmanipulation 165, 183
Nakurusee 228, 230
Nase (Fisch) 69, 76
Natronseen 230
Naupliuslarven 151
Nematoden 13, 80, 217
Neozoen mitteleuropäischer Flüsse 38
Nepenthes 117
Netze der Trichopterenlarven 63 f
Neusiedler See 202
Niederschlagshöhe und Abflußganglinie 31
Nil 66
Nilbarsche 193
Nilhecht 66, 206, 212
Niphargus 13, 19
Nischenüberlappung bei Flußfischen 75
nivale Region 86
N-limitiertes Nährstoffangebot 192
nordwestdeutsche Seen 203
Notonecta 163
Notostraca 213
Notropis girardi 100
Nymphaea lotus 210

Ochridsee 118
Odonaten 43, 218
Okawango-Delta 210
ökologische Nischen der ostafrikanischen Cichliden 74, 192
Ökoton im hyporheischen Interstitial 79
oligocarbophile Bakterien 167
Oligochaeten 13, 73, 80, 99, 172, 201, 218
Oligoneuriella rhenana 84
oligothropher See 133
Oligotrophie 182
Oligotrophierung, anthropogene 133
Omul 200 ff
Onototragus megaceros 212
Ontariosee 152
Oocardium 40

Opportunisten sommertrockener
    Bäche 97
Orchestica cavimana 38
Orconectes virilis 102
Organismendiversität nach
    Störungen 105
Orthocladus 102
Orthocladus-Gemeinschaft 179
Oscillatoria rubescens 184
Oscillaxanthin in Seesedimenten 184
Osmolarität der Körperflüssigkeit von
    Halobionten 224, 232
osmoregulatorische Leistungen 224
ostafrikanische Gräben 188
ostafrikanische
    Grabenbruchzone 207, 228
ostafrikanische Seen 188
Ostariophysi 66
Osteoglossum bicirrhosum 115
Ostracoden 80, 101, 218, 224

Paleosuchus 114
Palingenia longicauda 84
Pandorina 139
Pantodon buchholtzi 115
Papyrus 208
Paragnetina media 102
Parameletus 110
Paranà-Flußsystem 37
Paranà-Paraguay-System,
    Südamerika 70
partikuläres, organisches Material
    (POM) 12
Paspalum 111
Passivfiltrierer 57
Patch-Dynamic-Concept 103
Pelagial 126, 137, 143, 163 f, 179, 183,
    192 f, 200
 – räumliche Heterogenität 142
pelagische Arten des
    Zooplankton 152
pelagischen Eier der Maifische 70
pelagisches Nahrungsnetz 165
Pelikane 230 f
Pelobates fuscus 215
Perciden 37
Peridineen 184, 201
Peridinin in Seesedimenten 184
Periphyton 40 f, 56

Pestizide 37
Pfeilgiftfrösche 219
Pflanzennährstoffe 132
pH-Wert 86
phagotrophe Algen 165
phagotrophe Flagellaten 168
Philonotis 18
Philonotis calcarea 19
Philonotis fontana 18
Phoca sibirica 200
Phoeniconaias minor 228
Phoenicopterus ruber 230
Phospat, Dynamik im
    Stoffhaushalt 138, 171
Phosphatlimitation des
    Phytoplanktons 139
Phosphorgehalt in
    Seesedimenten 184
photoautotrophe Bakterien 136
photoautotrophe
    Planktonorganismen 136
Photosynthese in trophogener
    Zone 132
Photosynthese, stöchiometrische
    Formel 132
Phragmites div. spec. 208
Phragmites-Arten 210
Physella virgata 102
Phytal im Litoral der Seen 175
Phytophagen 114
Phytoplankton 42, 140, 143, 167,
    177 f, 182, 192
Phytoplanktonentwicklung 139
Phytoplanktonsukzessionen 137
Phytotelmen 217 f
Pilze 40, 54, 56
Pistia stratiotes 210
planktische Bakterien 168
planktivore Fische 183, 195
Platyhypnidum 38
Plecoptera, Plecopteren 43, 57
Plectrocnemia 20, 101
Plötze 69
Podostemaceae 39
Polyarthra 147, 163
Polycelis felina 20
Polycentropiden 63
Polycotylus 200
polymiktische Vollzirkulation 188

Subject Index

Polymitarcidae 84
Polymorphismus des
  Zooplanktons 162 f
Polyphemus 162
Polypterus 212
pools, s. auch Kolke 27
Porengrundwasserleiter 5
Porosität des Substrats
  (Grundwasserleiter) 11
Potamal 82, 84 ff
potamodrome Fische 69
Prädatoren 102, 163, 218, 228
Prädatorenvermeidung durch
  Vertikalwanderung 155
Prallhänge 29
Prespasee 118
Primärkonsumenten 54
Primärkonsumenten, Produktion 13
Primärproduktion 54, 87, 143
Primärproduktion, autotrophe 23
Primärproduktion, planktische 201
Prochilodontiden 115
Prochilodus 37
Prochilodus scrofa 70
Produktion, organische 112
Produktionsüberschuß 91
Produktions-/
  Respirationsquotient 89
Produktivität 84
Produktivität des Papyrus 210
Profundal 117, 126, 170, 172, 174, 179,
  181, 183, 200
Progomphus obscurus 74
Prosimulium 87
Protopterus 114, 213, 214, 215
– *aethiopicus* 212 f
– *annectens* 212
– *dolloi* 212
Protozoen, pelagische 165, 169
Protozoen im Biofilm 40
Pseudiron meridionalis 74
Psychodidae 20
Pufferkapazität, Boden und
  Gestein 11, 125
Pulvermaar 126
Pumpaktivität von
  Großmuscheln 172
Pungitius pungitius 225
Purpurbakterien 136

Quappe 69
Quellen 16, 17, 18, 21
Quellfluren 17
Quellmoos 18
Quellsümpfe 17

r-Strategie in
  Überschwemmungsgebieten 112
– bei Cladoceren 147
Rädertiere 146
Radula 57
Räuber 102
Räuber, wirbellose, des
  Zooplanktons 164
Räuber-Beute-Beziehung in
  Fließgewässern 102 f
Räuber-Beute-System im
  Tanganjika-See 194
Räuberische Copepoden 163
Raubfische in Fließgewässern 76, 78
Rauhigkeit der Bachsohle 24, 76
Raumangebot in Fließgewässern 74
Refugien in Fließgewässern 82, 101
Regenwassertümpel 213, 216
Reiher als Prädatoren von Fischen 78
Rekolonisation in Fließgewässern 94
relative Tiefe in Seen 124
relativer thermischer Widerstand 130
Ressourcen 89, 102, 142
Ressourcenangebot 74
Ressourcenaufteilung der
  Weidegänger 61
Reusen der Trichopteren 63
Reynold-Zahl 49
Rhein 66, 70, 82, 108
rheobionte Benthosorganismen 52 f
Rheobionten 38, 40
Rheokrenen 16, 19
rheophile Benthosorganismen 53
rheophile Tiere 96
rheoxene Benthosorganismen 52
Rhithral 85
Rhizoclonium 40
Rhizosphäre der Wasserpflanzen 178
Rhodeus amara 106
Rhône 38
Rhyacophila 94
Riegel auf der Gewässersohle 28
riffle 28

Ringbildung des Holzes amazonischer
  Bäume 111
Rio Machado 114
Rio Madeira 114
Rio Negro 24
Risikostreuung in astatischen
  Gewässern 214, 217
River Continuum Concept 87, 103
Rivulinae 214
Rockpools 216
Röhricht 175, 205, 208
Röhrichtbestände 207
Röhrichtwälder, schwimmende 208
Röhrichtzone 202
Rohrkolben 205, 207 f
Rotatorien, Rotatoria 80, 146 f, 152 f,
  159, 162 f, 193, 201, 217 f, 224, 230
Rotfeder 54
Rückstaubereich 105
Ruderfußkrebse 146
Ruhestadien während
  Austrocknung 97

Säger (Vögel) 78 f
Salinenkrebse 227
Salinität 228
Salinitätstoleranz 227
Salmler 66, 114
Salmo trutta 69
Salmoniden 67
Salzgewächse 220
Salzkrusten 227
Salzseefliege 224
Samenfresser, Amazonasfische 114
Sandbänke lotischer Bereiche 73 f
Sandlückensystem 73 f
Sandrippeln 28
Sandschwimmer 74
Sarotherodon 232
– *alcalicus* 230
– *niloticus* 205
– *shiranus* 208
Sauerstoff im geschichteten See 132
Sauerstoffdefizite im Grundwasser 12
Sauerstoffdiffusionsrate im
  Fließgewässer 51
Sauerstoffeintrag durch das
  Benthos 173

Sauerstoffgehalt, Regulation in
  Flüssen 32
Sauerstoffmangel, Anpassungen bei
  Fischen 67
Sauerstoffverteilung, Veränderung
  durch Eutrophierung 135
Saugschmerlen 68
Saxifraga 18
Scapania 18, 38
Scaphiopus 215
Scardinius erythrophthalmus 54
Scenedesmus acutus 63
Schaufelfüße 215
Schaumkraut, bitteres 18
Schichtquellen 16
Schilf 206, 208
Schlammpeitzger 67, 106
Schleppspannung 25, 31
Schlickkrebs 38
Schmelzwasser von Gletschern 18
Schmetterlingsfisch 67, 115
Schnecken 56
Schöhsee 155
Schrätzer 37
Schubkraft 25, 44, 49
Schubspannung 25 ff
schwachlicht-adapierte Algen 139
Schwämme 114
Schwarzwasserflüsse 111
Schwebstoffe 31, 42
Schwebstofffracht 83
Schwebstofführung 27
Schwefelbakterien 136, 140
Schwellenwerte der
  Futterkonzentration 158
Schwielenwelse 67
Schwimmblattpflanzen 175
schwimmende Eier bei
  Süßwasserfischen 212
Schwimmleistungen von Fischen 67,
  70
Sedimentation 27, 29, 105
Sedimentfalle 80, 111, 125
Sedimentfresser 87
Sedimenttransport 99
Seeausflußbiozönosen 42
Seebecken 118
Seeforelle 69
Seeformen 125

Subject Index

Seekühe 114
Seenalterung 184
Seenausfluß 94
Seeneutrophierung 145
Seengeschichte 183
Seentypen 118
Seggen 208
Seiches 130 f, 186
Sekundärkonsumenten 87
semiaquatische Lebensräume 19
Sergentia-Gemeinschaft 179
Serial discontinuity concept 105
shredder 20, 54
sibirische Äsche 200
sibirischer Stör 200
Siedlungsdichte von Fließgewässerfischen 76
Siedlungserweiterung, mittelalterliche 106
Silikat, Stoffhaushalt im Pelagial 133, 171
Silikatlimitierung des Phytoplankton 137, 139
Siluroidea 114
Simuliiden 53, 63
Sinkgeschwindigkeit im Pelagial 171
Sinkwiderstand 137, 162, 171
Siphlonurus 96 f
Siphonoperla 94
Sitatunga 210
Size dependent predators 162
Sodasee 221, 228, 231
Sommerstagnation 133
Spermatophyten des Litoral 175
Spermatophyten in Fließgewässern 38
Spezialisten der Fließgewässerhabitate 75
Sphagnum 175
Spinnen im amphibischen Bereich 99
Spirulina platensis 228, 230
Springkraut 18
Sri Lanka, Flußfischgemeinschaft 75
Stabilität der Schichtung in Seen 129
Stagnation tiefer Seen 128, 132
Stauberreiche im Flußverlauf 86
Stauhorizonte des Grundwassers 4
Stauquellen 16
Staurastrum 157
Stauzonen in Fließgewässern 105
Stechmücken 106, 218
stehende Wellen 130
Steinbrech 18
Sterlett 70
Stichling 225
Stickstoffassimilation der Rhizosphäre 178
Stickstoffaustrag aus Agrarflächen 9
Stickstoffixierung der Blaualgen 138, 192
– der Schwefelbakterien 140 f
Stictochironomus 179
Stigeoclonium tenue 41
Stoff- und Energiehaushalt der Fließgewässer 23
Stoffaustausch in Seen 132
Stoffbilanzen in Überschwemmungsgebieten 115
Stoffhaushalt der Seen 182
Stoffhaushalt, mikrobieller im Grundwasser 9
Stoffkreisläufe, geschlossene 23
Stoffumsätze im Interstitial 80
Stolothrissa 194
– *tanganicae* 193, 195
Stör 70
Störungen in Ökosystemen 103, 105, 143
Strahlungsbilanzformel 127
Strandfloh 38
Stratiomyidae 20, 224
Streber 37
Stressoren in Salzgewässern 225
Strömung 43, 69, 73
Strömungsgeschwindigkeit 24 f, 48, 52 f, 64
Strömungsgradienten 44, 48
Strömungskräfte 48
Strömungsresistenz 47
Stygal 13
Stygobionten 13
Subitaneier der Calanoiden 151
submerse Vegetation 175, 178
Substratbrüter, Cichliden als 194
Substratfresser 20, 54
Substratstruktur im Benthal der Bäche 73
Sukzession 101 f, 105, 143

Sulfat im Stoffhaushalt der Seen 133
Sulfatsee 221
Sulfidgehalt der Seensedimente 184
Sümpfe 202, 208, 212
Sumpfgebiete des tropischen
  Afrika 210
Süßwasserfische, europäische 109
Süßwasserfische, primäre 66
Synagapetus iridipennis 47, 52
Synbranchidae 114
Syncarida 13
Synedra ulna 41

Tabellaria 137, 143
Tagesgänge des Sauerstoffgehaltes 32
tagesperiodische Wanderung 231
Tanganjikasee 188, 194 f
Tanypus 179
Tanytarsus- (*Lauterbornia-*)
  Gemeinschaft 179
Tanytarsus-See 179
Tardigraden 217
Teich 117
Temperatur in Quellen 31, 86
Temperaturoptimum bei
  Hydropsychiden 85
Temperaturtoleranz bei
  Turbellarien 20
temporäre Brutgewässer von
  Anuren 215
Tethys 223
Thaumaleidae 20
Thamastes 200
theoretische
  Wasserneuerungszeit 192
Thymallus arcticus 200
– *thymallus* 69
Tiefenverbreitung der
  Wasserpflanzen 175
Tinodes rostocki 62
Top-down-Effekt 165
Top-down-Steuerung 183
Toteissee 123
Totes Meer 225
Totwasserraum 48
Toxine der Blaualgen 138, 160
Toxorhynchites 218
Tragelaphus 210
Transpiration der Pflanzen 3

Trapa natans 210
Trematoden 213
Trichechus inunguis 114
Trichodrilus 19
Trichoptera 43, 57, 200, 216
Trockenanpassung bei Anuren 215
Trockengebiete, Flüsse der 100
Trockenperiode 212
trockenresistente Eier bei
  Zahnkarpfen 214
Trophie und Flußplankton 42
trophische Ebenen 182, 192 ff
– Seentypen 179
trophogene Zone 124, 132, 167
tropholytische Zone 124, 132
tropische Seen 192
Tropodiaptomus kraepelini 207
Tschadsee 202, 205 f
Tubifex 174, 179
Tubificidae 172 ff
Turbellarien 80, 218
Typha 178
– Arten 210
– *domingensis* 207
Typisierung der Fließgewässer 115

Überdauerungsformen in
  Trockenperioden 213
Überlebensstrategien in
  Überschwemmungszonen 112
Überschwemmung bei Flüssen 105,
  108, 112
Überschwemmungsgebiet 108, 110 f,
  116, 206
Überschwemmungsphasen,
  Überdauern von 99
Überschwemmungswald 111, 114 f
Uferbank 111, 124
Uferentwicklung 124
Uferfiltrat 13
Uferflucht 152
Ulme, Fallaub in Fließgewässern 55
Unionidae 81, 84, 172
Unterwasser-Sanddünen 28
Uroglena americana 143
Urtica dioica 18

Vansee 231
Várzea 111, 115

Subject Index

Vegetationsdecken, schwimmende 111
Veliger-Larven 42
Ventilation, Atemwasser des Makrozoobenthos 47, 49, 51 f
Ventilationsaktivität, Chironomus-Larven 180
Verengungsquellen 16
Verfügbarkeit der Nährstoffe in Seen 182
Verlandung 201
Vernässungszone 19, 202
vertikale Ausweichbewegung 101
vertikale Gradienten der Primärproduktion 143
Vertikalwanderung im Pelagial 138, 140, 153, 155, 164, 183, 193, 201
Viktoriasee 118, 188
Vögel als Prädatoren von Fischen 78 f, 231
Vollenweider-Konzept der Seentrophie 145
Vollzirkulation 226
Vorderer Finstertaler See 139

Wachstum 70
Wälder, überflutungstolerante 111
Waldrodung, Einfluß auf Sedimentation 105
Wandermuscheln 42
Wanderungen der Süßwasserfische 69 f
Wanderverhalten des Zooplankton 153
warme Quellen 202
Wasserfälle 38, 82
Wasserflöhe 146
Wasserführung 24, 96
wassergefüllte Baumhöhlen 217
Wasserkäfer 224

Wassernuß 210
Wassersalat 210
Wasserspende 126
Wasserspiegelgefälle 24
Wasserspiegelschwankung 227
Wasserstandsganglein 30
Wasserstandsschwankung 111
Wassertemperatur in Bächen 31
Wasserwanzen 224
Wasserwechselbereich an Flüssen 99
Weichwassersee 184
Weide, Fallaub in Fließgewässern 56
Weidegänger 20, 41, 53, 57 f, 61, 67, 69, 84, 87
Weiher 117
Weißer Nil 210
Weißnackenmoorantilope 210
Weißwasserflüsse 111, 114
Wels 114
Widerstandsbeiwert 44
Wiederbesiedlung nach Austrocknung 97
– nach Störungen 101, 105
Wohnröhren von Chironomiden, Tubificiden 41, 172 f
Wollhandkrabbe 38
Wormaldia 20

Zahnkarpfen 114, 214
Zerkleinerer 20, 54, 56 f, 87
Zingel (Fisch) 37
Zisternenepiphyten 218
Zobel (Fisch) 79
Zoëa-Stadium 219
Zooplankter 151, 164, 167
Zooplankton 42, 79, 109, 142, 146, 155, 157, 160, 164, 184, 192
Zope (Fisch) 79
Zwergflamingo 228, 230

MIX
Papier aus verantwortungsvollen Quellen
Paper from responsible sources
FSC® C105338

If you have any concerns about our products,
you can contact us on
ProductSafety@springernature.com

In case Publisher is established outside the EU,
the EU authorized representative is:
**Springer Nature Customer Service Center GmbH
Europaplatz 3, 69115 Heidelberg, Germany**

Printed by Libri Plureos GmbH
in Hamburg, Germany